数学を奏でる指導

理系数学添削指導120セットの記録

volume 1

第01回～第12回

数理哲人 著

現代数学社

講義中の襲撃・黒板に叩きつける

　東大の入試問題を戦前のものも含めて掛け値なしで全問解いた人間がこの世に何人いるのかはどうでもいい話ではあるのだが，実際に目の前にその人間がいるとなると話は別で，同じ授業は二度とやらない，同じテキストは二度と使わない，つまりはそのクラス用のオリジナルテキストを用意することを信念とし，それゆえ東大志望生のクラスに対しては毎週必ず東大レベルの新作問題を 6 題提供しているのだと，私からすれば驚くほかないことを当たり前のように語る数理哲人氏がまさにその人なのだ．彼は国会図書館まで出向き，入手できる限りの東大の過去問をすべて解いたという．一見覆面をかぶって歌舞いているかのように見える数理哲人であるが，本人曰く「素顔をさらしているに過ぎない」とのことなのだから，数理哲人の本質は，驚くべき広さと深さで数学の知識を身にまとった男が，遊歴算家として旅をしながら自由に数学の世界で歌舞いているところにこそあるのだろう．

　そんな数理哲人と私は，遊歴算家とその旅先にたまたまいたしがない高校教師として出会ったということなのだが，それは今からわずか 6 年前のことである．彼は東日本大震災後「炊き出し出前授業」と称して被災地の高校生にボランティアで授業を行っていたのだが，そこから様々な縁がつながって，幸運にも私は数理哲人と出会うことができたのである．その後私はこの凄い男をできるだけ多くの人とつなげていくことを自分の密かな使命としてきたのであるが，もちろん私が出るまでもなく数理哲人は一度会ったら忘れることができないその独特の佇まいと圧倒的な力量で活動範囲を広げて行ったのである．今や彼は福島県の教育委員会が主催するセミナーで覆面（いや素顔というべきであった）とマントといういでたちで福島県のトップ層の高校生に授業をしたり，数学オリンピックを目指す高校生を指導したりする存在である．

このように数理哲人と共に行動する中で，彼が世の中のあらゆる現象を「数学化する」という視点から見ていることに私は幾度となく驚かされることとなる．彼は私の車の助手席に乗ってたわいもない話をしているときでも，街の風景の中に新作問題のアイデアを探していたりするのだ．あるいは私の家で妻が並べた料理皿と数学を結びつけ，数学の世界からはるか遠くに住んでいる私の妻をきょとんとさせたりもする．しかし，そんな哲人が時に「来週分の新作問題がまだできていない」とふと漏らすこともあり，自らの信念のもと東大レベルの新作問題をほぼ 1 日に 1 題ずつのペースで作り続ける哲人は，大げさではなく 24 時間数学と格闘しているのだろうと思わずはいられないのである．

　さて，数理哲人が誕生させた数学の問題は，例えその問題が東大の過去問に現れたテーマを扱っていたとしても，そのテーマで再び東大が出題するならばどのような問題として登場するのかを分析してつくられているところにその価値がある．それゆえ数理哲人の新作問題群はある種「予言の書」とも言うべき性格を帯びることになるが，事実それらの新作問題の中から後の東大入試に出題されたという哲人本人からすれば当然の事態が幾度も起きている．受験生にとって過去問演習が重要であることは言うまでもないが，過去問を解くことで東大入試を突破できるわけでもないということもまた事実である．そして過去問の研究結果から今後出題されるだろうと予想されるテーマを具現化した新作問題を解くことの方が，単なる過去問を解くことよりも意味があるのは間違いないだろう．

　しかし，そうはわかっていながらもそのような新作問題を用意することの困難さこそが我々現場の教師にとっての最も深刻な課題であるのも事実である．かつて，なぜこのようなハイレベルな新作問題を輩出し続けることができるのかと問う私に数理哲人は次のように答えた．「現場で仕事をしている先生方が数学以外の仕事にとられる時間を私はすべて数学に注いできたのだから特別なことではありません．」

4

ならば私はその数理哲人という存在に感謝しよう．東大の問題を研究し尽くした数理哲人がそれらの問題を土台として新たにつくり上げたこの世界は，東大数学の歴史であると同時に未来でもあるだろう．また，自らつくった問題を生徒たちに解かせ，その答案を添削してきたことで哲人が皮膚感覚で知りえた生徒からの情報が答案例や解説に生かされ，別解の豊富さにもつながっている．そういう意味で，この世界は数理哲人が生徒たちとともにつくり上げたと言うこともでき，そのような健全な豊穣さが私のような現場の教師にとっては何よりの魅力なのである．

令和 2 年 10 月

福島高等学校教諭

松村茂郎

はじめに

　私が教室で常々述べている「闘う数学」というコンセプトがある．これは「目標達成のためには，自分の現状に甘んじた問題を解くだけでは足りない．常に半歩・一歩上の問題と闘え！」というものだ．このような闘いのリングを与えるためのシリーズとして，これまでに「数学格闘技」シリーズ，「数理哲人講義録」シリーズ，「数理哲人考究録」シリーズ（知恵の館文庫）などを上程してきた．

　私の受験指導では，タイトルマッチ（大学入試）の過去問研究を行うだけでなく，未来を見据えた新作問題による講座も開講している．「過去を研究し，未来を見据える」考究活動の成果である本書であるが，以前の版は「知恵の館文庫」にて『月刊東大理系への数学』としてリリースされていた．今回，新たな改訂のタイミングを迎え，タイトルも『数学を奏でる指導』と改め，現代数学社より刊行させていただけることとなった．

　本書には，東京大学の前期試験・理系数学を模した形で，6問（制限時間150分）の問題セット120本分（合計720問）を準備して，10冊に分冊して収録している．さらに，11冊目には，近年2年度分の東京大学・前期試験の過去問（合計12問）と，今年に入って作成した問題セット5本分（合計30問）に加え，旧後期試験を模した3問（制限時間150分）の問題セット10本分（合計30問）を収録する．以下に，これらの問題群が生まれてきた経緯を記しておきたい．

　私の数学教室は，1994年に東京・巣鴨に開学した『知恵の館』に設置した（現在は駒場東大前に移転）．そこから10年ほどの間に，前期試験用の模擬試験25セット（150問）と後期試験用10セット（30問）を準備して，教室での指導と，通信添削指導を平行して行っていた．その時期には，教室での指導と平行して，大手予備校の東大志願者向けの模擬試験や，大手通信添削事業社による東大対策コースにも，数多くの問題を提供していた．

その後，2004 年から 2009 年あたりまでの数年間は，当時の新制度で
あった法科大学院への受験指導などが多忙になり，数学の新作問題の作成
を停止していた．2010 年より問題作成を再開し，2010 年改訂版「数理哲
人考究録」シリーズをリリースし，東京大学を目指す受験生向けの模擬試験
の形式をとって，50 セット（合計 300 問）の問題集を組むまで増強した．

　続いて，2015 年入試からの現行学習指導要領への変更に対応するための
2014 年改訂を行ない，分野の変更（たとえば行列を削除，複素数に差し替
え）のほか，小問の追加，難易度の修正などの手を入れて，東大理系の受
験生の練習問題としてより適切なものとなるよう調整を加えた．それ以前
の版の 50 セットに続く 51 セット目以降の問題作成を続け，2018 年度末
には 120 セット（720 問）に到達した．

　さらに 2019 年度には，東大受験生男子・ちび仮面（仮称）が 120 セッ
トにわたる演習に 10 ヶ月にわたって挑んでくれた．歴代の塾生で，ひとり
で 120 セットを解き倒した者はいなかったので，受験生答案例として貴重
な資料を整えることができた．ひとりの大学受験生が成長していく様子が
記録できたことから，本書にはその答案の一部を収録した．なお，本書に
収録しきれない全 720 問の受験生答案例（1,000 枚以上）と，全 720 問の
講義映像（200 時間以上）が存在する．これらを研究もしくは学習してみ
たいという方のために，本書の姉妹編として『数学を奏でる指導・講義映
像と答案編』（プリパス知恵の館文庫）をリリースしていく予定である．

　東京大学を目指す受験生たちには全国区レベルでの切磋琢磨を要求して
いるのであるから，私自身も指導者として襟を正して，全国区レベルの努力
をしなければならない．そういう基本姿勢をもって，講座や問題の開発に
従事してきた．まだまだ現場に立ち続けるつもりであるから，今後も学び
続けるつもりである．私の受験指導を記録した本書が，受験生並びに指導
者各位のお役に立てれば幸甚である．末筆となるが，現代数学社の富田淳
社長に本書の出版を快諾いただくことができたこと，特記して感謝を申し
上げたい．

令和 2 年 10 月
覆面の貴講師
数理哲人

目　次

数学を奏でる指導
理系数学添削指導120セットの記録
volume 1

Chance favors the prepared mind.
by Louis Pasteur

パスツールのことば
チャンスは準備のある心に舞い降りる

問題つくりの風景
連載第1回

本書制作の経緯

1　本書が出来あがるまでの経緯

　このたびは，本書『数学を奏でる指導』をお買い求めいただきまして誠にありがとうございます．ここでは，本書が出来上がるまでの経緯についてお話をしたいと思います．私は，平成元年に教員免許を取得して以来，高等学校はもとより，大学，大学受験予備校，司法試験予備校，震災被災地，自分のホームグラウンドである数学教室プリパス（知恵の館），といったさまざまな教壇に立ち，数学あるいは小論文，物理，英語といった科目を学生たちに指導してまいりました．

　平成の30年間で，指導してきた時間の多くは，東大を始めとする難関大学を目指す学生の受験指導に半分以上の時間を使っていたといえます．私が指導者として駆け出しの頃は，当然ながら既存の大学入試問題を使って，受験対策としての講義を行うという，一般的な予備校での指導と同様のスタイルを採っておりました．今にして思えば，単に「問題の解き方を教えていた」だけであったのです．その後の経験を通じて，自分の中に指導者としての問題意識がさまざまに芽生えて来るにつけて，学生たちに「地に足のついた数学力」を育んでいくためには，教材の選定をもっと

しっかり考えなければならないと考えました．具体的には，検定教科書や，既存の学習参考書や，大学入試問題を組み合わせて指導していくだけではちょっと足りないと考えるようになりました．

　1994年に学習塾「知恵の館」（東京・巣鴨）を創業して指導を始めたときには，一貫したポリシーを持った教材を作成し始めました．わが国の受験システム上，試験によって数学の学力が測定されるので，一般的な受験指導は「問題の解き方を教える」ことに集約していきます．多くの大学受験生は試験に合格したいがために「問題を解くハウツーを覚える」という学習に走りがちですが，土台となる数学の理論や構造の理解がないままの解法暗記学習に限界があることは間違いありません．そのような問題意識をもって編纂した教材群は，現在では「知恵の館文庫」のシリーズとして，中学生向けには「数学創世記」，高校1〜2年生向けには「数学福音伝導書」，大学受験生向けには「漆黒の数学バイブル」，といった形にまとまってまいりました．私は著者として，これらのオリジナル教材には，学習上の知識注入（インプット）の役割を持たせておりますが，大学受験指導となると，知識の書き出し（アウトプット）をする期間がなんとしても必要です．

　私自身は大学受験指導の多くの場面で，高校3年生の夏休みまでに大学受験に必要な知識レベルのインプットを固めて，秋以降の数ヶ月間は，答案作成と，それに対する赤ペンを入れてのフィードバックの指導を毎週のように繰り返す，という形でのアウトプットの指導を毎年重ねてまいりました．こうしたアウトプットの指導に供していた教材が蓄積して，本書『数学を奏でる指導』としてまとまってきたわけです．書名の由来は，シヴァ神と私の共著『数学のことば VS 教育のことば』（知恵の館文庫，2017年）の「あとがき」に，シヴァ神が記した次のことばをもとにしています．

　（引用はじめ）
　しかし，何故打合せもないのに対談が続くのか？　その答えは，各章のタイトルにある．哲人との決戦の時に私に渡されるのは哲人が解かれた解答付きの問題である．先生によっては，授業前に解答を配るのを嫌

がる．生徒が解答を求めているだけなら，解答をもらってしまうと授業は成立しないからだ．ところが，哲人も私も解答は前もって渡すか，授業後にすぐ渡すかである．授業を聴いてもらいたいのだ．

　受講者側が授業を［聴く］ようにするには，授業をする側が［数学を奏で］なければいけない．音楽で例えると，問題と解答のセットは，私達にとっては楽譜である．数学という言葉を喋り続けるから，それを聴き続けることによって，言語が読めたり書いたりでき，最終的には話せるようになる．お互いに持っている数学のイデアが共有できているから，話された日本語の中に数学的意味を探り，対話が続くのである．
　（引用以上）

2　アウトプット用教材 120セット

　東京大学を目指す受験生を数多く指導してきたこともあり，アウトプットの教材は，東大の理系と同様の「150分6問」というスタイルを採りました．東京大学の入試自体は，その実施された時期によって難易度が変動してきています．例えば1990年代の後半は非常に要求が高く難問ぞろいの時期であった一方で，2010年代後半の近年は比較的シンプルで小問に小分けされた形で，点数の分布が出てくる（言い換えれば，点差がつきやすい）問題セットとなっています．したがって，私が平成の30年間にわたって作ってきた問題セットも，東京大学の問題セットの変化に合わせて，形式や難易度の点で変遷しています．

　本書で取り上げている問題セットは，私が様々なところで出題してきた問題セットたちを組み合わせて作られています．そのうちの一部は，1990年代に，大手大学受験予備校で東大を目指す受験生に特化した模擬試験の出題を行っておりましたので，その頃に出題した何セットかの問題を，当時の出題セットそのままではなく，問題の組み合せを変えて，後に作成した問題と混ぜる形でセットを組み直して作っています．また，2000年代に入って，大手通信添削事業者が行う東大受験生向けの添削サービスに問題を提供していた時期があり，その頃の問題も，後に作成した問題と組み合わせて，セットを組み替えてその一部として利用しています．

　また，私の数学教室「プリパス」「知恵の館」においても，大学受験生向けの模擬試験セットを組み立てておりましたので，そのセットを収録しています．また，複数の私立高等学校（埼玉県の栄東高等学校，長野県の佐久長聖高等学校，東京都の帝京大学高等学校）の特進クラスにおいて，東京大学，医学部医学科，といった難関校を目指す高校生たちを担当してきましたので，それぞれの学校で3年生の秋以降に行っていた，添削指導に使った問題セットが，本書には多数収録されています．

　結果として，四半世紀余りにわたって指導を継続してきたことから，6問からなる問題セットが120セットまで蓄積されてきました．現代数学社の富田淳社長のご理解とご厚情もいただき，ひとまとめの指導の記録として，このような形で出版できることになりました．篤く御礼を申し上げたいと思います．

3　受験生（ちび仮面）による参考答案

　2018年度の受験指導を以って，セット数が120本に達したので2019年度については新作問題を作成することは止めて，本書の編集にほぼ一年を費やしました．読者のみなさんがページをパラパラとめくっていただくとお気づきになるかと思いますが，本書には活字で組まれたパートのほかに，手書きで書かれた受験生答案が随所に混ぜられています．これは驚くべきことですが，すべて一人の受験生によって書かれた答案です．

　プリパス塾生であった「ちび仮面」（仮称）は東京大学理系にチャレンジしましたが，現役で受験したとき（2019年）には，惜しくも「あと2点」で合格を逃してしまい（その程度の僅差は東大受験にはよくあることです），捲土重来を期すことになりました．

　1年間の浪人生としての受験生活では，彼は大手の予備校に通うよりも，プリパス＝知恵の館で，自己管理をしっかりやりながら学んでいく道を選びました．数学については私が担当することとなりましたが，10ヵ月間の受験生活で本書に収められた120本のセットを，全て解き倒すという

問題つくりの風景　連載第1回　本書制作の経緯

目標をちび仮面と合意して，指導が始まりました．1週間に3セット18問のペースで，毎週答案を提出を受けては，赤ペンを入れて指導して返し，翌週のノルマ答案とともに解き直しの答案が提出される，ということが続きました．私が驚くのは，ちび仮面は，毎週3本と決めた締め切りを一度も遅れることなく全て遵守し通して，淡々と毎週3セットの問題を解き倒し続けてきたのです．そのように意思が強く，勤勉なるちび仮面の合格（2020年）を見届けて，本書を出版できたことは，私にとっても喜びであります．

東京大学の数学の答案用紙は，1問について B5 用紙 1 枚分，第 3 問と第6 問に限っては B5 用紙 2 枚分のスペースが与えられます．1 セット 6 問で8 ページ分というのが基準，目安となります．私の問題作成も，その形式に合わせて，計算量の多そうなもの，答案が長くなりそうな問題については第 3 問または第 6 問に配置するようにしていますが，ちび仮面に対する指導においては，その枚数を目安としつつ，必要があれば枚数無制限で答案を書いてよい，ということで始めました．

基準の枚数でも，8 枚の答案になります．さらには指導を受けての書き直し答案なども含めると，1 年間で作成した答案の枚数は優に 1,000 枚を超えています．本書では，各回の 6 問の中から，平均して 2 問程度をセレクトして，私が作成した活字の解説の間に差し込むような形で，手書きの受験生答案を入れて，編集をいたしました．

収録した問題の選定基準は，次のようなものです．まず第一に，私が採点評価をする上で力作と認めたもの．第二に出題者として想定していない方針によって別解が提供されているもの．第三に私の指導を受けて答案を書き直すことによって，答案が進歩したもの．これについては，書き直し前（before答案）と，書き直し後（after答案）の両方を掲載するようにしました．ちび仮面による手書きの答案が収録されてきた経緯と，答案の選定基準は以上の通りです．ここでは本書が作られる経緯についてお話をしてまいりました．

マスクマン帝国17条憲法
第3条 円周率を埋め込んだ仮面エンブレムはマスクマン帝国
の象徴でありマスクマン帝国民統合の象徴であって,この価
値は,主権の存するマスクマン帝国民の総意に基づく。

第１回〜第12回

問題一覧

この問いを解けば　どうなるものか
危ぶむなかれ　危ぶめば解はなし
書き出せば　その一行が鍵となり
その一行が解となる
通わず解けよ　解けば受かるさ

覆面の貴講師　数理哲人

第1回　問題一覧（6問150分）

【第1問】

無限数列 $a_1, a_2, a_3, \cdots$ の各項は，$-1, 0, 1$ のいずれかの値をとる．
無限級数 $a_1 + a_2 \cdot 3 + a_3 \cdot 3^2 + \cdots\cdots$ が収束するとき，

$$N = \sum_{k=1}^{\infty} a_k 3^{k-1} \quad \cdots\cdots(*)$$

とする．

(1) $N = -79$ のとき，無限数列 $\{a_n\}$ を決定せよ．

(2) 任意の整数 N に対し，$(*)$ をみたす無限数列 $\{a_n\}$ が唯一つに決まる
　　ことを示せ．

【第2問】

曲線 $y = \sin x$ の $0 \le x \le \pi$ の部分を2点 P, Q が動くとき，P, Q の中点を
M とする．

(1) P $(p, \sin p)$, Q $(q, \sin q)$, M (x, y) とする．y を x と p で表せ．

(2) M の存在する領域を求めよ．

(3) (2)で求めた領域の面積 S を求めよ．

【第3問】

A, B の2人がいる．投げたとき表裏の出る確率がそれぞれ $\dfrac{1}{2}$ のコイン
が1枚あり，最初は A がそのコインを持っている．次の操作を繰り返す．

（ⅰ）A がコインを持っているときは，コインを投げ，表が出れば A に
　　　1点を与え，コインは A がそのまま持つ．裏が出れば，両者に点を
　　　与えず，A はコインを B に渡す．

（ⅱ）B がコインを持っているときは，コインを投げ，表が出れば B に
　　　1点を与え，コインは B がそのまま持つ．裏が出れば，両者に点を
　　　与えず，B はコインを A に渡す．

そして A, B のいずれかが 2 点を獲得した時点で，2 点を獲得した方の勝利とする．たとえば，コインが表，裏，表，表と出た場合，この時点でAは 1 点，Bは 2 点を獲得しているので B の勝利となる．

(1) Aがコインを持っていて，A, B ともに 1 点を得ているとき，Aの勝利となる確率を求めよ．

(2) 最初に A がコインを持っているとき，一連の操作でAの勝利となる確率を求めよ．

【第 4 問】

次の漸化式をみたす多項式の列 $f_n(x)$ を考える．

$$f_0(x) = 0 \ , \ f_1(x) = 1$$
$$f_n(x) = x f_{n-1}(x) + f_{n-2}(x) \ (n \geq 2)$$

(1) $f_n(x)$ の 1 次の係数を n の式で表せ．ただし $n \geq 1$ とする．

(2) $f_n(x)$ の 2 次の係数を n の式で表せ．ただし $n \geq 1$ とする．

【第 5 問】

底面の半径が r，高さが h である斜円柱が 2 つあり，上底は一致し，下底は互いに外接している．2 つの斜円柱の共通部分の体積を求めよ．

【第 6 問】

4 面体OABCがある．点Pを△ABCの内部にある定点とし，3 辺OA, OB, OC を $\overrightarrow{OA}$, $\overrightarrow{OB}$, $\overrightarrow{OC}$ の向きに延長した半直線をそれぞれ l_A, l_B, l_C とする．

(1) $\overrightarrow{OP} = \alpha\overrightarrow{OA} + \beta\overrightarrow{OB} + \gamma\overrightarrow{OC}$ と表すとき，実数 α, β, γ のみたすべき条件を求めよ．

(2) 点 P を含み，半直線の l_A, l_B, l_C と点 O 以外の共有点をもつような任意の平面 π をとり，平面 π と半直線 l_A, l_B, l_C との共有点をそれぞれ A′, B′, C′ とする．4 面体 OA′B′C′ の体積を最小にするには，平面 π をどのようにとればよいか．

第2回　問題一覧（6問150分）

【第1問】

(1) $x > 0$ のとき，次の不等式を証明せよ．

$$x - \frac{x^3}{3!} < \sin x < x - \frac{x^3}{3!} + \frac{x^5}{5!}$$

(2) xy 平面上に，定点 A $(1,0)$ および

　　　半円 $C : x^2 + y^2 = 1, y \geq 0$

　　　半直線 $l : x = 1, y \geq 0$

　があin．C 上に点 P $(\cos\theta, \sin\theta)(0 < \theta < \pi)$ をとり，l 上に点 M を

　（弧APの長さ）$= \overline{\text{AM}}$

　となるようにとる．直線 MP と x 軸との交点を B とするとき，

　　$\lim_{\theta \to +0} \overline{\text{AB}}$

　を求めよ．

【第2問】

　xy 平面上の点 P $(0,a)$ $(a > 0)$ を通り，放物線 $y = x^2$ と 2 点 Q , R で交わ

る直線 l を

　　　PQ : PR = 3 : 1

となるようにひく．ただし，点 R を第 1 象限にとるものとする．

(1) 点 R の x 座標 t を用いて，直線 QR の方程式を求めよ．

(2) a を $a > 0$ の範囲で動かすとき，直線 l が通らない範囲を求め，図示

　せよ．

【第3問】

　xyz 空間において，点 $(0,0,1)$ を D，平面 $z = 1$ を α とし，α 上の点 D

を中心とする円を S とする．S 上に 3 点 A , B , C をとり，△ABC の垂心を

H とする．空間の点 P があって，

$$\overrightarrow{\text{OP}} = \overrightarrow{\text{OA}} + \overrightarrow{\text{OB}} + \overrightarrow{\text{OC}}$$

が成り立つとき,

PH $\perp \alpha$

となることを示せ. ただし, O は座標原点である.

【第 4 問】

N を 3 以上の整数とする. 1 から N までの番号が書かれた N 枚のカードから, 無作為に 3 枚のカードを取り出し, その番号のうちの最大のものを H , 最小のものを L とする.

(1) $H - L = 2$ となる確率を求めよ.

(2) $X = H - L$ とする. X の期待値を求めよ.

【第 5 問】

n は 2 以上の自然数とする.

(1) c を定数として, x についての方程式 $\dfrac{1}{x-1} + \dfrac{1}{x-2} + \cdots\cdots + \dfrac{1}{x-n} = c$ の実数解の個数を求めよ.

(2) 不等式 $\dfrac{1}{x-1} + \dfrac{1}{x-2} + \cdots\cdots + \dfrac{1}{x-n} > 1$ の解は, いくつかの区間に分かれる. これらの解の区間の長さの総和を求めよ.

（注） 開区間 $\alpha < x < \beta$ の長さは $\beta - \alpha$ である.

【第 6 問】

半径が 1 である半球面を, その底面と平行な平面によって切断し, 半球面の体積を 2 等分する. 底面と切断面の距離を h とするとき, $\dfrac{1}{\pi} < h < \dfrac{\pi}{9}$ を示せ.

第3回　問題一覧（6問150分）

【第1問】

$a_1 = \sqrt{2},\ a_{n+1} = \sqrt{a_n + 2}\ \ (n = 1, 2, \cdots\cdots)$ で定まる数列について,

(1) $\displaystyle\lim_{n\to\infty} a_n$ を求めよ.

(2) $\displaystyle\lim_{n\to\infty} 2^n \sqrt{2 - a_n}$ を求めよ.

【第2問】

　原点 O を重心とする三角形ABC がある. 頂点 B,C をそれぞれ O のまわりに $-120°, +120°$ だけ回転して得られる点をB′,C′ とする. このとき, 三角形AB′C′ はどのような三角形か.

　ただし, 三角形ABC は正三角形ではないものとする.

【第3問】

　2 つの円が点 O で接しており, 左の円には 7 つの点 $O, L_1, \cdots\cdots, L_6$ が, 右の円には 7 つの点 $O, R_1, \cdots\cdots, R_6$ が次のように並んでいる.

　これら13 個の点の上を, 次の規則で動く点 P を考える. 点 P が O にあるとき, サイコロを振って, 偶数の目が出れば左の円周上で時計回りに出た目の数だけ順次隣の点に移動させ, 奇数の目が

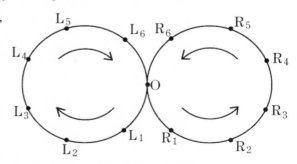

出れば右の円周上で反時計回りに出た目の数だけ順次隣の点に移動させる. 点 P が O 以外の点にあるとき, サイコロを振って, 出た目の数だけ順次隣の点に移動させる. ただし, 移動の向きは図の矢印に従うものとする. 点 P が最初に O にあるものとして, 次の問に答えよ.

(1) 3 回サイコロを振った後, 点 P が点 L_1 にある確率を求めよ.

(2) n 回サイコロを振った後，点 P が点 O にある確率 p_n を求めよ.

(3) n 回サイコロを振った後，点 P が点 $L_1, L_2, \cdots\cdots, L_6$ のいずれかにある確率 q_n を求めよ.

【第4問】

次の漸化式によって，数列 $\{a_n\}$ が定められている.

$$a_1 = 1, \ a_2 = t, \ a_{n+2} = \frac{a_{n+1} + c}{a_n} \quad (n = 1, 2, 3, \cdots\cdots)$$

ただし，c, t ともに正の実数である.

任意の正数 t に対し，次の条件(∗)が，みたされるための c についての必要十分条件を求めよ.

　　（∗）　任意の自然数 n で $a_{n+5} = a_n$

【第5問】

n を 2 以上の整数とする．整数 $1, 2, \cdots, n$ の順列で，どの数の後にも（直後である必要はない）その数と 1 だけ違う数がくるような順列の総数を a_n とする．例えば $n = 5$ のとき，12345 はこの条件をみたすが，12453 はこの条件をみたさない.

(1) a_2, a_3 を求めよ.

(2) a_n を求めよ.

【第6問】

xy 平面に含まれる円盤 $D = \{(x, y, z) \mid x^2 + y^2 \leq 1, \ z = 0\}$ 上の任意の点 P をとる．また，平面 $z = 2$ 上の点 $Q_\theta(\cos\theta, \sin\theta, 2)$ をとる．P が D の全体を動くとき，線分 PQ_θ の全体がつくる図形を K_θ とする.

(1) θ が実数全体を動くとき，すべての K_θ に含まれる点 (x, y, z) がつくる立体の体積を求めよ.

(2) θ が実数全体を動くとき，少なくともひとつの K_θ に含まれる点 (x, y, z) がつくる立体の体積を求めよ.

第4回　問題一覧（6問150分）

【第1問】

$$a_n = \frac{1}{n+1} + \frac{1}{n+2} + \cdots + \frac{1}{n+n} \quad (n = 1, 2, 3, \cdots)$$

とするとき，次の問いに答えよ.

(1) $\displaystyle\lim_{n \to \infty} a_n = \log 2$ を示せ.

(2) $\displaystyle\lim_{n \to \infty} n(\log 2 - a_n)$ を求めよ.

【第2問】

xy 平面上に 2 曲線 $C_1 : x^2 + 2y^2 = 2$，$C_2 : y = -x^2 + a$ がある.

C_1 と C_2 が 2 点で接しているとき，その接点の y 座標を b とする.

(1) a, b の値を求めよ.

(2) 曲線 C_1 上の点 P における接線が曲線 C_2 と交わる点を Q, R とする.

$y > b$ の範囲で P が動くとき，$\overline{\mathrm{QR}}$ が最大となるような P の y 座標を

求めよ.

【第3問】

△ABC の外接円の中心を O，重心を G，垂心を H とする.

外接円の半径を R とする.

(1) $\overrightarrow{\mathrm{OH}} = 3\overrightarrow{\mathrm{OG}}$ を示せ.

(2) 以下に述べる 9 個の点が同一円周上に乗ることを示し，その中心と

半径を求めよ.

　　A, B, C のそれぞれから辺 BC, CA, AB への垂線の足 $\mathrm{H}_1, \mathrm{H}_2, \mathrm{H}_3$

　　AH, BH, CH の中点 $\mathrm{K}_1, \mathrm{K}_2, \mathrm{K}_3$

　　BC, CA, AB の中点 $\mathrm{M}_1, \mathrm{M}_2, \mathrm{M}_3$

【第 4 問】

数字 0 と 1 を並べた数字の列を考える。長さ n の，すなわち n 個の 0, 1 からなる数字の列のうち，

「11 で終わり，途中には 11 が現れない」

ような数字の列の個数を a_n で表す。ただし，$a_1 = 0$ とする。

(1) a_{10} を求めよ。

(2) $a_{n+1}{}^2 + a_n{}^2 = a_{2n}$，$2a_{n+1}a_n + a_{n+1}{}^2 = a_{2n+1}$　を示せ。

【第 5 問】

中心 O，半径 1 の円 C 上に直径 AB をとる。C 上の点 P が A から B までの半円周上を動く。C 上の点 Q を，P が弧 $\overset{\frown}{\mathrm{AQ}}$ を 2 等分するように定める。ただし，P が A または B と一致するときには Q = A と考える。

(1) 弦 PQ の中点 M の軌跡を求めよ。

(2) (1)で求めた軌跡と線分 OA とで囲まれる部分の面積を求めよ。

【第 6 問】

n 個のコインからなる山を，2 つの山に分ける。それぞれの山に含まれるコインの個数を数えて，それらの積を紙に記録する。さらに，それぞれのコインの山を 2 つに分け，分けた山それぞれに含まれるコインの個数を数えて，それらの積を記録する。この作業を繰り返し，すべての山が 1 個のコインだけになるまで続ける。「1 つのコインの山を 2 つに分け，分けた 2 つの山に含まれるコインの個数の積を記録する」作業を「山の分割」と呼ぶことにする。山の分割の繰り返しが終了した時点で，記録した数のすべての和を X_n とする。ただし，$X_1 = 0$ と定義する。

(1) X_2，X_3，X_4，X_5 を求めよ。

(2) ひとつの n の値に対して，山の分割を繰り返す手順は複数の方法が考えられるが，いかなる分割方法を選択しても X_n がひとつに決まることを証明し，X_n を求めよ。

第5回　問題一覧（6問150分）

【第1問】

n 枚のカードがあり，1から n までの番号が1つずつ書いてある.

この中から無作為に1枚のカードを引くことを繰り返し，その番号を記録する.

(1) 引いたカードをいちいち元に戻しながら n 回引いたとき，1から n までのすべての番号が現れる確率を $p(n)$ とする.

　　$p(n)$ および $\lim_{n \to \infty} p(n)$ を求めよ.

(2) 　引いたカードを戻すことなく n 回引いたとき，n 個の番号を順に $a_1, a_2, \cdots a_n$ とする. このとき，次の条件（＊）をみたす確率 $q(n)$ および $\lim_{n \to \infty} q(n)$ を求めよ.

　　（＊）任意の k $(1 \leq k \leq n)$ について以下が成り立つ.

　　　　$a_1, a_2, \cdots a_k$ の最大値と最小値の差が $k-1$ である.

【第2問】

　周の長さが一定値 a である三角形を作り，そのうちの一辺を軸として三角形を回転させる. このようにして作られる回転体の体積が最大となるとき，三角形の3辺の比を求めよ.

【第3問】

　四面体 ABCD の辺 AB, BD, DC, CA 上に点 K, L, M, N を次のようにとる.

　　　AK : KB $= k : 1-k$ $(0 < k < 1)$

　　　BL : LD $= l : 1-l$ $(0 < l < 1)$

　　　DM : MC $= m : 1-m$ $(0 < m < 1)$

　　　CN : NA $= n : 1-n$ $(0 < n < 1)$

(1) 4点 K, L, M, N が同一平面上にあるとき，k, l, m, n の満たす関係式を求めよ.

(2) (1)のとき, $\dfrac{\mathrm{KB}}{\mathrm{AK}} \cdot \dfrac{\mathrm{LD}}{\mathrm{BL}} \cdot \dfrac{\mathrm{MC}}{\mathrm{DM}} \cdot \dfrac{\mathrm{NA}}{\mathrm{CN}}$ の値が一定であることを示せ.

【第4問】

z は 0 でない複素数で, 方程式 $(1+z)^6 = 1 + z^6$ の解である.

(1) n が自然数のとき $z^n + \dfrac{1}{z^n}$ が実数となることを示せ.

(2) $\left| z^6 \right| = 1$ であることを示せ.

　　注:複素数 $z = x + yi \, (x, y \in \mathbb{R})$ に対して,

　　　　$|z| = \sqrt{x^2 + y^2}$ と定め, これを複素数 z の絶対値という.

【第5問】

　　双曲線 $H : \dfrac{x^2}{a^2} - \dfrac{y^2}{b^2} = 1$ の焦点を $\mathrm{F}(c, 0)$, $\mathrm{F}'(-c, 0)$ $(c > 0)$ とする.

H 上の点 P における接線 l をひき, F から l への垂線の足を Q とする.
P が H の全体にわたって動くとき, Q の軌跡を求めよ.

【第6問】

　　$f(\theta) = \dfrac{e^{\theta} + e^{-\theta}}{2}, \ g(\theta) = \dfrac{e^{\theta} - e^{-\theta}}{2}$ とする.

(1) $f(\alpha + \beta)$ を $f(\alpha), f(\beta), g(\alpha), g(\beta)$ を用いて表せ.

(2) n を正の整数, θ を任意の実数とするとき,

　　適当な x の n 次の多項式 $P_n(x)$ が存在して, 恒等式

　　　　$f(n\theta) = P_n(f(\theta))$

　　が成立することを示せ.

(3) (2)の多項式 $P_n(x)$ を用いると,

　　　　$\cos n\theta = P_n(\cos \theta)$

　　となることを示せ.

第6回　問題一覧（6問150分）

【第1問】

$$S_n = \sum_{k=1}^{n} \frac{1}{\sqrt{k}} \quad (n = 1, 2, 3, \cdots) \text{ とする.}$$

(1) $\displaystyle \lim_{n \to \infty} S_n = \infty$ を示せ.

(2) $S_n > 100$ をみたす最小の整数 n を N とする.

　　 $2550 \leq N \leq 2600$ を示せ.

【第2問】
次の［A］，［B］のいずれか1問を選択して解答せよ.
［A］
　座標空間内に，原点 O を中心とし半径 1 の球面がある.
N$(0,0,1)$，S$(0,0,-1)$ とする. O と異なる点 P$(x,y,0)$ に対し，直線 SP と球面の交点を Q$(\neq S)$，直線 NQ と xy 平面の交点を R$(u,v,0)$ とする.

(1) 距離の積 OP・OR の値を求めよ.

(2) 点 P が xy 平面上の直線 $x+y=1$ の上を動くとき，点 R の軌跡を求め，図示せよ.

　［B］
　座標空間内に，原点 O を中心とし半径 1 の球面がある.
N$(0,0,1)$，S$(0,0,-1)$ とする. O と異なる点 P$(x,y,0)$ に対し，直線 SP と球面の交点を Q$(\neq S)$，直線 NQ と xy 平面の交点を R$(u,v,0)$ とする.

(1) 複素数 $z = x+yi$，$w = u+vi$ のみたす関係式を，x, y, u, v を用いずに表せ.

(2) $\dfrac{z-1}{1+i}$ の実数部分が 0 であるように点 P が動くとき，点 R の軌跡を求め，図示せよ.

【第３問】

l, m, n は $0 < l \leq m \leq n$ をみたす整数で，

$$\tan\alpha = \frac{1}{l}, \tan\beta = \frac{1}{m}, \tan\gamma = \frac{1}{n}$$

をみたす正の鋭角 α, β, γ をとると，$\alpha + \beta + \gamma = 45°$ が成り立っている．

(1)　l, m, n のみたす関係式を求めよ．

(2)　このような組 (l, m, n) をすべて求めよ．

【第４問】

数列 $\{f_n\}$ は，次の漸化式によって定められる．

$$f_1 = 1, f_2 = 1, f_{n+2} = f_{n+1} + f_n \quad (n = 1, 2, 3, \cdots)$$

(1)　コインを n 回続けて投げるとき，表が連続して出ることがない確率を p_n とする．$n \geq 2$ のときの p_n を，数列 $\{f_n\}$ の項を用いて表せ．

(2)　コインを n 回続けて投げるとき，表も裏も３回以上続けて出ることがない確率を q_n とする．$n \geq 2$ のときの q_n を，数列 $\{f_n\}$ の項を用いて表せ．

　　注：(1)も(2)も，$\{f_n\}$ の一般項を求める必要はない．

【第5問】

$0 \le t \le \pi$ の範囲における，点 P $(t + \sin t, \cos t - 1)$ の軌跡を C とする．

(1) C の概形を図示せよ．

(2) $0 < t \le \pi$ のときの，C 上の弧長 $\overset{\frown}{OP} = l$ を求めよ．
 ただし，O は原点を表す．

(3) 点 P における C の接線上の P より左側に，点 Q を PQ $= l$ となるようにとる．$0 \le t \le \pi$ の範囲で線分 PQ が通過する部分の面積を求めよ．

【第6問】

座標空間内の直円錐 C は，つねに，z 軸上の正の部分または原点 O に頂点 A をもち，底円は xy 平面上にあり，その中心は原点 O である．

(1) 母線の長さを 1 にたもちながら C が変形していくとき，C の通過する領域を求めよ．ただし，A が O に一致するとき（C は xy 平面上の円板となる）および A が点 $(0, 0, 1)$ に一致するとき（C は z 軸上の線分になる）の C も直円錐の特別な場合であると考えて通過領域に含めるものとする．

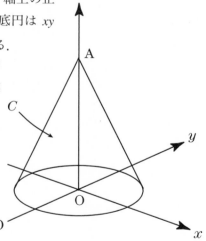

(2) (1)で求めた部分の体積を求めよ．

第7回　問題一覧（6問150分）

【第1問】

2つの合同な正 $2n$ 角すい $A\text{-}B_1B_2\cdots\cdots B_{2n}$，
$CB_1B_2\cdots\cdots B_{2n}$ を合わせてできる正 $4n$ 面体
を P_n とする．（図は P_3 の概形である）
ただし，n は2以上の整数である．

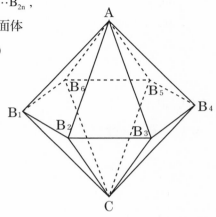

(1)　P_n の内接球の半径が1である
とき，P_n の体積の最小値を V_n と
する．V_n を求めよ．

(2)　$\displaystyle\lim_{n\to\infty} V_n$ を求めよ．

【第2問】

単位円 $C ; x^2+y^2=1$ の内部に定点 $A(a,0)$ がある．ただし，$0<a<1$ とする．C 上に2点 P,Q をとり，弦 PQ に関して弧 $\overset{\frown}{PQ}$ を対称移動した像が点 A を通るようにする．このような弦 PQ の存在範囲を求め，図示せよ．

【第3問】

(1)　実数の定数 a,b は，複素数の定数 u,v を用いて，

$$a=uv\ ,\ b=u^3+v^3$$

と表されている．このとき，3次方程式 $x^3-3ax+b=0$ の3つの解を，
$Au+Bv$　（A,B は複素数の定数）の形で表せ

(2)　3次方程式 $x^3+3x^2-1=0$ の3つの解を，適当な角度 α を用いて
$\cos\alpha$ と $\sin\alpha$ の式で表せ．

31

【第4問】

3つの値 $l = \tan\alpha$, $m = \tan\beta$, $n = \tan\gamma$ はすべて整数で，3つの角 a, β, γ を内角とする三角形 T が存在するという．

(1)　T は鋭角三角形であることを示せ．

(2)　組 (l, m, n) をすべて求めよ．

【第5問】

m, n は $m \geq n \geq 1$ をみたす整数である．整数 $a(m,n)$ は，次の漸化式をみたす．

$$\begin{cases} a(m,1) = m \\ a(m,n) = a(m,n-1) + a(m-1,n-1) \end{cases}$$

(1)　$a(7,5)$ を求めよ．

(2)　$a(m,n)$ を m, n の式で表せ．

【第6問】

曲線 $C; y = \dfrac{1}{2}x^2$ $(0 \leq x \leq \sqrt{3})$ 上に点 $\mathrm{P}(x,y)$ をとり，P における C の法線上に $\overline{\mathrm{PQ}} = a$ となる点 $\mathrm{Q}(X,Y)$ をとる．ただし，a は正の定数で，Q は領域 $y < \dfrac{1}{2}x^2$ 中にとるものとする．P が C 上を動くときの Q の軌跡の長さを L，C の長さを l とするとき，

$$L - l = \pi$$

が成り立つという．a の値を求めよ．ただし，P における C の法線とは，P を通り，P における C の接線と直交する直線を意味する．

第8回　問題一覧（6問150分）

【第1問】

N 個の数 $2^k (k=1,2,\cdots\cdots,N)$ のうち，その 10 進法表示における首位の数字が 1 であるものの個数を $P(N)$ とする．

$$\lim_{N \to \infty} \frac{P(N)}{N}$$

を求めよ．

【第2問】
次の［A］，［B］のいずれか 1 問を選択して解答せよ．

［A］

$\theta = \dfrac{\pi}{7}$ のとき $\cos\theta + \cos 3\theta + \cos 5\theta$ の値を求めよ．

［B］

半径 1 の円に内接する正 7 角形の頂点を $A_0, A_1, A_2, A_3, A_4, A_5, A_6$ とする．積 $A_0A_1 \times A_0A_2 \times A_0A_3 \times A_0A_4 \times A_0A_5 \times A_0A_6$ の値を求めよ．

【第3問】

　△ABC の 3 辺の長さは BC＝6，CA＝4，AB＝5 である．

△ABC の外接円の劣弧 $\overset{\frown}{BC}$ 上に点 P をとり，AP⊥BC となるようにする．

(1) AP と BC の交点を H とするとき，$\overrightarrow{AH}$ を $\overrightarrow{AB}$，$\overrightarrow{AC}$ を用いて表せ．

(2) $\overrightarrow{AP}$ を $\overrightarrow{AB}$，$\overrightarrow{AC}$ を用いて表せ．

【第4問】

　放物線 $C : y = ax^2$ $(a > 0)$ に点 P $(2, -1)$ から 2 本の接線 l, m を引く．

このとき，C, l, m で囲まれる部分の面積を S とする．

(1) S を a の関数として表せ．

(2) S が最小となるような a の値を求めよ．

【第5問】

　4 つの辺の長さが 2，3，4，5 である四角形の面積の最大値を求めよ．

ただし，4 つの辺の長さがこの順に並んでいるとは限らない．

【第6問】

　中身が見える透明な箱が左に 4 つ，右に 5 つある．それぞれの箱にカードを 1 枚ずつ入れる．カードを入れるときは，そのとき空いている箱のなかのひとつにランダム（無作為）に入れる．入れるカードはそれぞれ A，B，C，D と書かれた 4 枚の赤いカードと，それぞれ E，F，G，H，I と書かれた 5 枚の青いカード，計 9 枚である．

(1)　まず，ランダムに選んだ赤いカード 1 枚を空いている 9 つの箱のどれかに入れる．次に，残りの 3 枚の赤いカードからランダムに選んだ 1 枚を空いている 8 つの箱のどれかに入れる．残った赤いカードについても同様にする．その後，5 枚の青いカードからランダムに選んだ 1 枚を空いている 4 つの箱のどれかに入れ，残りの青いカードについても同様にする．

　　　赤いカードの配分は 4 − 0 (左の箱に計 4 枚，右の箱に計 0 枚)，3 − 1 (左に 3 枚，右に 1 枚)，2 − 2 (左に 2 枚，右に 2 枚)，1 − 3 (左に 1 枚，右に 3 枚)，0 − 4 (左に 0 枚，右に 4 枚)のいずれかである．それぞれの確率を計算せよ．

(2)　上のようにカードを入れた後，まず左の箱の中から 1 枚，そして右の箱の中から 1 枚，次に左から 2 枚目，右から 2 枚目と，計 4 枚引く．左もしくは右の箱の中から引くときには，以下の優先順位で引く．

　[1]　赤いカード A または B (両者があるなら，$\frac{1}{2}$ の確率でどちらか)

　[2]　赤いカード C または D (両者があるなら，$\frac{1}{2}$ の確率でどちらか)

　[3]　青いカード

　　　上述のように引いた結果，最初に引いた 3 枚は左から「A」，右から「C」，左から「B」であった．このとき，最後のカード(右から引く 2 枚目のカード)が「D」である確率および青いカードである確率をそれぞれ計算せよ．

第9回　問題一覧（6問150分）

【第1問】

次の漸化式で定められる数列 $\{f_n\}$ を，フィボナッチ数列という．

$$f_1 = 1, f_2 = 1, f_{n+2} = f_{n+1} + f_n$$

さて，パスカルの三角形（図1）を片側に寄せて書いたとき（図2），図の斜めの線に沿って左下から右上に向けて並んでいる数を加えて得られる数列 $\{u_n\}$ は，フィボナッチ数列となることを示せ．

ただし，パスカルの三角形の最上段は，$_0C_0 = 1$ を意味するものとする．

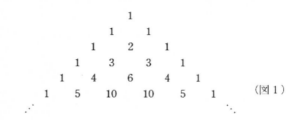

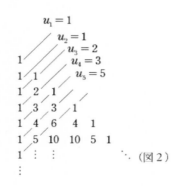

【第2問】

　座標平面上を運動する点 $P(x, y)$ の座標は，時刻 t の関数として次のように与えられている．
$$x = e^{kt}\cos t, \quad y = e^{kt}\sin t$$
ただし，k は実数の定数である．

(1) 点 P の速さ（速度ベクトルの大きさ）を求めよ．

(2) 点 P の位置ベクトル $\overrightarrow{OP}$ と速度ベクトルのなす角を α とする．
　　時刻 t によらず α は一定であることを示し，$\cos\alpha$ を求めよ．

【第3問】

　座標空間において，x 座標，y 座標，z 座標のいずれもが整数であるような点を格子点とよぶことにする．

(1) 原点 O と，O と異なる格子点 $P\,(a, b, c)$ に対して，線分 OP 上に O と P 以外の格子点が存在しないことと，3 つの整数 a, b, c の最大公約数が 1 であることは同値であることを示せ．

(2) a を整数として，2 点 $A\,(3, 5, 4)$，$B\,(a+1, a, 12)$ をとる．線分 AB 上には A と B 以外の格子点は存在しないことを示せ．

【第4問】

　任意の正の整数に対して，整数が次の条件を満たすように定められている．

$$
\begin{cases}
f(1) = 1 \\
f(2n) = f(n) \\
f(2n+1) = f(n) + f(n+1)
\end{cases}
$$

$f(n)$ が偶数となるための（n に関する）必要十分条件を求めよ．

【第5問】

　平面上に原点 O，A$(1,0)$，B$(0,1)$ をとり，線分 OA，OB 上に点 P，Q を

$$
\frac{\text{OP}}{\text{OA}} + \frac{\text{OQ}}{\text{OB}} = 1 \cdots\cdots(*)
$$

となるようにとる．$(*)$ をみたす線分 PQ の全体が描く図形を W とする．

(1) W を求め，図示せよ．

(2) W の面積を求めよ．

【第6問】

　1つのサイコロを何回か振り，最初に振ったときからの出た目の和が7の倍数になった時点でサイコロを振ることをやめる．このとき，ちょうど n 回振った時点でやめることになる確率を P_n とし，n 回以内にやめることになる確率を S_n とする．ただし，n は自然数とする．

(1) P_{n+1} を S_n で表せ．

(2) P_n と S_n を求めよ．

(3) サイコロを振ることをやめるまでの回数の期待値を求めよ．

第10回　問題一覧（6問150分）

【第1問】

平面上に2曲線 $C_1 : y = \sin x$，$C_2 : y = \sin ax$ がある．ただし a は正の定数である．

(1) $a = \dfrac{2}{3}$ のとき，C_1，C_2 の共有点の x 座標をすべて求めよ．

(2) C_1 と C_2 が原点以外に x 軸上に共有点をもつための，a に関する必要十分条件を求めよ．

【第2問】

当たる確率が $\dfrac{1}{n}$ であるくじを n 回引いたときに，n 回のうち少なくとも1回は当たりになる確率を $P(n)$ とする．

このとき $P(1)$，$P(2)$，$P(3)$，$\displaystyle\lim_{n\to\infty} P(n)$ の値を求めよ．

【第3問】

xy 平面上の3点 $\mathrm{O}(0,0)$，$\mathrm{A}(1,0)$，$\mathrm{B}(1,1)$ を頂点とする直角三角形 OAB の辺 OB 上に n 個の点 $\mathrm{P}_i(x_i, x_i)\,(i = 1, 2, 3, \cdots, n)$ をとる．また，点列 $\mathrm{Q}_i(x_i, 0)\,(i = 1, 2, 3, \cdots, n, n+1)$ と点列 $\mathrm{R}_{i+1}(x_{i+1}, x_i)\,(i = 1, 2, 3, \cdots, n)$ をとり，長方形 $\mathrm{P}_k\mathrm{Q}_k\mathrm{Q}_{k+1}\mathrm{R}_{k+1}$ の面積を S_k とする．

ただし $0 < x_1 < x_2 < \cdots < x_n < x_{n+1} = 1$ とする．このとき，和 $\displaystyle\sum_{k=1}^{n} S_k$ を最大にするような数列 $\{x_i\}\,(i = 1, 2, \cdots, n)$ を決定せよ．

【第4問】

i を虚数単位とし，$\omega = \dfrac{-1 + \sqrt{3}\,i}{2}$ とする．

(1) n を自然数として，$1 + \omega^n + \omega^{2n}$ を計算せよ．

(2) n 以下の最大の 3 の倍数を $3p$ とするとき，次の恒等式を証明せよ．

$$(1+x)^n + (1+\omega x)^n + (1+\omega^2 x)^n$$
$$= 3\left(1 + {}_nC_3 x^3 + {}_nC_6 x^6 + \cdots + {}_nC_{3p} x^{3p}\right)$$

(3) $S = 1 + {}_{100}C_3 + {}_{100}C_6 + {}_{100}C_9 + \cdots + {}_{100}C_{99}$

　を計算せよ．

【第 5 問】

　連続関数 $f(x)$ は，任意の実数 x において　$f(x)>0$, $f'(x)<0$ をみた

している．さらに，$\displaystyle\lim_{a\to\infty}\int_0^a f(x)\,dx = 1$ が成り立つとき，x についての方

程式 $xf(x)-1=0$ は実数解をもたないことを示せ．

【第 6 問】

　放物線 $y^2 = 2x$ の形をした鏡が図 1

のように設置してあり，点 $\mathrm{P}(5, 0)$ か

ら，放物線上の点 A に向けて光線を発

射したところ，光は図の点 A と，A と

異なる放物線上の点 B で反射した後，

再び点 P に戻ってきた．

　一般に放物線上の点 C に入射した光

線は，C における放物線の法線に対する

入射角と反射角が等しくなるほうに反射

する．(図 2)

(1) $\mathrm{A}(2t^2,\ 2t)$ における放物線 $y^2 = 2x$

　の接線に関する，点 P の対称点 P′ の座

　標を求めよ．

(2) 点 A の座標を求めよ．

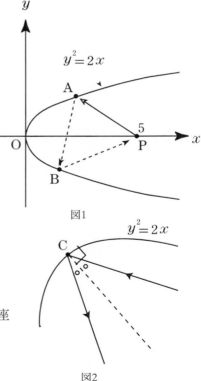

図1

図2

第11回　問題一覧（6問150分）

【第1問】
　実数 x を越えない最大の整数を $[x]$ で表す. n を正の整数とするとき, x についての方程式

$$[x^2] = nx - 1 \quad \cdots\cdots (*)$$

を考える.
(1)　$n=1$ のとき, $(*)$ は解をもたないことを示せ.
(2)　$n=2$ のとき, $(*)$ の解をすべて求めよ.
(3)　$n \geq 3$ のとき, $(*)$ の解をすべて求めよ.

【第2問】
(1)　$x = \cos 20°$ は, 整数係数の 3 次方程式の解であることを示せ.
(2)　$\cos 20°$ が無理数であることを示せ.

【第3問】
　動点 P は最初, 図1の点 A の位置にある. サイコロを振り, 出た目に応じて移動可能な 6 つの方向のうちのひとつを図2のように等確率で選択し, 長さ1だけ移動することを繰り返す. 図1の周囲の太線部に到達したとき, 移動を終了する.

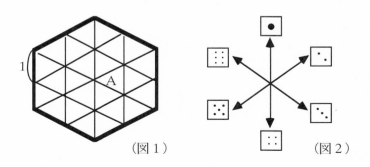

（図1）　　　　　　　（図2）

移動を終了するまでにサイコロを振る回数が n となる確率を p_n とする．

(1) p_n のみたす漸化式を求めよ．

(2) 次の極限値

$$E = \sum_{n=1}^{\infty} n p_n$$

を求めよ．ただし，極限値 E の存在を仮定してもよい．また，必要ならば次の事実を用いてよい．

$$|r| < 1 \text{ ならば} \lim_{n \to \infty} n r^n = 0$$

【第4問】

異なる n 個のものを r 個の空でない組に分割する場合の数を $f(n, r)$ とする．ただし，$n > r \geq 1$ とする．例えば，$\{a, b, c\}$ の 3 個を 2 つの組に分割するとき，$a|bc,\ b|ca,\ c|ab$ の 3 つの方法があるから，

$f(3, 2) = 3$ である．

⑴ $f(n, n-1)$ を n の式で表せ．

⑵ $f(n, 2)$ を n の式で表せ．

⑶ $n > r \geq 2$ のとき，関係式

$$f(n, r) = f(n-1, r-1) + r \cdot f(n-1, r)$$

を示し，$f(7, 4)$ を求めよ．

【第5問】

円 $\left(x - \dfrac{1}{2}\right)^2 + y^2 = \dfrac{1}{4}$ ……① 上にある点 C を中心とし, CO を

半径とする円 D がある.

(1) 点 C が円①上を1周するとき, 円 D の通過する領域を求めよ.

　ただし, O は原点を表すものとし, C＝O のときの円 D は, 点 O

　自身であるとみなす.

(2) (1)で求めた領域の面積を求めよ.

【第6問】

(1) 座標平面上に △OPQ があり, その面積を S とする. O は原点

　で, P, Q は $y \geq 0$ の部分にある. △OPQ を x 軸のまわりに回転

　させてできる回転体の体積を v とすると, v は, ΔOPQ の重心の

　y 座標 g_y を用いて次のように表されることを証明せよ.

$$v = 2\pi S g_y$$

(2) 　　　　$r = 1 + \cos\theta$

　なる極方程式で表される曲線をその始線のまわりに回転してできる

　立体に囲まれる部分の体積を V とする.

$$V = \int_0^\pi \dfrac{2}{3}\pi(1 + \cos\theta)^3 \sin\theta \, d\theta$$

となることを証明し, その値を求めよ.

第12回　問題一覧（6問150分）

【第1問】

数列 $\{a_n\}$ が，$a_1 = 1, a_2 = 1, a_3 = 4$，$a_{n+3} - 2a_{n+2} - 2a_{n+1} + a_n = 0$
をみたすとき，a_n は平方数であることを示せ．

【第2問】

放物線 $y = x^2$ 上に異なる 2 点 P，Q をとり，線分 PQ と放物線とが囲む部分の面積が $\dfrac{4}{3}$ となるようにする．このような線分 PQ が存在しうる範囲を求めよ．

【第3問】
次の ［A］，［B］のいずれか 1 問を選択して解答せよ．
　［A］
　n は 2 以上の整数である．このとき，方程式

　　$nz^n = z^{n-1} + z^{n-2} + \cdots\cdots + z + 1$

は $z = 1$ を解にもつが，他の複素数解はすべて

　　$|z| < 1$

をみたすことを示せ．

　［B］
　4 次方程式 $4x^4 = x^3 + x^2 + x + 1$ は $x = 1$ を解にもつが，他の 3 つの解について，次のことを示せ．

(1) 実数解はひとつで，$-1 < x < -\dfrac{1}{2}$ をみたす無理数であること．

(2) 虚数解は 2 つで，これを $x = p \pm qi \ (p, q \in \mathbb{R})$ と表すとき，
　$p^2 + q^2 < 1$ であること．

【第4問】
　凸四角形 OABC の 4 辺および対角線 OB, AC の長さがすべて有理数であるものとする．OB, AC の交点を D とするとき，OD の長さも有理数であることを示せ．

【第5問】
　Aが赤いカードを 1 枚持ち，B，C，Dは白いカードを 1 枚ずつ持っている．次の規則によってカードの交換をする．2 枚の硬貨を投げて
(ⅰ) 2 枚とも表なら A と B，C と D がそれぞれカードを交換する．
(ⅱ) 2 枚とも裏なら A と D，B と C がそれぞれカードを交換する．
(ⅲ) 表と裏が出たら A と C，B と D がそれぞれカードを交換する．
　この試行を n 回繰り返した後に，A,B,C,D が赤いカードを持っている確率をそれぞれ，a_n, b_n, c_n, d_n とする．
(1)　a_1, b_1, c_1, d_1 を求めよ．
(2)　$a_{n+1}, b_{n+1}, c_{n+1}, d_{n+1}$ をそれぞれ a_n, b_n, c_n, d_n を用いて表せ．
(3)　a_n, b_n を求めよ．

【第6問】
　曲線 $x^2 - y^2 = 1$ 上の点 P に対し，線分 OP 上に
$$\overline{OP} \times \overline{OQ} = 1$$
となる点 Q をとる．
(1)　点 Q の軌跡に原点 O をつけ加えた図形を C とする．
　　C の囲む面積を求めよ．
(2)　2 定点 A$(a,0)$, B$(-a,0)$ をとる．C 上の任意の点 Q に対し，
　　$\overline{AQ} \times \overline{BQ}$ の値が一定になるという．正の定数 a の値および，
　　この一定値を求めよ．

（左）覆面の貴講師・数理哲人　　　（右）数学学習の敵・暗記仮面

数学の学習においては，
《大事なことは覚えてはいけない》
《理解するのだ》

第１回

解説・答案例・指導例

　第１回のセットを組んだのは1990年代の前半であった．予備校の模擬試験に出題したり，知恵の館（東京・巣鴨）を開設したばかりの初期の受験生たちに出題したり，通信添削講座に使用したりしていた．

　【２】（軌跡・通過領域）はその後に頻繁に出題されるようになった素材であるが，後の東大のものよりはシンプルである．また，当時は行列・１次変換が理系の主要学習項目の１つであったが，後の高校数学では学習内容から外れたので，2014年改訂の際に問題の差し替えを行った．

　【３】は，2013年東大理系の確率の問題（マッチポイント）の設定を活かしつつ，条件付き確率の視点から，問い方を根本的に変えたものである．受験生答案は無限級数を用いている．

　【５】は求積における微小増分（ $d\theta$, dx ）の理解を問う趣旨で出題したが，受験生答案は全くの別方向から攻めてきた．

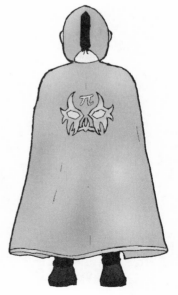

第 1 回【第 1 問】 （整数の 3 進数表示）❦❦❦❦❦❦❦❦❦❦❦❦❦❦

　　無限数列 $a_1, a_2, a_3, \cdots$ の各項は，$-1, 0, 1$ のいずれかの値をとる．

無限級数 $a_1 + a_2 \cdot 3 + a_3 \cdot 3^2 + \cdots\cdots$ が収束するとき，

$$N = \sum_{k=1}^{\infty} a_k 3^{k-1} \quad \cdots\cdots(*)$$

とする．

(1) $N = -79$ のとき，無限数列 $\{a_n\}$ を決定せよ．

(2) 任意の整数 N に対し，$(*)$ をみたす無限数列 $\{a_n\}$ が唯一つに決まる

　　ことを示せ．

〰〰〰〰　答 案 例 〰〰〰〰〰〰〰〰〰〰〰〰〰〰〰〰〰〰〰〰〰〰〰〰〰〰〰〰〰〰〰

(1)　（6点）

　　　$-79 = a_1 + a_2 \cdot 3 + a_3 \cdot 3^2 + \cdots\cdots$　　とおく．

　　　　　　　$-1 + 3(-26) = a_1 + 3(a_2 + a_3 \cdot 3 + a_4 \cdot 3^2 + \cdots\cdots)$

　　より，$a_1 = -1$，$-26 = a_2 + a_3 \cdot 3 + a_4 \cdot 3^2 + \cdots$

　　　　　　　$1 + 3(-9) = a_2 + 3(a_3 + a_4 \cdot 3 + a_5 \cdot 3^2 + \cdots\cdots)$

　　より，$a_2 = 1$，$-9 = a_3 + a_4 \cdot 3 + a_5 \cdot 3^2 + \cdots\cdots$

　　　　　　　$0 + 3(-3) = a_3 + 3(a_4 + a_5 \cdot 3 + a_6 \cdot 3^2 + \cdots\cdots)$

　　より，$a_3 = 0$，$-3 = a_4 + a_5 \cdot 3 + a_6 \cdot 3^2 + \cdots\cdots$

　　　　　　　$0 + 3(-1) = a_4 + 3(a_5 + a_6 \cdot 3 + \cdots\cdots)$

　　より，$a_4 = 0$，$-1 = a_5 + a_6 \cdot 3 + \cdots\cdots$

　　　　　　　　　$\therefore\ a_5 = -1, a_6 = 0, a_7 = 0, \cdots\cdots$

　　したがって，無限数列 $\{a_n\}$ の項の値は，

　　　$a_1 = -1, a_2 = 1, a_3 = 0, a_4 = 0, a_5 = -1, a_n = 0\ (n \geq 6)$

(2)　（14点）

　　任意に与えられた正数 N に対し，

（ⅰ）　(＊)の表現が存在すること

（ⅱ）　(＊)の表現が2つ以上はないこと

を示す.

（ⅰ)について；(1)の経過を一般化して書く.

$$N = a_1 + 3N_1 \quad (a_1 = -1, 0, 1)$$

$$N_1 = a_2 + 3N_2 \quad (a_2 = -1, 0, 1)$$

$$N_2 = a_3 + 3N_3 \quad (a_3 = -1, 0, 1)$$

$$\cdots\cdots$$

$$N_k = a_{k+1} + 3N_{k+1} \quad (a_{k+1} = -1, 0, 1)$$

となるように整数の列

$$a_1, a_2, \cdots, a_k, \cdots$$

$$N_1, N_2, \cdots, N_k, \cdots$$

を決めることができるから，(＊)をみたす無限数列 $\{a_n\}$ は存在する.

（ⅱ)について；$\mathrm{mod}\, 3$ で

$$N_k \equiv a_{k+1} \quad (\equiv 0, 1, 2)$$

となるように数列 $\{a_n\}$ を決めればよく，これは唯一つに決まる.

~~~~~~~~~ 参　考 ~~~~~~~~~~~~~~~~~~~~~~~~~~~~~~~~~~~~

1° ひとつの N に対し，2つ以上の (＊) の表現があるとして矛盾を導く.

$$N = a_1 + a_2 \cdot 3 + \cdots + a_k \cdot 3^{k-1} + \cdots$$

$$N = b_1 + b_2 \cdot 3 + \cdots + b_k \cdot 3^{k-1} + \cdots$$

$a_n \neq b_n$ となる最小の n の k として，

$$0 = (a_k - b_k) \cdot 3^{k-1} + (a_{k+1} - b_{k+1}) \cdot 3^k + \cdots$$

$a_k - b_k = \pm 1, \pm 2$ なのでこれを C とおくと

$$0 = 3^{k-1}\left\{C + (a_{k+1} - b_{k+1}) \cdot 3 + (a_{k+2} - b_{k+2}) \cdot 3^2 + \cdots\right\}$$

$$-C = (a_{k+1} - b_{k+1}) \cdot 3 + (a_{k+2} - b_{k+2}) \cdot 3^2 + \cdots$$

$C \neq 0$ なので，左辺は 3 で割り切れない.　右辺は 3 の倍数となって矛盾する.

$2°$　a_1 だけで表せるものは $-1, 0, 1$ の 3 通り

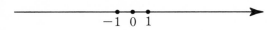

$a_1 + a_2 \cdot 3$ だけで表せるものは 9 通り

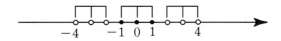

$a_1 + a_2 \cdot 3 + a_3 \cdot 3^2$ だけで表せるものは 27 通り

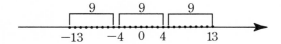

$a_1 + a_2 \cdot 3 + a_3 \cdot 3^2 + a_4 \cdot 3^3$ だけで表せるものは 81 通り

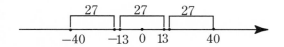

$3°$　$N = a_1 + a_2 \cdot 3 + a_3 \cdot 3^2 + \cdots + a_n \cdot 3^{n-1}$ の形の場合，最大値は

$$N \leq 1 + 3 + \cdots - 3^{n-1} = \frac{3^n - 1}{2}$$

N の範囲は

$$-\frac{3^n - 1}{2} \leq N \leq \frac{3^n - 1}{2}$$

とり得る N の値は $2 \times \dfrac{3^n - 1}{2} + 1 = 3^n$ 通りである．

$4°$　つり合いてんびんで，

$$1, 3, 3^2, 3^3, \cdots, 3^{k-1}, \cdots$$

グラムのおもりが 1 個ずつあれば，それを左または右におくことにより 1 グラム単位のあらゆる整数値の重さをはかりとることができる．

左におくことを -3^{k-1}，右におくことを $+3^{k-1}$ と表せばよいのである．

あらゆる自然数は 3 進法により一意に表されることと関係がある．

第1回【第2問】 （中点の存在領域）～～～～～～～～～～～～～～～～

　曲線 $y = \sin x$ の $0 \leq x \leq \pi$ の部分を 2 点 P , Q が動くとき，P , Q の中点を
M とする．

(1)　P $(p, \sin p)$, Q $(q, \sin q)$, M (x, y) とする．y を x と p で表せ．

(2)　M の存在する領域を求めよ．

(3)　(2)で求めた領域の面積 S を求めよ．

～～～ 答案例 ～～～～～～～～～～～～～～～～～～～～～～～～～～～～～

(1)　(6点)

　P $(p, \sin p)$, Q $(q, \sin q)$ $(0 \leq p, q \leq \pi)$

　の中点が M (x, y) のとき，

$$x = \frac{p+q}{2}$$

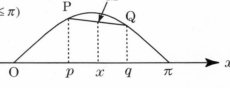

$$y = \frac{\sin p + \sin q}{2} = \sin \frac{p+q}{2} \cos \frac{p-q}{2}$$

ここで $q = 2x - p$ を用いると，

$$y = \sin x \cos \frac{2p - 2x}{2} = \sin x \cos(p - x) \quad \cdots\cdots[答]$$

(2)　(10点)

　x を固定して p を動かすことを考える．p の変域は

　　$0 \leq p \leq \pi$ かつ $0 \leq 2x - p(= q) \leq \pi$

　　　$\Leftrightarrow$　$0 \leq p \leq \pi$ かつ $2x - \pi \leq p \leq 2x$

　　　$\Leftrightarrow$ $\begin{cases} 0 \leq p \leq 2x & \left(0 \leq x \leq \dfrac{\pi}{2} \text{のとき}\right) \\ 2x - \pi \leq p \leq \pi & \left(\dfrac{\pi}{2} \leq x \leq \pi \text{のとき}\right) \end{cases}$

（ i ）　$0 \leq x \leq \dfrac{\pi}{2}$ のとき；

　　$\dfrac{1}{2} \sin 2x \leq y \leq \sin x$

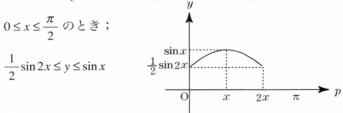

（ⅱ） $\dfrac{\pi}{2} \leq x \leq \pi$ のとき；

$$-\dfrac{1}{2}\sin 2x \leq y \leq \sin x$$

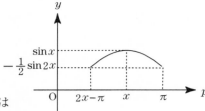

（ⅰ），（ⅱ）から，Mの存在範囲は下図のようになる．

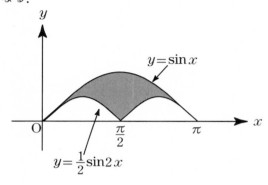

(3)　(4点)

求める面積 S は，

$$S = \int_0^\pi \sin x \, dx - 2\int_0^{\frac{\pi}{2}} \dfrac{1}{2}\sin x \, dx$$

$$= 2 - 1 = 1 \qquad \cdots\cdots[答]$$

第1回【第3問】 （コイントス） ഏഏഏഏഏഏഏഏഏഏഏഏഏഏഏഏ

A, B の 2 人がいる．投げたとき表裏の出る確率がそれぞれ $\dfrac{1}{2}$ のコイン
が 1 枚あり，最初は A がそのコインを持っている．次の操作を繰り返す．

(ⅰ) Aがコインを持っているときは，コインを投げ，表が出れば A に
1点を与え，コインは A がそのまま持つ．裏が出れば，両者に点を
与えず，A はコインを B に渡す．

(ⅱ) B がコインを持っているときは，コインを投げ，表が出れば B に
1 点を与え，コインは B がそのまま持つ．裏が出れば，両者に点を
与えず，Bはコインを A に渡す．

そして A, B のいずれかが 2 点を獲得した時点で，2 点を獲得した方の勝
利とする．たとえば，コインが表，裏，表，表と出た場合，この時点でA
は 1 点，Bは 2 点を獲得しているので B の勝利となる．

(1) Aがコインを持っていて， A, B ともに 1 点を得ているとき，Aの勝利
となる確率を求めよ．

(2) 最初に A がコインを持っているとき，一連の操作でAの勝利となる確
率を求めよ．

ഏഏഏ 答案例 ഏഏഏഏഏഏഏഏഏഏഏഏഏഏഏഏഏഏഏഏഏഏ

(1) （8点）

A がコインを持ち，A,B のそれぞれが持つコインの枚数が a 枚，b 枚
のとき $A(a,b)$ と書く．B がコインを持ち，A,B のそれぞれが持つコイン
の枚数が a 枚，b 枚のとき $B(a,b)$ と書く．コインを投げて表が出ること
を H ，裏が出ることを T と書くと状態の推移は次のようになる．

ここで，$A(1,1)$ のとき A が勝つ条件付き確率を p とすると，

$B(1,1)$ のとき A が勝つ条件付き確率は $1-p$ である．

このような遷移を考えて，

$$p = \frac{1}{2} + \frac{1}{2}(1-p)$$

を得る．すなわち，$p = \dfrac{2}{3}$

$A(1,1) \xrightarrow[\frac{1}{2}]{\text{H}} \boxed{A(2,1)}$

$\downarrow \frac{1}{2} \text{ T}$

$B(1,1) \xrightarrow[1-p]{} \text{A が勝つ}$

(2)　(12点)

$A(1,0)$ のとき A が勝つ条件付き確率を q とし，

$B(1,0)$ のとき A が勝つ条件付き確率を r とする．

このような推移を考えて，

$$q = \frac{1}{2} + \frac{1}{2}r \text{ を得る．}$$

このような推移を考えて，

$$r = \frac{1}{2}q + \frac{1}{2}(1-p) = \frac{1}{2}q + \frac{1}{2}\cdot\frac{1}{3}$$

を得る．q, r について解くと，

$$q = \frac{7}{9} , \quad r = \frac{5}{9}$$

$A(1,0) \xrightarrow[\frac{1}{2}]{\text{H}} \boxed{A(2,0)}$

$\downarrow \frac{1}{2} \text{ T}$

$B(1,0) \xrightarrow[r]{} \text{A が勝つ}$

$A(1,0) \xrightarrow[q]{} \text{A が勝つ}$

$\uparrow \frac{1}{2} \text{ T}$

$B(1,0) \xrightarrow[\frac{1}{2}]{\text{H}} B(1,1) \xrightarrow[1-p=\frac{1}{3}]{} \text{A が勝つ}$

$A(0,0)$ のとき A が勝つ条件付き確率を s とすると，

$B(0,0)$ のとき A が勝つ条件付き確率は $1-s$ である．

最初 $A(0,0) \xrightarrow[\frac{1}{2}]{\text{H}} A(1,0) \xrightarrow[q=\frac{7}{9}]{} \text{A が勝つ}$

$\downarrow \frac{1}{2} \text{ T}$

$B(0,0) \xrightarrow[1-s]{} \text{A が勝つ}$

このような推移を考えて $s = \dfrac{1}{2}\cdot\dfrac{7}{9} + \dfrac{1}{2}(1-s)$ を得る．すなわち，$s = \dfrac{16}{27}$

(1) 表を C、裏を D と表記する。定めた
Aが勝利となるのは。

・C
・DDC
・$DDDDC$
・$DDDDDDC$

表 H (heads)
裏 T (tails)

で。奇数回目に初めて、Cが出る
場合である。

この確率は $\displaystyle\lim_{n\to\infty}\sum_{k=1}^{n}\left(\frac{1}{2}\right)^{2k-1}$

$$=\lim_{n\to\infty}\frac{1}{2}\cdot\frac{1-\left(\frac{1}{4}\right)^{n}}{1-\frac{1}{4}}$$

$$=\quad \frac{2}{3}\qquad \boxed{\frac{2}{3}}$$

(2) ① $<$ Aが2点、Bが0点である場合 $>$
C と D の順列を考えて、Cが奇数番
目に並べばよい。

1つ目の C が m（番目）に並ぶ時（mは奇数）
$\underbrace{DD\cdots DCD}$

$m+1$（回目）での確率は $\left(\frac{1}{2}\right)^{m+1}$
$m+2$（回目）以降にCが奇数番目に1つ
並べばよいので。これは(1)と同じ時。

よって、$\left(\frac{1}{2}\right)^{m+1}\times\frac{2}{3}=\frac{1}{3}\cdot\left(\frac{1}{2}\right)^{m}$

$m=1,3,5,\cdots$ とすると。
①の確率は

$$\lim_{n\to\infty}\sum_{k=1}^{n}\frac{1}{3}\cdot\left(\frac{1}{2}\right)^{2k-1}$$

$$=\lim_{n\to\infty}\frac{1}{3}\cdot\frac{1}{2}\cdot\frac{1-\left(\frac{1}{4}\right)^{n}}{1-\frac{1}{4}}$$

$$=\quad \frac{2}{9}$$

② $<$ Aが2点、Bが1点である場合 $>$
(i) Aが先に1点、次にBが1点を
取る場合

1つ目の C が m（番目）に並ぶ時（mは奇数）
$\underbrace{DD\cdots DDC}$

m（回目）までの確率は $\left(\frac{1}{2}\right)^{m}$
$m+1$（回目）以降に、Dが偶数番目に1つ並び、
その後、再び(1)と同じようになればよい
から。求める確率は

$$\left(\frac{1}{2}\right)^{m}\cdot\frac{2}{3}\cdot\frac{2}{3}=\frac{4}{9}\left(\frac{1}{2}\right)^{m}$$

$m=1,3,5,\cdots$ とすると。
(i)の確率は

$$\lim_{n\to\infty}\sum_{k=1}^{n}\frac{4}{9}\cdot\left(\frac{1}{2}\right)^{2k-1}=\quad \frac{8}{27}$$

(ii) Bが先に1点、次にAが2点を取る
場合

偶数番目に初めてCが並べばよく。
この確率は　　　　　　　　　…①

$$\lim_{n\to\infty}\sum_{k=1}^{n}\left(\frac{1}{2}\right)^{2k}=\quad \frac{1}{3}$$

この後、Aが2点取ればよいから。
①と同じである。

(ii)の確率は　$\frac{1}{3}\times\frac{2}{9}=\frac{2}{27}$

①、②より。求める確率は

$$\frac{2}{9}+\frac{8}{27}+\frac{2}{27}=\quad \boxed{\frac{16}{27}}$$

要チェ

第1回【第4問】 （多項式の漸化式）～～～～～～～～～～～～～～～

次の漸化式をみたす多項式の列 $f_n(x)$ を考える.

$$f_0(x) = 0, \ f_1(x) = 1$$
$$f_n(x) = x f_{n-1}(x) + f_{n-2}(x) \ (n \geq 2)$$

(1) $f_n(x)$ の 1 次の係数を n の式で表せ. ただし $n \geq 1$ とする.

(2) $f_n(x)$ の 2 次の係数を n の式で表せ. ただし $n \geq 1$ とする.

～～～ 答案例 ～～～～～～～～～～～～～～～～～～～～～～～～～

(1) （12点）
$$f_n(x) = a_n + b_n x + c_n x^2 + x^3 \cdot g_n(x)$$

とおいて，係数についての漸化式をたてる.

$n \geq 2$ のとき；

$$f_n(x) = x f_{n-1}(x) + f_{n-2}(x)$$
$$= x\left\{ a_{n-1} + b_{n-1}x + c_{n-1}x^2 + x^3 \cdot g_{n-1}(x) \right\} + a_{n-2} + b_{n-2}x + c_{n-2}x^2 + x^3 \cdot g_{n-2}(x)$$
$$= a_{n-2} + \left(b_{n-2} + a_{n-1}\right)x + \left(c_{n-2} + b_{n-1}\right)x^2 + \left\{ g_{n-2}(x) + c_{n-1} + x \cdot g_{n-1}(x) \right\}x^3$$

$$a_n = a_{n-2} \quad \cdots\cdots ①$$
$$b_n = b_{n-2} + a_{n-1} \quad \cdots\cdots ②$$
$$c_n = c_{n-2} + b_{n-1} \quad \cdots\cdots ③$$

$a_1 = 1, a_2 = 0$ および①より，

n が奇数のとき； $a_n = 1$

n が偶数のとき； $a_n = 0$

$b_1 = 0, b_2 = 1$ および②より，

n が奇数のとき； $a_{n-1} = 0$ だから，

$$b_n = b_{n-2} = \cdots = b_1 = 0$$

n が偶数のとき； $a_{n-1} = 1$ だから，

$$b_n = b_{n-2} + 1 = b_{n-4} + 1 + 1 = \cdots = b_2 + \frac{n-2}{2} = 1 + \frac{n-2}{2} = \frac{n}{2}$$

(2) (8点)

$c_1 = 0, c_2 = 0$ および③より，

n が奇数のとき；

$$c_n = c_{n-2} + \frac{n-1}{s} = c_1 + \left(\frac{2}{2} + \frac{4}{2} + \cdots + \frac{n-1}{2} \right)$$

$$= 0 + 1 + 2 + \cdots + \frac{n-1}{2} = \frac{1}{2} \cdot \frac{n-1}{2} \cdot \left(\frac{n-1}{2} + 1 \right)$$

$$= \frac{n^2 - 1}{8}$$

n が偶数のとき；$b_{n-1} = 0$ だから

$$c_n = c_{n-2} = \cdots = c_2 = 0$$

参　考

1° 漸化式にしたがって，列 $f_n(x)$ を作ってみる．

$$f_2(x) = xf_1(x) + f_0(x) = x$$

$$f_3(x) = xf_2(x) + f_1(x) = x^2 + 1$$

$$f_4(x) = xf_3(x) + f_2(x) = x^3 + 2x$$

$$f_5(x) = xf_4(x) + f_3(x) = x^4 + 3x^2 + 1$$

$$f_6(x) = xf_5(x) + f_4(x) = x^5 + 4x^3 + 3x$$

$$f_7(x) = xf_6(x) + f_5(x) = x^6 + 5x^4 + 6x^2 + 1$$

2° すると，$f_n(x) = a_n + b_n x + c_n x^2 + \cdots$

の係数について，次のような表ができる．

n	1	2	3	4	5	6	7 $\cdots$
a_n	1	0	1	0	1	0	1 $\cdots$
b_n	0	1	0	2	0	3	0 $\cdots$
c_n	0	0	1	0	3	0	6 $\cdots$

3° 表から，
$$a_n = \frac{1+(-1)^{n-1}}{2}, b_n = \frac{1+(-1)^n}{2} \cdot \frac{n}{2}$$

$$c_n = \frac{1+(-1)^{n-1}}{2}\left(0+1+2+\cdots+\frac{n-1}{2}\right) = \frac{1+(-1)^{n-1}}{2} \cdot \frac{n^2-1}{8}$$

と予想できる．この予想において，次の数列を利用した．

$$\left\{\frac{1+(-1)^{n-1}}{2}\right\} = \{1, 0, 1, 0, 1, 0, \cdots\}$$

$$\left\{\frac{1+(-1)^n}{2}\right\} = \{0, 1, 0, 1, 0, 1, \cdots\}$$

4° この予想を数学的帰納法で証明してみることにする．

$$f_n(x) = \frac{1+(-1)^{n-1}}{2} + \frac{1+(-1)^n}{2} \cdot \frac{n}{2}x + \frac{1+(-1)^{n-1}}{2} \cdot \frac{n^2-1}{8}x^2 + x^3 g_n(x)$$

と表せることを示す．$n=1, 2$ での成立は表により確かめられている．
$n, n+1$ で成り立つとき，

$$f_{n+2}(x) = xf_{n+1}(x) + f_n(x)$$

$$= x\left\{\frac{1+(-1)^n}{2} + \frac{1+(-1)^{n+1}}{2} \cdot \frac{n+1}{2} \cdot \frac{(n+1)^2-1}{8}x^2 + x^3 g_{n+1}(x)\right\} + f_n(x)$$

$$= \frac{1+(-1)^{n-1}}{2} + \left\{\frac{1+(-1)^n}{2} + \frac{1+(-1)^n}{2} \cdot \frac{n}{2}\right\}x$$

$$+ \left\{\frac{1+(-1)^{n+1}}{2} \cdot \frac{n+1}{2} + \frac{1+(-1)^{n-1}}{2} \cdot \frac{n^2-1}{8}\right\}x^2 + \cdots\cdots$$

$$= \frac{1+(-1)^{n+1}}{2} + \frac{1+(-1)^{n+2}}{2} \cdot \frac{n+2}{2}x + \frac{1+(-1)^{n+1}}{2} \cdot \frac{(n+2)^2-1}{8}x^2 + \cdots\cdots$$

となり，$n+2$ のときも成り立つ．したがって，予想は正しい．

5° $\dfrac{1+(-1)^{n-1}}{2} = \cos(n-1)\pi$ ，$\dfrac{1+(-10)^n}{2} = \cos n\pi$

なので，次のように書いてもよい．

$$b_n = \frac{n}{2}\cos n\pi, \quad c_n = -\frac{n^2-1}{8}\cos n\pi$$

6° 表を大きくしていくと，面白いことに気づく．

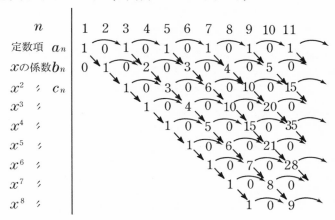

表の中に二項係数が現れているではないか．

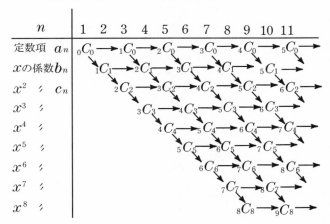

したがって，

n が偶数のとき $b_n = {}_{\frac{n}{2}}\mathrm{C}_1$ ，n が奇数のとき $b_n = 0$

n が偶数のとき $c_n = 0$ ，n が奇数のとき $c_n = {}_{\frac{n+1}{2}}\mathrm{C}_2$ となる．

第1回【第5問】 （斜円柱の交わり）◦◦◦◦◦◦◦◦◦◦◦◦◦◦◦◦◦◦◦◦◦◦◦◦◦◦◦◦

　底面の半径が r，高さが h である斜円柱が 2 つあり，上底は一致し，下底は互いに外接している．2 つの斜円柱の共通部分の体積を求めよ．

◦◦◦◦◦ 答案例1 ◦◦◦

　上底からの距離が $x\,(0 \leq x \leq h)$ である平面による切り口は，半径が r である 2 つの円となり，これらの中心の間の距離は $\dfrac{2rx}{h}$ である．2 つの斜円柱の共通部分をこの平面で切断して得られる図形の面積を $S(x)$ とする．

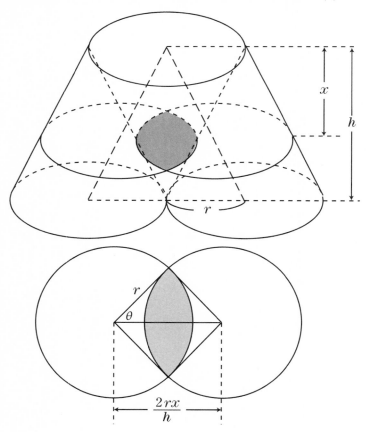

図のように角度 θ を定めると，$x = h\cos\theta \left(0 \leq \theta \leq \dfrac{\pi}{2}\right)$ であり，

$$S(x) = 2\left(\frac{1}{2}r^2 \cdot 2\theta - \frac{1}{2}r^2\sin 2\theta\right) = 2r^2(\theta - \sin\theta\cos\theta)$$

求める体積を V とすれば，

$$V = \int_0^h S(x)dx = 2r^2\int_0^h (\theta - \sin\theta\cos\theta)dx$$

$$= 2r^2\int_0^h \left(\theta - \frac{x}{h}\cdot\frac{\sqrt{h^2-x^2}}{h}\right)dx$$

$$= 2r^2\left\{[x\cdot\theta]_0^h - \int_0^h x\cdot\frac{-1}{\sqrt{h^2-x^2}}dx - \frac{1}{h^2}\left[\frac{-1}{3}\left(h^2-x^2\right)^{\frac{3}{2}}\right]_0^h\right\}$$

$$= 2r^2\left\{0 + \left[-\sqrt{h^2-x^2}\right]_0^h + \frac{1}{3h^2}\left(-h^3\right)\right\}$$

$$= 2r^2\left(h - \frac{h}{3}\right) = \frac{4}{3}r^2h$$

~∽∽∽∽∽∽(答案例2)∽∽∽∽∽∽∽∽∽∽∽∽∽∽∽∽∽∽∽∽∽∽∽∽∽∽∽∽∽∽∽∽∽∽∽∽∽∽

（積分変数を θ に置換する）

$$V = \int_0^h S(x)dx = 2r^2\int_{\frac{\pi}{2}}^0 (\theta - \sin\theta\cos\theta)(-h\sin\theta)d\theta$$

$$= 2r^2h\int_{\frac{\pi}{2}}^0 \left(\sin^2\theta\cos\theta - \theta\sin\theta\right)d\theta$$

$$= 2r^2h\left[\frac{\sin^3\theta}{3} + \theta\cos\theta - \sin\theta\right]_{\frac{\pi}{2}}^0$$

$$= 2r^2h\left(-\frac{1}{3} + 1\right) = \frac{4}{3}r^2h$$

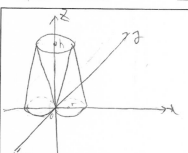

対称性から, $x \geqq 0$, $y \geqq 0$ のみについて 考えればよい。

$y = t$ ($0 \leqq t \leqq r$) で立体を切断した時の 断面を考える。

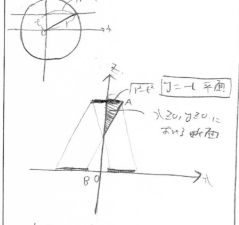

上図で, 点 A, B をとると, (x, z) 座標は

$A(\sqrt{r^2-t^2}, h)$

$B(\sqrt{r^2-t^2}-r, 0)$

直線 AB の方程式を 求めると,

$y = \dfrac{h}{r}(x - \sqrt{r^2-t^2}) + h$

よって, $x = 0$ のとき $y = h - \dfrac{h}{r}\sqrt{r^2-t^2}$

よって, 断面の面積は

$\dfrac{1}{2}\sqrt{r^2-t^2} \cdot \dfrac{h}{r} \cdot \sqrt{r^2-t^2}$

$= \dfrac{h}{2r}(r^2-t^2)$

これより, 求める体積は

$4\displaystyle\int_0^r \dfrac{h}{2r}(r^2-t^2) \cdot dt$

$= \dfrac{2h}{r}\left[r^2 t - \dfrac{1}{3}t^3\right]_0^r$

$= \dfrac{2h}{r}\left(r^3 - \dfrac{1}{3}r^3\right)$

$= \dfrac{4}{3}r^2 h$

$\therefore \dfrac{4}{3}r^2 h$ （答）

第1回【第6問】（四面体の体積を最小に）෴෴෴෴෴෴෴෴෴෴

　4面体OABCがある．点Pを△ABCの内部にある定点とし，3辺OA, OB, OC を $\overrightarrow{\mathrm{OA}}$,$\overrightarrow{\mathrm{OB}}$,$\overrightarrow{\mathrm{OC}}$ の向きに延長した半直線をそれぞれ $l_\mathrm{A}, l_\mathrm{B}, l_\mathrm{C}$ とする．

(1) $\overrightarrow{\mathrm{OP}} = \alpha\overrightarrow{\mathrm{OA}} + \beta\overrightarrow{\mathrm{OB}} + \gamma\overrightarrow{\mathrm{OC}}$ と表すとき，実数 α, β, γ のみたすべき条件を求めよ．

(2) 点 P を含み，半直線の $l_\mathrm{A}, l_\mathrm{B}, l_\mathrm{C}$ と点 O 以外の共有点をもつような任意の平面 π をとり，平面 π と半直線 $l_\mathrm{A}, l_\mathrm{B}, l_\mathrm{C}$ との共有点をそれぞれ A′, B′, C′ とする．4 面体 OA′B′C′ の体積を最小にするには，平面 π をどのようにとればよいか．

෴෴෴ 答案例 ෴෴෴෴෴෴෴෴෴෴෴෴෴෴෴෴෴෴෴෴෴෴෴

(1) （6点）

　　直線APと辺BCの交点をQとすると，
$$\overrightarrow{\mathrm{AP}} = k\overrightarrow{\mathrm{AQ}} = k\left\{(1-t)\overrightarrow{\mathrm{AB}} + t\overrightarrow{\mathrm{AC}}\right\}$$
　　（ただし，$0 < k < 1, 0 < t < 1$）

と表すことができる．

　Oを始点として書き直すと，
$$\overrightarrow{\mathrm{OP}} - \overrightarrow{\mathrm{OA}} = k(1-t)\left(\overrightarrow{\mathrm{OB}} - \overrightarrow{\mathrm{OA}}\right) + kt\left(\overrightarrow{\mathrm{OC}} - \overrightarrow{\mathrm{OA}}\right)$$

$$\therefore \overrightarrow{\mathrm{OP}} = (1-t)\overrightarrow{\mathrm{OA}} + k(1-t)\overrightarrow{\mathrm{OB}} + kt\overrightarrow{\mathrm{OC}}$$

$\overrightarrow{\mathrm{OA}}, \overrightarrow{\mathrm{OB}}, \overrightarrow{\mathrm{OC}}$ の1次独立性から，
$$\alpha = 1 - k, \beta = k(1-t), \gamma = kt$$

と表すことができるので，
$$\alpha + \beta + \gamma = 1$$

また，$0 < k < 1, 0 < t < 1$ より，
$$0 < 1 - k < 1, \ 0 < k(1-t) < 1,$$
$$0 < kt < 1$$
$$\therefore 0 < \alpha < 1, 0 < \beta < 1, 0 < \gamma < 1$$

以上から，求める条件は

63

$$\begin{cases} \alpha + \beta + \gamma = 1 \\ 0 < \alpha < 1, 0 < \beta < 1, 0 < \gamma < 1 \end{cases}$$

(2) (14点)

$\overrightarrow{OA}$ と $\overrightarrow{OB}$ のなす角を θ_1，平面OABと $\overrightarrow{OC}$ のなす角を θ_2 とする．

また，正の数 α', β', γ' を

$$\overrightarrow{OA'} = \alpha'\overrightarrow{OA}, \quad \overrightarrow{OB'} = \beta'\overrightarrow{OB}, \quad \overrightarrow{OC'} = \gamma'\overrightarrow{OC}$$

によって定める．

4面体OA′B′C′の体積 V は，4面体 OABC の体積

$$V_0 = \frac{1}{6}\left|\overrightarrow{OA}\right|\left|\overrightarrow{OB}\right|\left|\overrightarrow{OC}\right|\sin\theta_1 \sin\theta_2$$

を用いて

$$V_0 = \frac{1}{3} \cdot \frac{1}{2}\left|\overrightarrow{OA'}\right|\left|\overrightarrow{OB'}\right|\sin\theta_1 \cdot \left|\overrightarrow{OC'}\right|\sin\theta_2 = \alpha'\beta'\gamma'V_0 \quad \cdots\cdots ①$$

とあらわすことができる．

V_0 は定数だから，V を最小にするためには $\alpha'\beta'\gamma'$ を最小にすればよい．

$$\overrightarrow{OP} = \alpha\overrightarrow{OA} + \beta\overrightarrow{OB} + \gamma\overrightarrow{OC}$$

$$= \frac{\alpha}{\alpha'}\overrightarrow{OA'} + \frac{\beta}{\beta'}\overrightarrow{OB'} + \frac{\gamma}{\gamma'}\overrightarrow{OC'}$$

であり，Pは Δ A′B′C′ の内部にあることから，(1)の結果を用いて，

$$\frac{\alpha}{\alpha'} + \frac{\beta}{\beta'} + \frac{\gamma}{\gamma'} = 1,$$

$$\frac{\alpha}{\alpha'} > 0, \frac{\beta}{\beta'} > 0, \frac{\gamma}{\gamma'} > 0$$

相加・相乗平均の不等式を用いると，

$$1 = \frac{\alpha}{\alpha'} + \frac{\beta}{\beta'} + \frac{\gamma}{\gamma'} \geq 3\sqrt[3]{\frac{\alpha\beta\gamma}{\alpha'\beta'\gamma'}}$$

$$\therefore \quad 1 \geq 27 \cdot \frac{\alpha\beta\gamma}{\alpha'\beta'\gamma'}$$

$$\therefore \quad \alpha'\beta'\gamma' \geq 27\alpha\beta\gamma$$

①より，　　　$V \geq 27\alpha\beta\gamma V_0$　……②

　ここで P は定点であるから，α, β, γ は定数であり，$27\alpha\beta\gamma V_0$ も定数である．②で等号が成り立つのは

$$\frac{\alpha}{\alpha'} = \frac{\beta}{\beta'} = \frac{\gamma}{\gamma'} = \frac{1}{3}$$

のときであり，このとき，

$$\alpha' = 3\alpha, \beta' = 3\beta, \gamma' = 3\gamma \quad ……③$$

は正の数となり条件をみたしている．

　よって，③のとき V は最小で，最小値 $27\alpha\beta\gamma V_0$ をとる．

　③のとき，　　$\overrightarrow{OP} = \frac{1}{3}\left(\overrightarrow{OA'} + \overrightarrow{OB'} + \overrightarrow{OC'}\right)$

となるから，P が △A'B'C' の重心となるように平面 π をとれば題意がみたされる．

─────────── 参　考 ───────────

1°　(1)の結果は　$\alpha + \beta + \gamma = 1, \alpha > 0, \beta > 0, \gamma > 0$　としてもよい．

2°　(2)の平面 π のとり方は，他のいい回しも可能である．例えば

　　「$\overrightarrow{OP} = \alpha\overrightarrow{OA} + \beta\overrightarrow{OB} + \gamma\overrightarrow{OC}$ と表したときの α, β, γ に対して，

　　　$\overrightarrow{OA'} = 3\alpha\overrightarrow{OA}$，$\overrightarrow{OB'} = 3\beta\overrightarrow{OB}$，$\overrightarrow{OC'} = 3\gamma\overrightarrow{OC}$

　　となる点 A', B', C' をとって，この 3 点を通る平面が題意の π である

　　る」

というのもよい．

(1)

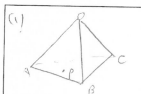

$\overrightarrow{OP'} = \overrightarrow{OA'} + \overrightarrow{A'P'}$

今、$\overrightarrow{A'P'}$, $\overrightarrow{A'C'}$, $\overrightarrow{A'B'}$ は 同一平面上の
ベクトルであり. $\overrightarrow{A'C'}$, $\overrightarrow{A'B'}$ は1次独立、
$\overrightarrow{A'C'} \neq \vec{0}$, $\overrightarrow{A'B'} \neq \vec{0}$ より

$$\overrightarrow{A'P'} = s\,\overrightarrow{A'C'} + t\,\overrightarrow{A'B'} \quad (s, t \in \mathbb{R})$$
と表せる。

よって、
$$\overrightarrow{OP'} = \overrightarrow{OA'} + (s\,\overrightarrow{A'C'} + t\,\overrightarrow{A'B'})$$
$$= \overrightarrow{OA'} + s(\overrightarrow{OC'} - \overrightarrow{OA'}) + t(\overrightarrow{OB'} - \overrightarrow{OA'})$$
$$= (1 - s - t)\overrightarrow{OA'} + t\,\overrightarrow{OB'} + s\,\overrightarrow{OC'}$$

ここで (各係数の和) = 1 となっているので、
$\overrightarrow{OP'} = \alpha\,\overrightarrow{OA'} + \beta\,\overrightarrow{OB'} + \gamma\,\overrightarrow{OC'}$ について

$$\alpha + \beta + \gamma = 1$$

(2)

4面体 OABC の体積を V、
4面体 OA'B'C' の体積を V' とすると

$$V' = \frac{OA'}{OA} \cdot \frac{OB'}{OB} \cdot \frac{OC'}{OC} V \quad (V \text{は定数})$$

よって、V' が最小になるためには
$\frac{OA'}{OA} \cdot \frac{OB'}{OB} \cdot \frac{OC'}{OC}$ が最小になればよい。

ここで $\frac{OA'}{OA} = a$, $\frac{OB'}{OB} = b$, $\frac{OC'}{OC} = c$
(*) とする。

(1)より、$\overrightarrow{OP'} = \alpha\,\overrightarrow{OA'} + \beta\,\overrightarrow{OB'} + (1-\alpha-\beta)\overrightarrow{OC'}$
$$= \frac{\alpha}{a}\overrightarrow{OA} + \frac{\beta}{b}\overrightarrow{OB} + \frac{1-\alpha-\beta}{c}\overrightarrow{OC} \quad (\because (*))$$

P は A', B', C' と同一平面上にあるので
同様に (1)を用いて.

$$\frac{\alpha}{a} + \frac{\beta}{b} + \frac{1-\alpha-\beta}{c} = 1 \quad (条件)$$

和が一定のもと、積を最大にする.

$$1 - \alpha - \beta = \frac{ab - \alpha b - a\beta}{ab}$$
$$c = \frac{ab(1-\alpha-\beta)}{ab - \alpha b - a\beta}$$
$$abc = ab \cdot \frac{ab(1-\alpha-\beta)}{(ab - \alpha b - a\beta)}$$
$$= (1-\alpha-\beta)\frac{a^2b^2}{(a-\alpha)(b-\beta) - a\beta}$$

$$\frac{\alpha}{a} + \frac{\beta}{b} + \frac{\gamma}{c} = 1$$

$\frac{\alpha}{a} > 0$, $\frac{\beta}{b} > 0$, $\frac{\gamma}{c} > 0$ より、相加相乗
平均の関係から、

$$1 = \frac{\alpha}{a} + \frac{\beta}{b} + \frac{\gamma}{c} \geq 3\sqrt[3]{\frac{\alpha}{a} \cdot \frac{\beta}{b} \cdot \frac{\gamma}{c}}$$
$$\frac{1}{27} \geq \frac{\alpha\beta\gamma}{abc}$$
$$abc \geq 27\alpha\beta\gamma$$

等号成立は $\frac{\alpha}{a} = \frac{\beta}{b} = \frac{\gamma}{c} = \frac{1}{3}$ つまり $a = 3\alpha$ …

$$\overrightarrow{OP'} = \alpha\,\overrightarrow{OA'} + \beta\,\overrightarrow{OB'} + \gamma\,\overrightarrow{OC'}$$
$$= \frac{a}{3}\overrightarrow{OA'} + \frac{b}{3}\overrightarrow{OB'} + \frac{c}{3}\overrightarrow{OC'}$$
$$= \frac{1}{3}\overrightarrow{OA'} + \frac{1}{3}\overrightarrow{OB'} + \frac{1}{3}\overrightarrow{OC'}$$

よって P が △A'B'C' の重心となる
ような平面π上をとればよい。

第２回

解説・答案例・指導例

　第2回セットの【1】は，はさみうちの原理を用いての極限値の証明.
「求めよ」と問われる証明問題についてのレッスン.

【2】は前回に続いての通過領域の問題. 頻出事項なので，変数を固定す
る方法と，方程式の解の存在条件に帰着させる方法を定着させたい演習問
題である. 添削指導例と，それにより答案が改善した様子を収録した.

【3】は平面上の三角形において外心・重
心・垂心を通過するオイラー線の議論を3次
元に拡張したものである.

【4】は確率. 《期待値》は数学Aと数学B
を行き来しているが，期待値を学ぶことなく
確率を学んだとは認めないという立場から，
学習指導要領に対応しないこととした.

【5】は，方程式・不等式をグラフを活用し
て倒す方法を確認する問題.

【6】は『現代数学』誌上の一松信先生の記
事にあった《饅頭等分方程式》を借用しつつ
不等式の問題に仕立てた. 《πは約3》の
余韻が残る時代に，$\pi^2 > 9$ を取り込むことが
できた. 私は気に入っている.

第2回【第1問】 (はさみうちの原理) ⌁⌁⌁⌁⌁⌁⌁⌁⌁⌁⌁⌁⌁⌁⌁⌁⌁⌁

(1) $x > 0$ のとき，次の不等式を証明せよ．

$$x - \frac{x^3}{3!} < \sin x < x - \frac{x^3}{3!} + \frac{x^5}{5!}$$

(2) xy 平面上に，定点 $\mathrm{A}(1,0)$ および

半円 $C : x^2 + y^2 = 1, y \geq 0$

半直線 $l : x = 1, y \geq 0$

がある．C 上に点 $\mathrm{P}(\cos\theta, \sin\theta)(0 < \theta < \pi)$ をとり，l 上に点 M を

(弧APの長さ) $= \overline{\mathrm{AM}}$

となるようにとる．直線 MP と x 軸との交点を B とするとき，

$$\lim_{\theta \to +0} \overline{\mathrm{AB}}$$

を求めよ．

⌁⌁⌁ 答 案 例 ⌁⌁⌁⌁⌁⌁⌁⌁⌁⌁⌁⌁⌁⌁⌁⌁⌁⌁⌁⌁⌁⌁⌁⌁⌁⌁⌁⌁⌁⌁⌁⌁

(1) （8点）

$f(x) = \sin x - x + \dfrac{x^3}{3!}$ とおくと，

$f'(x) = \cos x - 1 + \dfrac{x^2}{2!}$, $f''(x) = -\sin x + x$

$x > 0$ のとき $\sin x < x$ であるから，

$f''(x) > 0 \ (x > 0)$

$f'(x)$ は $x > 0$ で増加関数で，$f'(x) > f'(0) = 0 \ (x > 0)$

よって，$f(x)$ も $x > 0$ で増加関数で，

$f(x) > f(0) = 0 \ (x > 0)$ ……①

が成り立つ．次に，$g(x) = \sin x - x + \dfrac{x^3}{3!} - \dfrac{x^5}{5!}$ とおくと，

$g'(x) = \sin x - 1 + \dfrac{x^2}{2!} - \dfrac{x^4}{4!}$,

$g''(x) = -\sin x + x - \dfrac{x^3}{3!} = -f(x) < 0 \ (x > 0)$ （∵ ①）

68

よって，$g'(x)$ は$x>0$ で減少関数で，$g'(x)<g'(0)=0$ $(x>0)$

よって，$g(x)$ も$x>0$ で減少関数で，$g(x)<g(0)=0$ $(x>0)$ ……②

以上①，②より，題意の不等式が成り立つ.

(2) (12点)

図のように C,D をとる.

$\triangle$ABM $\backsim$ $\triangle$DPM により，$\overline{\mathrm{AB}}:\overline{\mathrm{DP}}=\overline{\mathrm{AM}}:\overline{\mathrm{DM}}$

ここで，$\overline{\mathrm{DP}}=1-\cos\theta,$

$\qquad \overline{\mathrm{AM}}=($弧APの長さ$)=\theta,\overline{\mathrm{DM}}=\theta-\sin\theta$

であるから，

$$\overline{\mathrm{AB}}=\frac{\overline{\mathrm{DP}}\cdot\overline{\mathrm{AM}}}{\overline{\mathrm{DM}}}=\frac{\theta(1-\cos\theta)}{\theta-\sin\theta} \quad\cdots\cdots③$$

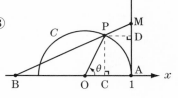

(1)より，$\dfrac{\theta^3}{3!}-\dfrac{\theta^5}{5!}<\theta-\sin\theta<\dfrac{\theta^3}{3!}$ ……④

③，④より，

$$3!\cdot\frac{\theta(1-\cos\theta)}{\theta^3}<\overline{\mathrm{AB}}<3!\cdot\frac{\theta(1-\cos\theta)}{\theta^3\left(1-\dfrac{\theta^2}{20}\right)}$$

$$\therefore 6\cdot\frac{1-\cos\theta}{\theta^2}<\overline{\mathrm{AB}}<6\cdot\frac{1-\cos\theta}{\theta^2}\cdot\frac{1}{1-\dfrac{\theta^2}{20}} \quad\cdots\cdots⑤$$

ここで，$\displaystyle\lim_{\theta\to+0}\frac{1-\cos\theta}{\theta^2}=\lim_{\theta\to+0}\frac{(1-\cos\theta)(1+\cos\theta)}{\theta^2(1+\cos\theta)}=\lim_{\theta\to+0}\left(\frac{\sin\theta}{\theta}\right)^2\cdot\frac{1}{1+\cos\theta}=\frac{1}{2}$

$\therefore \displaystyle\lim_{\theta\to+0}(⑤の左辺)=\lim_{\theta\to+0}(⑤の右辺)=3$

よって，はさみうちの原理により，$\displaystyle\lim_{\theta\to+0}\overline{\mathrm{AB}}=3$

(2) の極限値　$\displaystyle\lim_{\theta\to+0}\overline{AB}=\lim_{\theta\to+0}\frac{\theta(1-\cos\theta)}{\theta-\sin\theta}$ を「ロピタルの公式」を用いて求

めたくなる人がいるかもしれない．それは次のようなものである．

> 関数 $f(x), g(x)$ は，$a\le x<b$ で連続で，$a<x<b$ で微分可能とし，
>
> $$f(a)=g(a)=0,\; g'(x)\ne 0\;\;(a<x<b)$$
>
> とする．このとき，$\displaystyle\lim_{\theta\to a+0}\frac{f'(x)}{g'(x)}$ が存在してその値が α ならば
>
> $\displaystyle\lim_{\theta\to a+0}\frac{f(x)}{g(x)}$ の値も存在してその値も α となる．

　　本問 (2) に「ロピタルの公式」を用いるのであれば，次のように答案を
書くのが望ましい．

　　『$f(\theta)=\theta(1-\cos\theta),\, g(\theta)=\theta-\sin\theta$ とおく．

　　$f(\theta), g(\theta)$ は $0\le\theta<\pi$ で連続で，$0<\theta<\pi$ で微分可能で，

$$f(0)=g(0)=0,\; g'(\theta)=1-\cos\theta\ne 0\;\;(0<\theta<\pi)$$

　　ここで，極限値

$$\lim_{\theta\to+0}\frac{f'(\theta)}{g'(\theta)}=\lim_{\theta\to+0}\frac{1-\cos\theta+\theta\sin\theta}{1-\cos\theta}=\lim_{\theta\to+0}\left(1+\frac{\theta\sin\theta}{1-\cos\theta}\right)$$

$$=\lim_{\theta\to+0}\left\{1+\frac{\theta\sin\theta(1+\cos\theta)}{(1-\cos\theta)(1+\cos\theta)}\right\}$$

$$=1+1\cdot(1+1)=3$$

　　が存在しているから，ロピタルの公式より $\displaystyle\lim_{\theta\to+0}\frac{\theta(1-\cos\theta)}{\theta-\sin\theta}=3$

この方針は，本問の(1)の誘導の趣旨に沿わないものであるが，不等式がう
まく使えないなどの事情から公式に頼ろうという場合には，「公式の叙述
を盛り込み，前提条件を満たすことを確認しながら」公式を使用するのが
よい．公式を，数学上の命題として正確に述べるようにする．

(1) $f(x) = x - \frac{x^3}{3!} - \sin x$ とする。

$f'(x) = 1 - \frac{x^2}{2!} - \cos x$

$f''(x) = -x + \sin x$

$f'''(x) = -1 + \cos x \leq 0$ （$x > 0$ のとき）

よって、$f''(x)$ は $x > 0$ で単調減少関数なので、

$f''(x) < f''(0) = 0$

これより、$f'(x)$ は $x > 0$ で単調減少関数より

$f'(x) < f'(0) = 0$

従って、$f(x)$ は $x > 0$ において単調減少関数で

$f(x) < f(0) = 0$

∴ $x > 0$ において、$x - \frac{x^3}{3!} < \sin x$ が成立 …OK

$g(x) = x - \frac{x^3}{3!} + \frac{x^5}{5!} - \sin x$ とする。

$g'(x) = 1 - \frac{x^2}{2!} + \frac{x^4}{4!} - \cos x$

$g''(x) = -x + \frac{x^3}{3!} + \sin x$

　　　 $= -f(x) > 0$ （$x > 0$ のとき）

よって、$g'(x)$ は $x > 0$ で単調増加関数より

$g'(x) > g'(0) = 0$

故に $g(x)$ は $x > 0$ で単調増加関数より

$g(x) > g(0) = 0$

∴ $x > 0$ において、$\sin x < x - \frac{x^3}{3!} + \frac{x^5}{5!}$ が成立 ②

①、②より、示せた。

(2)

$\overline{AM} = ($弧 AP の長さ$) = \theta$

∴ $M(1, \theta)$

∴ 直線 MP は 傾きが $\frac{\theta - \sin\theta}{1 - \cos\theta}$ ゆえ、

その方程式は

$y = \frac{\theta - \sin\theta}{1 - \cos\theta}(x - 1) + \theta$

B の x 座標は 0 ゆえ、$y = 0$ を代入すると、

$x = 1 - \frac{\theta(1-\cos\theta)}{\theta - \sin\theta}$

従って、$\overline{AB} = 1 - \left(1 - \frac{\theta(1-\cos\theta)}{\theta - \sin\theta}\right)$

　　　 $= \frac{\theta(1-\cos\theta)}{\theta - \sin\theta}$ …OK

今、$\theta \to +0$ のことを考えるので、(1)より、

$\theta - \frac{\theta^3}{3!} < \sin\theta < \theta - \frac{\theta^3}{3!} + \frac{\theta^5}{5!}$

$\Leftrightarrow -\theta + \frac{\theta^3}{3!} - \frac{\theta^5}{5!} < -\sin\theta < -\theta + \frac{\theta^3}{3!}$

$\Leftrightarrow \frac{\theta^3}{3!} - \frac{\theta^5}{5!} < \theta - \sin\theta < \frac{\theta^3}{3!}$

$0 < \theta < 1$ より $\theta^3 > \theta^5 (> 0)$、また $\frac{1}{3!} > \frac{1}{5!} (>0)$

$\Leftrightarrow \frac{\theta^3}{3!} > \frac{\theta^5}{5!}$ より $\frac{\theta^3}{3!} - \frac{\theta^5}{5!} > 0$

$\Leftrightarrow \frac{3!}{\theta^3} < \frac{1}{\theta - \sin\theta} < \frac{1}{\frac{\theta^3}{3!} - \frac{\theta^5}{5!}}$

　　　　　　　　　　　　　　　 $= \frac{5!}{\theta^3(20 - \theta^2)}$

∴ $\theta(1-\cos\theta) (> 0)$ をかけて、

$\frac{3!(1-\cos\theta)}{\theta^2} < \frac{\theta(1-\cos\theta)}{\theta - \sin\theta} < \frac{5!(1-\cos\theta)}{\theta^2(20-\theta^2)}$

　　　　③　　　　　　　　　　　　　　　　④

③について、

$\lim_{\theta \to +0} \frac{3!(1-\cos\theta)}{\theta^2} = \lim_{\theta \to +0} 3! \cdot \frac{\sin^2\theta}{\theta^2(1+\cos\theta)}$

　　　　　　　　　　　 $= 3$

④について、

$\lim_{\theta \to +0} \frac{5!(1-\cos\theta)}{\theta^2(20-\theta^2)} = \frac{5!}{20} \cdot \frac{1}{2} = 3$

よって、はさみうちの原理より

$\lim_{\theta \to +0} \frac{\theta(1-\cos\theta)}{\theta - \sin\theta} = 3$

∴ $\lim_{\theta \to +0} \overline{AB} = 3$

第2回【第2問】 （直線が通らない範囲）〜〜〜〜〜〜〜〜〜〜〜〜〜〜〜〜〜〜

xy 平面上の点 P $(0, a)$ $(a > 0)$ を通り，放物線 $y = x^2$ と 2 点 Q, R で交わる直線 l を

$$PQ : PR = 3 : 1$$

となるようにひく．ただし，点 R を第 1 象限にとるものとする．

(1) 点 R の x 座標 t を用いて，直線 QR の方程式を求めよ．

(2) a を $a > 0$ の範囲で動かすとき，直線 l が通らない範囲を求め，図示せよ．

〜〜〜〜 答 案 例 〜〜〜〜〜〜〜〜〜〜〜〜〜〜〜〜〜〜〜〜〜〜〜〜〜〜〜〜〜〜〜〜〜〜

(1) （10点）

Q (s, s^2), R (t, t^2) $(s < t)$ とおく．

$$\overrightarrow{OP} = \frac{1}{4}\overrightarrow{OQ} + \frac{3}{4}\overrightarrow{OR} \text{ により，} \begin{pmatrix} 0 \\ a \end{pmatrix} = \frac{1}{4}\begin{pmatrix} s \\ s^2 \end{pmatrix} + \frac{3}{4}\begin{pmatrix} t \\ t^2 \end{pmatrix}$$

$$\therefore s = -3t \quad \cdots\cdots① , \quad s^2 + 3t^2 = 4a \quad \cdots\cdots②$$

2 点 Q, R を通る直線 l の方程式は

$$y = \frac{t^2 - s^2}{t - s}(x - s) + s^2 = (s + t)x - st$$

①を代入して， $y = -2tx + 3t^2$ $\cdots\cdots③$

(2) （10点）

a が $a > 0$ の範囲で動くとき，①，②により t は $t > 0$ の範囲の任意の実数値をとることができる．③より，

$$y = 3\left(t - \frac{x}{3}\right)^2 - \frac{x^2}{3} \quad (t > 0)$$

$$\begin{cases} y \geq -\dfrac{x^2}{3} & (x > 0 \text{ のとき}) \\ y > 0 & (x \leq 0 \text{ のとき}) \end{cases}$$

したがって，直線③が通らない範囲は，

$$(x>0 \text{ かつ } y<-\frac{x^2}{3}) \text{ または}(x\leq 0 \text{ かつ } y\leq 0)$$

で，図の網目部分のようになる．

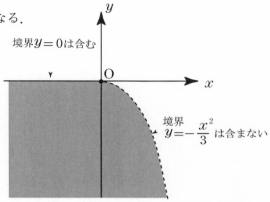

境界 $y=0$ は含む

境界 $y=-\dfrac{x^2}{3}$ は含まない

参　考

1°　③が $t>0$ において通る領域を求めるために，答案中では「x を止めて t のみ動かし，y の変域を調べる」ことを実行した．

2°　③を t の 2 次方程式とみなし，$f(x)=3t^2-2xt-y=0$ とおくと，次のような考え方がとれる．

$t>0$ の範囲で直線③が通らない領域上の点 (x,y) においては，

　（ i ）　$f(t)=0$ が実数解をもたない．

　（ ii ）$f(t)=0$ の解が 2 つとも $t\leq 0$ にある．

のどちらかが満たされる．

　（ i ）のとき；判別式を考えて $\dfrac{D}{4}=x^2+3y<0$ 　　　$\therefore\ y<-\dfrac{x^2}{3}$

　（ ii ）のとき；$y\geq-\dfrac{x^2}{3}$ かつ，$f(0)=-y\geq 0 \Leftrightarrow y\leq 0$ かつ，

　　　対称軸 $\dfrac{x}{3}\leq 0 \Leftrightarrow x\leq 0$

以上から（ i ）または（ ii ）をみたす点 (x,y) の全体を図示すると，先の図を得る．

(1)

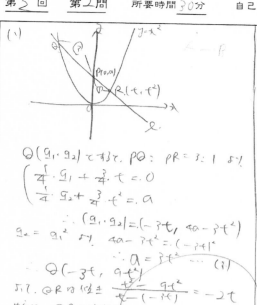

$Q(q_1, q_2)$ とすると、$PQ:PR = 3:1$ より、

$$\begin{cases} \dfrac{1}{4}\cdot q_1 + \dfrac{3}{4}\cdot t = 0 \\ \dfrac{1}{4}\cdot q_2 + \dfrac{3}{4}\cdot t^2 = a \end{cases}$$

$(q_1, q_2) = (-3t,\ 4a - 3t^2)$

$q_2 = q_1^2$ より、$4a - 3t^2 = (-3t)^2$

$\therefore a = 3t^2 \cdots (i)$

よって、QRの傾き $\dfrac{t^2 - q_2}{t - (-3t)} = -2t$

ゆえに、QRの方程式は

$$y = -2tx + 3t^2$$

(2) Rは第1象限の点より、$t > 0$.

よって (i) から、$t = \sqrt{\dfrac{a}{3}}$.

これより、QRの方程式は a を用いて、

$$y = -2\sqrt{\dfrac{a}{3}}x + a.$$

$$2\sqrt{\dfrac{a}{3}}x = a - y.$$ 関係ではない！

$$\left(2\sqrt{\dfrac{a}{3}}x\right)^2 = (a-y)^2$$

$\therefore a^2 - \left(\dfrac{4}{3}x^2 + 2y\right)a + y^2 = 0 \cdots (ii)$

まず、a を $a > 0$ で動かした時に、直線 ℓ が通る範囲を求める。この方針でよい。
これは、(ii) の a に関する2次方程式が $a > 0$ の範囲に解をもつときの (x, y) の範囲である。

少なくともひとつの解が $a > 0$

⑦ 〈(ii)で 判別式 D について、$D \geqq 0$.〉　（他の解が $a \leqq 0$ でもよい）

$$\left(\dfrac{4}{3}x^2 + 2y\right)^2 - 4\cdot y^2 \geqq 0$$

$\therefore x^2(x^2 + 3y) \geqq 0 \cdots ①$

① $f(a) = a^2 - \left(\dfrac{4}{3}x^2 + 2y\right)a + y^2$ とおく
また $f(a)$ の軸は $a = \dfrac{2}{3}x^2 + y$
$a > 0$ より　$\dfrac{2}{3}x^2 + y > 0 \cdots ②$

①,②を図示すると以下のようになる.

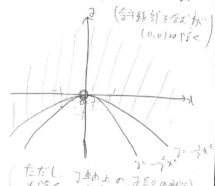

(斜線部を含むが (0,0) は除く)

$y = -\dfrac{2}{3}x^2$　$y = -\dfrac{1}{3}x^2$

ただし、y軸上の $y \geqq 0$ の部分も除く。直線 ℓ と y軸で重ならないため

従って、逆に、直線 ℓ が通りうる範囲を図示すると以下のようになる。

境界線は
含まないが
(0,0)のみ含む

直し

$3x^2 - 2 \cdot x + 3 \cdot 2$
$= 3(x^2 - \frac{2}{3}x + \frac{?}{?}) - ?$

⑦ $x^2(x^2 + 3y) \leq 0$

① ~~(図)~~

$y = -2tx + 3t^2$

$a = 3t^2$
　a が $a > 0$ の範囲で動くとき、
　$3t^2 > 0$ へ $t > 0$ より t も $t \neq 0$ の
　範囲を動く。

$3t^2 - 2xt - y = 0$ …①

　よって、上の2次方程式が $t > 0$ でなくても
①の解をもつような (x, y) の範囲を
求め、その否定を考える。

$f(t) = 3t^2 - 2xt - y$ とする。

(i) ①について判別式を D とすると。
　　$\frac{D}{4} \geq 0$。
　　$x^2 + 3y \geq 0$
　　　∴ $y \geq -\frac{1}{3}x^2$ …②

(ii) $f(t) = 3(t - \frac{1}{3}x)^2 - \frac{1}{3}x^2 - y$ より
　　軸 $t = \frac{1}{3}x$ について

⑦ $\frac{1}{3}x > 0$ のとき、$t > 0$ で解をもつので
　　条件をみたす。　∴ $x > 0$ …③

① $\frac{1}{3}x \leq 0$ のとき、$f(0) < 0$ とすればよい。
　ので、$-y < 0$　∴ $y > 0$
　　　∴ $x \leq 0$, かつ $y > 0$ …④

② ~ ④ より、ℓ が 通る範囲を図示すると
以下のようになる。(境界線は、$y = -\frac{1}{3}x^2$ 上の
$x > 0$ の部分を含むが、
x軸上の $x \leq 0$ の
部分は含まない)

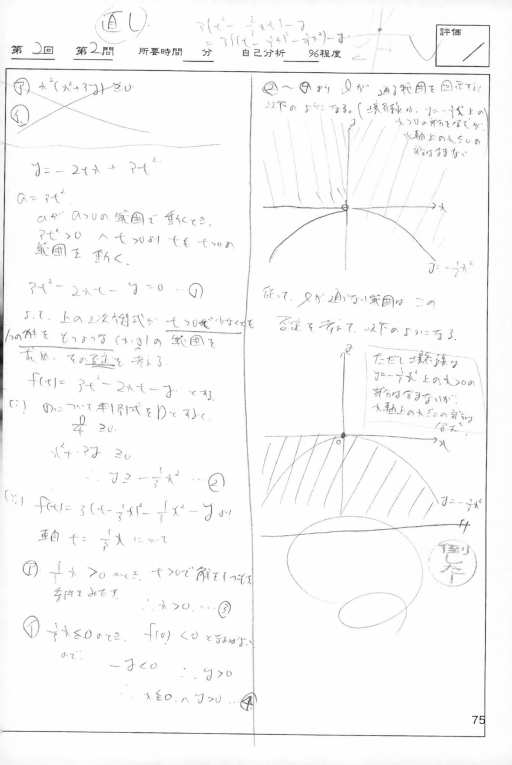

従って、ℓ が通らない範囲は この
否定を考えて、以下のようになる。

ただし、境界の
$y = -\frac{1}{3}x^2$ 上の $x > 0$ の
部分は含まないが、
x軸上の $x \leq 0$ の部分
は含む。

倒ス!

75

xyz 空間において，点 $(0,0,1)$ を D，平面 $z=1$ を α とし，α 上の点 D を中心とする円を S とする．S 上に 3 点 A，B，C をとり，△ABC の垂心を H とする．空間の点 P があって，

$$\overrightarrow{OP} = \overrightarrow{OA} + \overrightarrow{OB} + \overrightarrow{OC}$$

が成り立つとき，

$$\text{PH} \perp \alpha$$

となることを示せ．ただし，O は座標原点である．

答案例

（20点）

△ABCの重心を G とすると，

$$\overrightarrow{OG} = \frac{1}{3}\overrightarrow{OP} \qquad \therefore \text{OG}:\text{GP} = 1:2$$

P から α への垂線の足を H′ とすると，

$$\triangle\text{ODG} \backsim \triangle\text{PH′G} \quad \text{なので} \quad \text{DG}:\text{GH′} = 1:2$$

$$\therefore \overrightarrow{\text{DG}} = \frac{1}{3}\overrightarrow{\text{DH′}} \quad \text{となる．}$$

ここで，H′ が△ABC の垂心 H と一致することを示す．

$$\overrightarrow{\text{DH′}} = 3\overrightarrow{\text{DG}} \quad \text{より，}$$

$$\overrightarrow{\text{AH′}} = \overrightarrow{\text{AD}} + \overrightarrow{\text{DH′}} = \overrightarrow{\text{AD}} + 3\overrightarrow{\text{DG}}$$

$$= \overrightarrow{\text{AD}} + \left(\overrightarrow{\text{DA}} + \overrightarrow{\text{DB}} + \overrightarrow{\text{DC}}\right)$$

$$= \overrightarrow{\text{DB}} + \overrightarrow{\text{DC}}$$

$$\overrightarrow{\text{AH′}} \cdot \overrightarrow{\text{BC}} = \left(\overrightarrow{\text{DB}} + \overrightarrow{\text{DC}}\right) \cdot \left(\overrightarrow{\text{DC}} - \overrightarrow{\text{DB}}\right) = \left|\overrightarrow{\text{DC}}\right|^2 - \left|\overrightarrow{\text{DB}}\right|^2 = 0$$

同様にして，$\overrightarrow{\text{BH′}} = \overrightarrow{\text{DA}} + \overrightarrow{\text{DC}}$，$\overrightarrow{\text{BH′}} \cdot \overrightarrow{\text{CA}} = 0$ が成立するから，

$$\overrightarrow{\text{AH′}} \perp \overrightarrow{\text{BC}}, \quad \overrightarrow{\text{BH′}} \perp \overrightarrow{\text{CA}}$$

すなわち，H′ は△ABC の垂心 H と一致する．

よって，$\overrightarrow{\text{PH}} \perp \alpha$ が示された．

一般の △ABC の外心 O，重心 G，垂心 H について，

$$\overrightarrow{\mathrm{OH}} = 3\overrightarrow{\mathrm{OG}}$$

が成立する．本問は，この事実を基にして，立体図形に拡張して出題してみたものである．

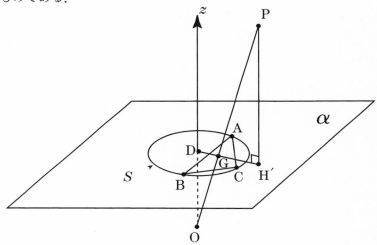

N を3以上の整数とする．1から N までの番号が書かれた N 枚のカードから，無作為に3枚のカードを取り出し，その番号のうちの最大のものを H，最小のものを L とする．

(1) $H-L=2$ となる確率を求めよ．

(2) $X=H-L$ とする．X の期待値を求めよ．

答案例 〜〜〜

(1)　(6点)

カードの取り出し方は $_N\mathrm{C}_3$ 通り．このうち，$H-L=2$ となる取り出し方(の組)は，$(1,2,3),(2,3,4),\cdots\cdots,(N-2,N-1,N)$ の $N-2$ 通りある．その確率は，

$$\frac{N-2}{_N\mathrm{C}_3}=(N-2)\times\frac{6}{N(N-1)(N-2)}=\frac{6}{N(N-1)}$$

(2)　(14点)

$X=k\,(k=2,3,\cdots,N-1)$ となる取り出し方を考える．L と H の組について，$(L,H)=(1,1+k),(2,2+k),\cdots,(N-k,N)$ の $N-k$ 通りがあり，その各々について L と H の間の番号の選び方が $k-1$ 通りあるから，取り出し方は $(N-k)(k-1)$ 通りである．その確率は，

$$P(X=k)=\frac{(N-k)(k-1)}{_N\mathrm{C}_3}$$

X の期待値 $E(X)$ は

$$E(X)=\sum_{k=2}^{N-1}kP(X=k)=\frac{1}{_N\mathrm{C}_3}\sum_{k=2}^{N-1}(N-k)(k-1)k$$

$$=\frac{1}{_N\mathrm{C}_3}\left\{N\sum_{k=2}^{N-1}(k-1)k-\sum_{k=2}^{N-1}(k-1)k^2\right\}\cdots\cdots①$$

ここで，

$$\sum_{k=2}^{N-1}(k-1)k=\frac{1}{3}\sum_{k=2}^{N-1}\left\{(k-1)k(k+1)-(k-2)(k-1)k\right\}$$

$$= \frac{1}{3}(N-2)(N-1)N \quad \cdots\cdots ②$$

$$\sum_{k=2}^{N-1}(k-1)k^2 = \sum_{k=2}^{N-1}(k-1)k\{(k+1)-1\}$$

$$= \sum_{k=2}^{N-1}(k-1)k(k+1) - \sum_{k=2}^{N-1}(k-1)k$$

$$= \frac{1}{4}\sum_{k=2}^{N-1}\{(k-1)k(k+1)(k+2)-(k-2)(k-1)k(k+1)\}$$

$$\qquad - \sum_{k=2}^{N-1}(k-1)k$$

$$= \frac{1}{4}(N-2)(N-2)N(N+1) - \frac{1}{3}(N-2)(N-1)N \quad \cdots\cdots ③$$

②，③を①に代入すると，

$$E(X) = \frac{1}{{}_N\mathrm{C}_3}\left\{\frac{1}{3}(N-2)(N-1)N^2 - \frac{1}{4}(N-2)(N-1)N(N+1)\right.$$

$$\left. + \frac{1}{3}(N-2)(N-1)N\right\}$$

$$= 6\left\{\frac{1}{3}N - \frac{1}{4}(N+1) + \frac{1}{3}\right\} = 6 \times \frac{N+1}{12} = \frac{N+1}{2}$$

〰〰〰〰〰（ **参 考** ）〰〰〰〰〰〰〰〰〰〰〰〰〰〰〰〰〰〰〰〰〰〰〰〰〰〰〰

1° Σ の計算では，次の原理が有効である．

$$\sum_{k=1}^{n}\{f(k+1)-f(k)\} = f(n+1) - f(1)$$

2° このことから，次のような公式が導かれる．

$$\sum_{k=1}^{n}k = \frac{1}{2}n(n+1), \quad \sum_{k=1}^{n}k(k+1) = \frac{1}{3}n(n+1)(n+2)$$

$$\sum_{k=1}^{n}k(k+1)(k+2) = \frac{1}{4}n(n+1)(n+2)$$

本問 (2) のΣ計算の中に，この公式を導く過程が示されている．

第2回【第5問】 （分数の不等式と解の区間）〜〜〜〜〜〜〜〜〜〜〜〜〜

n は 2 以上の自然数とする.

(1) c を定数として, x についての方程式 $\dfrac{1}{x-1}+\dfrac{1}{x-2}+\cdots\cdots+\dfrac{1}{x-n}=c$ の実数解の個数を求めよ.

(2) 不等式 $\dfrac{1}{x-1}+\dfrac{1}{x-2}+\cdots\cdots+\dfrac{1}{x-n}>1$ の解は, いくつかの区間に分かれる. これらの解の区間の長さの総和を求めよ.

　　(注)　開区間 $\alpha<x<\beta$ の長さは $\beta-\alpha$ である.

〜〜〜 答 案 例 〜〜〜〜〜〜〜〜〜〜〜〜〜〜〜〜〜〜〜〜〜〜〜〜〜

(1) （8点）

$$f(x)=\frac{1}{x-1}+\frac{1}{x-2}+\cdots\cdots+\frac{1}{x-n} \quad \text{とおくと,}$$

$$f'(x)=-\frac{1}{(x-1)^2}-\frac{1}{(x-2)^2}-\cdots-\frac{1}{(x-n)^2}<0 \quad \cdots\cdots①$$

また, $k=1,2,\cdots,n$ に対して,

$$\lim_{x\to k-0}f(x)=-\infty, \quad \lim_{x\to k+0}f(x)=+\infty \quad \cdots\cdots②$$

$$\lim_{x\to+\infty}f(x)=0, \quad \lim_{x\to-\infty}f(x)=0 \quad \cdots\cdots③$$

①, ②, ③より, $y=f(x)$ のグラフは次のようになる.

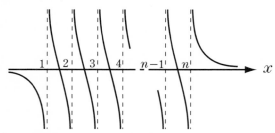

方程式 $f(x)=c$ の実数解の個数は, 曲線 $y=f(x)$ と直線 $y=c$ との交点の個数と一致するから,

　　　　$c=0$ のとき；$n-1$ 個

　　　　$c\neq0$ のとき；n 個

(2)　(12点)

$f(x)=1$ の n 個の解を $\alpha_1 < \alpha_2 < \cdots < \alpha_n$ とする.

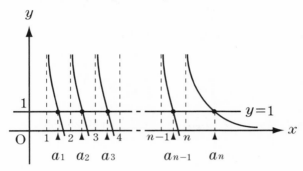

グラフから，$f(x)>1$ の解は,

$$1 < x < \alpha_1, 2 < x < \alpha_2, \cdots\cdots, n < x < \alpha_n$$

の n 個の区間に分かれる．その区間の長さの和を S とすると,

$$S = (\alpha_1 - 1) + (\alpha_2 - 2) + \cdots + (\alpha_n - n)$$

$$= \sum_{k=1}^{n} \alpha_k - (1+2+\cdots+n) = \sum_{k=1}^{n} \alpha_k - \frac{1}{2}n(n+1) \cdots\cdots④$$

次に，$\displaystyle\sum_{k=1}^{n} \alpha_k$ を求める.

$$g(x) = (x-1)(x-2)\cdots(x-n),$$

$$g_1(x) = (x-2)(x-3)\cdots(x-n),$$

$$g_k(x) = (x-1)\cdots\{x-(k-1)\}\{x-(k+1)\}\times\cdots\times(x-n)$$

$$(k = 2, 3, \cdots, n-1)$$

$$g_n(x) = (x-1)(x-2)\cdots\{x-(n-1)\}$$

とおくと,

$$f(x) = 1$$

$$\Leftrightarrow g_1(x) + g_2(x) + \cdots + g_n(x) = g(x)$$

$$\Leftrightarrow g(x) - g_1(x) - g_2(x) - \cdots - g_n(x) = 0 \cdots\cdots⑤$$

ここで,

$$g(x) = x^n - (1 + 2 + \cdots + n)x^{n-1} + (n-2\text{次以下の項})$$

$$= x^n - \frac{1}{2}n(n+1)x^{n-1} + (n-2\text{次以下の項})$$

$$g_i(x) = x^{n-1} + (n-2\text{次以下の項}) \quad (i = 1, 2, \cdots, n)$$

だから，⑤は

$$x^n - \left\{\frac{1}{2}n(n+1) + n\right\}x^{n-1} + (n-2\text{次以下の項}) = 0$$

となる．⑤の解が $\alpha_1, \alpha_2, \cdots, \alpha_n$ だから，解と係数の関係により，

$$\sum_{k=1}^{n}\alpha_k = \frac{1}{2}n(n+1) + n \quad \cdots\cdots ⑥$$

④，⑥より，

$$S = \frac{1}{2}n(n+1) + n - \frac{1}{2}n(n+1) = n$$

(1) $f(x) = \frac{1}{x-1} + \frac{1}{x-2} + \cdots + \frac{1}{x-n}$ とする。

$f(x)$ は $x = 1, 2, \ldots, n$ を除く全ての x において連続な関数である。

$\lim_{x \to -\infty} f(x) = 0$

$\lim_{x \to k-0} f(x) = -\infty$

$\lim_{x \to k+0} f(x) = \infty$ （kは. $1 \le k \le n$ をみたす自然数）

$\lim_{x \to \infty} f(x) = 0$

これより、$y = f(x)$ のグラフは以下のようになる。

これで、$y = c$ のグラフの交点の個数が求める実数解の個数と一致する。

∴ $\begin{cases} c = 0 \text{ のとき } & n-1 \ (\text{個}) \\ c \neq 0 \text{ のとき } & n \ (\text{個}) \end{cases}$

(2) (1)より、$\frac{1}{x-1} + \frac{1}{x-2} + \cdots + \frac{1}{x-n} = 1$ をみたす解 x は n(個) ある。

ここで、$k < \alpha < k+1$ をみたす x = α を考える。

$\frac{1}{\alpha-1} + \frac{1}{\alpha-2} + \cdots + \frac{1}{\alpha-n} = 1$

グラフを考え、活用してみる。

( )=1 が ( )>1 になると、
　　　　　何が起きるか

やり直し

$y = \frac{1}{x-1} + \frac{1}{x-2} + \cdots + \frac{1}{x-n}$ のグラフが、点 $(\frac{n+1}{2}, 0)$ に関して点対称であることを示す。

$x = \frac{n+1}{2} - t$ （$\frac{1}{x_1}$ のとき） のとき
$y = \frac{1}{x_1-1} + \frac{1}{x_1+2} + \cdots + \frac{1}{x_1-n}$

一方、$x = \frac{n+1}{2} - t(= x_2)$ とおく のとき
$y = \frac{1}{x_2-1} + \frac{1}{x_2-2} + \cdots + \frac{1}{x_2-n}$

ここで、$\frac{1}{x_1-1} = -\frac{1}{x_2-n}$

$\frac{1}{x_1-2} = -\frac{1}{x_2-(n-1)}$

$\frac{1}{x_1-3} = -\frac{1}{x_2-(n-2)}$

$\quad\vdots$

$\frac{1}{x_1-n} = -\frac{1}{x_2-1}$

が成り立つので、

$f(x) = \frac{1}{x-1} + \frac{1}{x-2} + \cdots + \frac{1}{x-n}$ としたとき $f(x_1) = -f(x_2)$ が成立して、$y=f(x)$ のグラフは、$x = \frac{n+1}{2}$ に関して点対称である

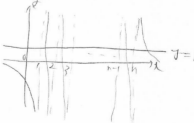

半径が 1 である半球面を，その底面と平行な平面によって切断し，半球面の体積を 2 等分する．底面と切断面の距離を h とするとき，$\dfrac{1}{\pi} < h < \dfrac{\pi}{9}$ を示せ．

答案例 1

（20点）

半球面の体積は $\dfrac{2}{3}\pi$ である．図の網目部分の体積は

$$\int_h^1 \pi\left(1-t^2\right)dt = \pi\left[t - \frac{t^3}{3}\right]_h^1 = \left(\frac{2}{3} - h + \frac{h^3}{3}\right)$$

であり，これが $\dfrac{\pi}{3}$ と等しいので，

$$h^3 - 3h + 1 = 0 \quad \text{が導かれる．}$$

また，3 倍角の公式 $3\sin\theta - 4\sin^3\theta = \sin 3\theta$ に $\theta = 10°$ を代入すると，

$$3\sin 10° - 4\sin^3 10° = \frac{1}{2} \iff \left(2\sin 10°\right)^3 - 3 \times 2\sin 10° + 1 = 0$$

より，$h = 2\sin 10°$．

単位円に内接する正 36 角形の面積は

$$36 \times \frac{1}{2}\sin 10° = 9 \times 2\sin 10°$$

であり，これは単位円の面積 π より小さいので，

$$9 \times 2\sin 10° < \pi \iff 2\sin 10° < \frac{\pi}{9} \iff h < \frac{\pi}{9}$$

よって，$h < \dfrac{\pi}{9}$ は示された．

次に，$\dfrac{1}{\pi} < h$ を示す．$h > \dfrac{1}{\pi} \iff \sin\left(\dfrac{\pi}{18}\right) > \dfrac{1}{2\pi}$ を示すには，

$\dfrac{1}{6} > \dfrac{1}{2\pi}$ に注意して，$\sin\left(\dfrac{\pi}{18}\right) > \dfrac{1}{6}$ を示せばよい．

図より, $0 < x < \dfrac{\pi}{6}$ のとき, $\sin x > \dfrac{3}{\pi} x$ である.

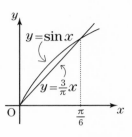

ここに $x = \dfrac{\pi}{18}$ を代入すると $\sin\left(\dfrac{\pi}{18}\right) > \dfrac{1}{6}$ が導かれる

ので, $\sin\left(\dfrac{\pi}{18}\right) > \dfrac{1}{6}$ は示され, $\dfrac{1}{\pi} < h$ も示された.

答案例2

（ $h^3 - 3h + 1 = 0$ が導かれたところから）

$f(x) = x^3 - 3x + 1$ とおく.

$f'(x) = 3(x+1)(x-1)$ より,

$y = f(x)$ のグラフは図のようになる.

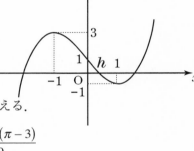

$f(h) = 0$ より, $f\left(\dfrac{\pi}{9}\right) < 0$ を示すことを考える.

$$f\left(\dfrac{\pi}{9}\right) = \dfrac{\pi^3 - 243\pi + 729}{729} = \dfrac{\pi^3 - 243(\pi - 3)}{729}$$

$3.14 < \pi < 3.2$ より,

$$\pi^3 - 243(\pi - 3) < (3.2)^2 - 243 \times 0.14 = 32.768 - 34.02 < 0$$

$f\left(\dfrac{\pi}{9}\right) < 0$ より, $h < \dfrac{\pi}{9}$ であることは示された.

次に, $\dfrac{1}{\pi} < h$ を示す. $\dfrac{1}{\pi} < \dfrac{1}{3}$ より, $f\left(\dfrac{1}{3}\right) > 0$ であることを示せばよい.

$f\left(\dfrac{1}{3}\right) = \dfrac{1}{27} > 0$ より, $f\left(\dfrac{1}{3}\right) > 0$ は示され, $f\left(\dfrac{1}{\pi}\right) > 0$ も示された.

よって, $\dfrac{1}{\pi} < h$ であることも示された.

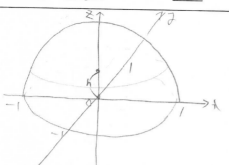

上の図に対し z 座標をとって考える。

まず、半径 1 である半球面の体積は、

$$\frac{4}{3}\pi \cdot 1^3 \times \frac{1}{2} = \frac{2}{3}\pi \quad \cdots ①$$

ここで、$z = t$ の平面について考える。

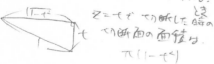

$z = t$ で切り取った時の切断面の面積は

$$\pi(1 - t^2)$$

よって、半球の $0 \le z \le h$ において、体積は

$$\int_0^h \pi(1 - t^2)\, dt$$

$$= \pi\left(h - \frac{1}{3}h^3\right)$$

$f(h) = \pi\left(h - \frac{1}{3}h^3\right)$ とする。

$$f\left(\frac{1}{\pi}\right) = 1 - \frac{1}{3\pi^2} \quad \cdots ②$$

$$f\left(\frac{1}{\pi}\right) = \pi^2\left(\frac{1}{9} - \frac{\pi^2}{37}\right) \quad \cdots ③$$

①〜③について、$② < \frac{①}{2} < ③$ を示せばよい OK.

$3.14 < \pi < 3.15$ を用いる。

< $②< \frac{①}{2}$ の証明 >

$$\frac{①}{2} = \frac{1}{3}\pi > \frac{1}{3}\cdot 3.14 > 1$$

$$② = 1 - \frac{1}{3\pi^2} < 1$$

これらより $② < \frac{①}{2}$ が成立。

< $\frac{①}{2} < ③$ の証明 >

$$\frac{①}{2} = \frac{1}{3}\pi < \frac{1}{3}\cdot 3.15 = 1.05$$

$$③ = \frac{\pi^2}{37}(3^5 - \pi^4)$$

$g(s) = \frac{1}{37}(s)(3^5 - s)$ を考えると $③ = g($
これは $\pi^2 = s$ としたとき $= s$ a 2次関数 とみる。

軸 $\dfrac{3^5}{2} = 121.5$

$\pi^2 < 121.5$ より。

$3.141^2 < s < 3.15^2$ の区間においては単調増加より

$$③ > \frac{3.141^2}{37}(3^5 - 3.141^2)$$

$$= \frac{(9.8596)(233.(404)}{2187}$$

$$> \frac{9.859 \times 233}{2187}$$

$$= 1.0503\cdots$$

$$> 1.0503 \quad oh.$$

これより $\frac{①}{2} < ③$

よって、$② < \frac{①}{2} < ③$ であるので、

$$\boxed{\frac{1}{\pi} < h < \frac{1}{9}} \quad \text{//}$$

86

第3回

解説・答案例・指導例

　第3回のセットも【1】極限から始める．(2)は天下り的な解法を要求してしまう問いで，受験生には申し訳ない気もするが，一度は経験しておきたいと考え，そのまま残している．

【2】は，かつて行列・1次変換を高校で学んでいた時期から，それに替えて複素数平面を学んでいる現在にかけて，息長く使用している問題である．

【3】の問題は「∞という字には書き順はあるのか」という疑問をもったことから，確率の問題に育ったものである．

【4】は，数列が周期をもつことについて，必要条件・十分条件の議論を記述してもらう意図で取り上げた．

【5】は，ちょっとした実験により結論が見える（仮説が形成できる）ので，それを言葉で（論理で）説明する力を問いかけている．

【6】の体積は，問いの中に全称命題と存在命題を埋め込んである．問題の読解から，立体の特定までの部分を答案として読むことを楽しみにしている．

第3回【第1問】 （数列の極限）◌◌◌◌◌◌◌◌◌◌◌◌◌◌◌◌◌◌◌◌◌

$a_1 = \sqrt{2}, a_{n+1} = \sqrt{a_n + 2}$ $(n = 1, 2, \cdots\cdots)$ で定まる数列について，

(1) $\displaystyle\lim_{n \to \infty} a_n$ を求めよ．

(2) $\displaystyle\lim_{n \to \infty} 2^n \sqrt{2 - a_n}$ を求めよ．

◌◌◌◌◌ 答 案 例 ◌◌◌◌◌◌◌◌◌◌◌◌◌◌◌◌◌◌◌◌◌◌◌◌◌◌◌◌◌◌◌◌◌◌◌

(1)　（10点）

　まず，$0 < a_n < 2$ $(n = 1, 2, \cdots)$ ……(＊) を数学的帰納法を用いて示す．

（ⅰ）ある n で $a_n > 0$ と仮定すると，$a_{n+1} = \sqrt{a_n + 2} > 0$

　$a_1 = \sqrt{2} > 0$ とあわせて，すべての自然数 n で $a_n > 0$ は成り立つ．

（ⅱ）ある n で $a_n < 2$ と仮定すると，

$$4 - a_{n+1}^2 = 4 - (a_n + 2) = 2 - a_n$$

$$\therefore 2 - a_{n+1} = \frac{1}{2 + a_{n+1}}(2 - a_n) > 0 \quad (\because a_{n+1} > 0, 2 - a_n > 0)$$

　$a_1 = \sqrt{2} < 2$ とあわせて，すべての自然数 n で $a_n < 2$ が成り立つ．

（ⅰ），（ⅱ）より（＊）が示された．

$n \geq 2$ において，$2 - a_n = \dfrac{1}{2 + a_n}(2 - a_{n-1}) < \dfrac{1}{2}(2 - a_{n-1})$

この不等式をくり返して，$0 < 2 - a_n < \left(\dfrac{1}{2}\right)^{n-1}(2 - a_1)$

$\displaystyle\lim_{n \to \infty}\left(\dfrac{1}{2}\right)^{n-1}(2 - a_1) = 0$ であるから，はさみうちの原理より，

$$\lim_{n \to \infty}(2 - a_n) = 0 \qquad \therefore \quad \lim_{n \to \infty} a_n = 2$$

(2)　（10点）

$0 < a_n < 2$ $(n = 1, 2, \cdots), a_1 = \sqrt{2}$ より，

$$a_n = 2\cos\theta_n \left(0 < \theta < \frac{\pi}{2}, \theta_1 = \frac{\pi}{4}\right)$$

とおける．このとき，

$$a_{n+1} = \sqrt{2(1+\cos\theta_n)} = \sqrt{2 \cdot 2\cos^2\frac{\theta_n}{2}} = 2\cos\frac{\theta_n}{2} \quad \left(\because \cos\frac{\theta_n}{2} > 0\right)$$

より，

$$\theta_{n+1} = \frac{1}{2}\theta_n \quad \therefore \theta_n = \frac{\pi}{4}\left(\frac{1}{2}\right)^{n-1} \quad \therefore a_n = 2\cos\frac{\pi}{2^{n+1}}$$

(1)より，

$$\sqrt{|2-a_n|} = \sqrt{2\left(1-\cos\frac{\pi}{2^{n+1}}\right)} = \sqrt{2 \cdot 2\sin^2\frac{\pi}{2^{n+2}}} = 2\sin\frac{\pi}{2^{n+2}}$$

となるので，

$$\begin{aligned}
\lim_{n\to\infty} 2^n \cdot \sqrt{|2-a_n|} &= \lim_{n\to\infty} 2^{n+1} \cdot \sin\frac{\pi}{2^{n+2}} \\
&= \lim_{n\to\infty} 2 \cdot \frac{\sin\dfrac{\pi}{2^{n+2}}}{\dfrac{\pi}{2^{n+2}}} \cdot \frac{\pi}{4} \\
&= 2 \cdot 1 \cdot \frac{\pi}{4} = \frac{\pi}{2}
\end{aligned}$$

参 考

$\displaystyle\lim_{n\to\infty} a_n = 2$ であることは，次のようにして予測すればよい．

もし，$\displaystyle\lim_{n\to\infty} a_n$ が存在して，その値が α ならば，

$$\lim_{n\to\infty} a_{n+1} = \lim_{n\to\infty}\sqrt{a_n+2} \Leftrightarrow \alpha = \sqrt{\alpha+2}$$

$$\therefore \alpha^2 = \alpha+2 \Leftrightarrow \alpha^2 - \alpha - 2 = 0$$

$$\Leftrightarrow (\alpha-2)(\alpha+1) = 0$$

$$\therefore \alpha = 2 \ (\because \alpha \geq 0)$$

ただし，この議論は $\displaystyle\lim_{n\to\infty} a_n$ が存在することを仮定した上での議論であるか

ら，これだけで $\displaystyle\lim_{n\to\infty} a_n = 2$ が結論できるわけではない．

(1) $a_{n+1} = \sqrt{a_n + 2}$ について.

特性方程式 $x = \sqrt{x+2}$ を,

$x \geq 0$ に注意して解くと, $x = 2$.

$|a_{n+1} - 2| = |\sqrt{a_n+2} - 2|$

$= \left| \dfrac{a_n - 2}{\sqrt{a_n+2} + 2} \right|$ … ①

今, $a_1 = \sqrt{2}$, $a_{n+1} = \sqrt{a_n+2}$ より

$a_2 > 0$.

また これより $a_3 > 0$.

以下 帰納的に $a_n > 0$.

よって①で $|a_{n+1} - 2| < \left| \dfrac{a_n - 2}{2 + \sqrt{2}} \right|$

$< \left| \dfrac{a_{n-1} - 2}{(2 + \sqrt{2})^2} \right|$

$< \left| \dfrac{a_1 - 2}{(2 + \sqrt{2})^n} \right|$

$= \left| \dfrac{\sqrt{2} - 2}{(2 + \sqrt{2})^n} \right|$

$\therefore \; 0 < |a_{n+1} - 2| < \left| \dfrac{\sqrt{2} - 2}{(2 + \sqrt{2})^n} \right|$

ここで $\displaystyle \lim_{n\to\infty} \left| \dfrac{\sqrt{2}-2}{(2+\sqrt{2})^n} \right| = 0$

よって はさみうちの原理から

$\displaystyle \lim_{n\to\infty} |a_{n+1} - 2| = 0$

$\therefore \; \displaystyle \lim_{n\to\infty} a_n = 2$

(2)は, $\infty \times 0$ の不定形, なので,

このままでは 難しい.

$0 < a_n < 2$ がいえる（要証明）ので,

$a_n = 2\cos\theta_n$ とおくと,

何かがおこる.

やり直し

$0 < a_n < 2$ であることを 数学的帰納法 により示す.

(i) $n = 1$ のとき $a_1 = \sqrt{2}$ より $0 < \sqrt{2} < 2$ で

成立.

(ii) $n = k$ のとき $0 < a_k < 2$ が成り立つと

仮定する. (※)

このとき $n = k+1$ において $0 < a_{k+1} < 2$

が成り立つことを示す.

(※)より $2 < a_k + 2 < 4$

$\therefore \; \sqrt{2} < \sqrt{a_k + 2} < 2$

$\sqrt{a_k+2} = a_{k+1}$ より $0 < a_{k+1} < 2$ 成立.

(i)(ii) より 全ての自然数 n について

数学的帰納法より, $0 < a_n < 2$.

従って $a_n = 2\cos\theta_n$ とおける.

(1)より $\displaystyle \lim_{n\to\infty} a_n = 2$ なので

$\displaystyle \lim_{n\to\infty} \cos\theta_n = 1$

$\therefore \; \displaystyle \lim_{n\to\infty} \theta_n = 0$.

従って, 求めるものは

$\displaystyle \lim_{n\to\infty} 2^n \sqrt{2 - a_n} = \lim_{n\to\infty} \sqrt{2^{2n}} \cdot \sqrt{1 - \cos\theta_n}$

$= \displaystyle \lim_{n\to\infty} \sqrt{2^{2n+1}} \cdot \sqrt{2} \cdot \sin\dfrac{\theta_n}{2}$

$= \displaystyle \lim_{n\to\infty} 2^{n+1} \cdot \sin\dfrac{\theta_n}{2}$

$= \displaystyle \lim_{n\to\infty} \dfrac{1}{2}$

第3回【第2問】 （点の回転）〜〜〜〜〜〜〜〜〜〜〜〜〜〜〜〜〜

原点 O を重心とする三角形 ABC がある．頂点 B, C をそれぞれ O のまわりに $-120°, +120°$ だけ回転して得られる点をB′, C′ とする．このとき，三角形AB′C′ はどのような三角形か．

ただし，三角形 ABC は正三角形ではないものとする．

〜〜〜〜 答案例1 〜〜〜〜〜〜〜〜〜〜〜〜〜〜〜〜〜〜〜〜〜〜〜〜〜〜〜〜

【1次変換を利用する】 （20点）
$$\overrightarrow{\mathrm{OA}} = \vec{a}, \overrightarrow{\mathrm{OB}} = \vec{b}, \overrightarrow{\mathrm{OC}} = \vec{c}$$

$$R = \begin{pmatrix} \cos 120° & -\sin 120° \\ \sin 120° & \cos 120° \end{pmatrix} = \frac{1}{2} \begin{pmatrix} -1 & -\sqrt{3} \\ \sqrt{3} & -1 \end{pmatrix}$$

とすると，$\overrightarrow{\mathrm{OB'}} = R^2 \vec{b}$，$\overrightarrow{\mathrm{OC'}} = R \vec{c}$，
$$\overrightarrow{\mathrm{AB'}} = R^2 \vec{b} - \vec{a}, \quad \overrightarrow{\mathrm{AC'}} = R \vec{c} - \vec{a}$$

また，　$\vec{a} + \vec{b} + \vec{c} = \vec{0}$，
$$R^2 + R + E = O, R^3 = E$$

にも注意すると，

$$\begin{aligned}
(R+E)\left(R^2 \vec{b} - \vec{a}\right) &= R^3 \vec{b} - R\vec{a} + R^2 \vec{b} - \vec{a} \\
&= \left(R^2 + E\right) \vec{b} - (R+E) \vec{a} \\
&= -R\left(-\vec{a} - \vec{c}\right) - (R+E)\vec{a} \\
&= R\vec{c} - \vec{a}
\end{aligned}$$

$$\therefore \overrightarrow{\mathrm{AC'}} = (R+E)\overrightarrow{\mathrm{AB'}} \cdots\cdots(*)$$

ここで，$R+E = \dfrac{1}{2}\begin{pmatrix} 1 & -\sqrt{3} \\ \sqrt{3} & 1 \end{pmatrix} = \begin{pmatrix} \cos 60° & -\sin 60° \\ \sin 60° & \cos 60° \end{pmatrix}$ なので，

$(*)$ は「$\overrightarrow{\mathrm{AB'}}$ を（A を中心として）$60°$ 回転すると $\overrightarrow{\mathrm{AC'}}$ になる」ことを意味する．

よって，三角形 AB′C′ は正三角形である．

【複素数平面を利用する】

複素数平面上で 3 点 A , B , C を表す複素数を α , β , γ とする.

$$\omega = \cos 120^\circ + i \sin 120^\circ = \frac{-1 + \sqrt{3}i}{2}$$

とおくと, B′ , C′ を表す複素数はそれぞれ

$$B' = \omega^2 \beta , C' = \omega \gamma$$

となる. ここで,

$$\overrightarrow{AB'} = \omega^2 \beta - \alpha , \overrightarrow{AC'} = \omega \gamma - \alpha$$

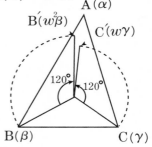

の関係について考える. 三角形ABCの重心が原点だから,

$$\alpha + \beta + \gamma = 0$$

また, $\omega^2 + \omega + 1 = 0 , \omega^3 = 1$ にも注意すると,

$$(\omega + 1)(\omega^2 \beta - \alpha) = \omega^3 \beta - \omega \alpha + \omega^3 \beta - \alpha$$
$$= (\omega^2 + 1)\beta - (\omega + 1)\alpha$$
$$= -\omega(-\alpha - \gamma) - (\omega + 1)\alpha$$
$$= \omega \gamma - \alpha$$

$$\therefore \overrightarrow{AC'} = (\omega + 1)\overrightarrow{AB'} \quad \cdots\cdots (*)$$

ここで, $\omega + 1 = \dfrac{1 + \sqrt{3}i}{2} = \cos 60^\circ + i \sin 60^\circ$ なので, $(*)$は

「$\overrightarrow{AB'}$ を(Aを中心として)60°回転すると $\overrightarrow{AC'}$ になる」

ことを意味する. よって, 三角形 AB′C′ は正三角形である.

問題文中の「三角形 ABC が正三角形でないこと」は用いなかったが, この条件は次のような理由でついている.

もし, ABC が正三角形なら, その重心が O だから,

$$B' = \omega^2 \beta = \alpha = A , C' = \omega \gamma = \alpha = A$$

すなわち, $\overrightarrow{AB'} = \overrightarrow{AC'} = \vec{0}$ となってしまう.

大刀座標でとってみる。

A を A(2,0) としても 一般性を失わない。

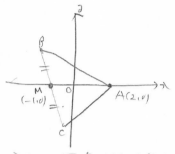

このとき、原点 O が △ABC の重心であることから、BC の中点 M は M(-1,0)

B(-1+s, t) とすると、

C(-1-s, -t) と座標でとれる。

ただし、△ABC の 正三角形でないことも考慮すると、$s \neq 0$、$t \neq 0$。

次に これらを 複素数平面上で みる

B(-1+s, t) を O のまわりに -120° 回転すると

$$\{(-1+s)+it\}\{\cos(-120°)+i\sin(-120°)\}$$
$$=\left(\frac{1}{2}-\frac{1}{2}s+\frac{\sqrt{3}}{2}t\right)+i\left(\frac{\sqrt{3}}{2}-\frac{\sqrt{3}}{2}s-\frac{1}{2}t\right)$$

∴ B'$\left(\frac{1}{2}-\frac{1}{2}s+\frac{\sqrt{3}}{2}t,\ \frac{\sqrt{3}}{2}-\frac{\sqrt{3}}{2}s-\frac{1}{2}t\right)$

C(-1-s, -t) を O のまわりに +120° 回転すると

$$\{(-1-s)-it\}\{\cos120°+i\sin120°\}$$
$$=\left(\frac{1}{2}+\frac{1}{2}s+\frac{\sqrt{3}}{2}t\right)+i\left(-\frac{\sqrt{3}}{2}-\frac{\sqrt{3}}{2}s+\frac{1}{2}t\right)$$

∴ C'$\left(\frac{1}{2}+\frac{1}{2}s+\frac{\sqrt{3}}{2}t,\ -\frac{\sqrt{3}}{2}-\frac{\sqrt{3}}{2}s+\frac{1}{2}t\right)$

$$\overrightarrow{AB'}=\left(-\frac{3}{2}-\frac{1}{2}s+\frac{\sqrt{3}}{2}t,\ \frac{\sqrt{3}}{2}-\frac{\sqrt{3}}{2}s-\frac{1}{2}t\right)$$

$$\overrightarrow{AC'}=\left(-\frac{3}{2}+\frac{1}{2}s+\frac{\sqrt{3}}{2}t,\ -\frac{\sqrt{3}}{2}-\frac{\sqrt{3}}{2}s+\frac{1}{2}t\right)$$

よって、

$$|\overrightarrow{AB'}|^2=\left(-\frac{3}{2}-\frac{1}{2}s+\frac{\sqrt{3}}{2}t\right)^2$$
$$\qquad +\left(\frac{\sqrt{3}}{2}-\frac{\sqrt{3}}{2}s-\frac{1}{2}t\right)^2$$
$$=s^2+t^2-2\sqrt{3}t+3 \quad\cdots①$$

$$|\overrightarrow{AC'}|^2=\left(-\frac{3}{2}+\frac{1}{2}s+\frac{\sqrt{3}}{2}t\right)^2$$
$$\qquad +\left(-\frac{\sqrt{3}}{2}-\frac{\sqrt{3}}{2}s+\frac{1}{2}t\right)^2$$
$$=s^2+t^2-2\sqrt{3}t+3 \quad\cdots②$$

また、

$$\overrightarrow{B'C'}=(s,\ -\sqrt{3}+t)\ \text{より}$$
$$|\overrightarrow{B'C'}|^2=s^2+(-\sqrt{3}+t)^2$$
$$=s^2+t^2-2\sqrt{3}t+3 \quad\cdots③$$

①〜③より、

$$|\overrightarrow{AB'}|=|\overrightarrow{AC'}|=|\overrightarrow{B'C'}|$$

∴ AB'=AC'=B'C'

よって　三角形 AB'C' は 正三角形

第3回【第3問】（すごろくによる確率漸化式）～～～～～～～～～

　2つの円が点Oで接しており，左の円には7つの点 $O, L_1, \cdots\cdots, L_6$ が，右の円には7つの点 $O, R_1, \cdots\cdots, R_6$ が次のように並んでいる．

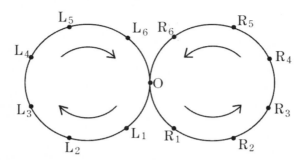

これら13個の点の上を，次の規則で動く点Pを考える．

　点PがOにあるとき，サイコロを振って，偶数の目が出れば左の円周上で時計回りに出た目の数だけ順次隣の点に移動させ，奇数の目が出れば右の円周上で反時計回りに出た目の数だけ順次隣の点に移動させる．

　点PがO以外の点にあるとき，サイコロを振って，出た目の数だけ順次隣の点に移動させる．ただし，移動の向きは図の矢印に従うものとする．

　点Pが最初にOにあるものとして，次の問に答えよ．

(1) 3回サイコロを振った後，点Pが点 L_1 にある確率を求めよ．

(2) n 回サイコロを振った後，点Pが点Oにある確率 p_n を求めよ．

(3) n 回サイコロを振った後，点Pが点 $L_1, L_2, \cdots\cdots, L_6$ のいずれかにある確率 q_n を求めよ．

～～～ 答案例 ～～～～～～～～～～～～～～～～～～～～～～～～～～～～～

(1)　（4点）

　3回の目を順に a, b, c として，$\begin{cases} a+b+c = 8 \ or \ 15 \\ a+b \neq 7, a が偶数 \end{cases}$ となればよい．

　$a = 2$ のとき $b \neq 5$ で，$\begin{pmatrix} b \\ c \end{pmatrix} = \begin{pmatrix} 1 \\ 5 \end{pmatrix}, \begin{pmatrix} 2 \\ 4 \end{pmatrix}, \begin{pmatrix} 3 \\ 3 \end{pmatrix}, \begin{pmatrix} 4 \\ 2 \end{pmatrix}$

　$a = 4$ のとき $b \neq 3$ で，$\begin{pmatrix} b \\ c \end{pmatrix} = \begin{pmatrix} 1 \\ 3 \end{pmatrix}, \begin{pmatrix} 2 \\ 2 \end{pmatrix}, \begin{pmatrix} 5 \\ 6 \end{pmatrix}, \begin{pmatrix} 6 \\ 5 \end{pmatrix}$

$a = 6$ のとき $b \neq 1$ で, $\begin{pmatrix} b \\ c \end{pmatrix} = \begin{pmatrix} 3 \\ 6 \end{pmatrix}, \begin{pmatrix} 4 \\ 5 \end{pmatrix}, \begin{pmatrix} 5 \\ 4 \end{pmatrix}, \begin{pmatrix} 6 \\ 3 \end{pmatrix}$

組 (a, b, c) は 12 通りある. 求める確率は $\dfrac{12}{6^3} = \dfrac{1}{18}$

(2)（8点）

n 回の目の和が 7 の倍数となる確率を求めればよい. p_n についての漸化式を立てる.

n 回振って点 P が L_i または R_i にいるとき, $n+1$ 回目のサイコロの目が $7 - i \, (i = 1, 2, 3, 4, 5, 6)$ であれば, 点 O に移動することができる.

$$p_{n+1} = (1 - p_n) \times \frac{1}{6} \qquad \therefore p_{n+1} - \frac{1}{7} = \left(-\frac{1}{6} \right) \left(p_n - \frac{1}{7} \right)$$

くり返して, $p_1 = 0$ も用いると,

$$p_n - \frac{1}{7} = \left(-\frac{1}{6} \right)^{n-1} \left(p_1 - \frac{1}{7} \right) = -\frac{1}{7} \left(-\frac{1}{6} \right)^{n-1}$$

$$\therefore p_n = \frac{1}{7} \left\{ 1 - \left(-\frac{1}{6} \right)^{n-1} \right\}$$

(3)（8点）

q_n についての漸化式を立てる. $n+1$ 回振った後, 点 P が点 L_j $(j = 1, 2, \cdots, 6)$ にあるのは, 次の(i),(ii)のケースがある.

(ⅰ) n 回振った後に点 L_i $(i = 1, 2, \cdots, 6)$ にあり, $n+1$ 回目に $7 - i$ 以外の目を出す.

(ⅱ) n 回振った後に点 O にあり, $n+1$ 回目に偶数の目を出す.

したがって, $q_{n+1} = \dfrac{5}{6} q_n + \dfrac{1}{2} p_n = \dfrac{5}{6} q_n + \dfrac{1}{14} - \dfrac{1}{14} \left(-\dfrac{1}{6} \right)^{n-1}$

$$q_{n+1} - \frac{3}{7} = \frac{5}{6} \left(q_n - \frac{3}{7} \right) - \frac{1}{14} \left(-\frac{1}{6} \right)^{n-1}$$

両辺を $\left(-\dfrac{1}{6}\right)^{n+1}$ で割って, $\dfrac{q_{n+1}-\dfrac{3}{7}}{\left(-\dfrac{1}{6}\right)^{n+1}}=-5\cdot\dfrac{q_n-\dfrac{3}{7}}{\left(-\dfrac{1}{6}\right)^{n}}-\dfrac{18}{7}$

ここで, $r_n=\dfrac{q_n-\dfrac{3}{7}}{\left(-\dfrac{1}{6}\right)^{n}}$ とおくと, $q_1=\dfrac{1}{2}$, $r_1=-\dfrac{3}{7}$ となる.

$$r_{n+1}=-5r_n-\dfrac{18}{7} \qquad\qquad \therefore\ r_{n+1}+\dfrac{3}{7}=-5\left(r_n+\dfrac{3}{7}\right)$$

$$r_n+\dfrac{3}{7}=(-5)^{n-1}\left(r_1+\dfrac{3}{7}\right)=0$$

n の値によらず, $r_n=-\dfrac{3}{7}$ となるから, $\dfrac{q_n-\dfrac{3}{7}}{\left(-\dfrac{1}{6}\right)^{n}}=-\dfrac{3}{7}$

$$q_n=\dfrac{3}{7}\left\{1-\left(-\dfrac{1}{6}\right)^{n}\right\}$$

参　考

(3)の別解として, 次のような方法も可能である.

n 回サイコロを振った後, 点 P が点 $R_1, R_2, \cdots, R_6$ のどこかにある確率を

r_n とすると, $r_1=\dfrac{1}{2}$, $r_{n+1}=\dfrac{5}{6}r_n+\dfrac{1}{2}p_n$ （漸化式の立て方は(3)の解答と同じ）

したがって, すべての n で $q_n=r_n$ ……①

一方, $p_n+q_n+r_n=1$ ……② （全事象の確率）

にも注意すると, ①, ②から $p_n+2q_n=1$

$$q_n=\dfrac{1}{2}(1-p_n)=\dfrac{1}{2}\left\{1-\dfrac{1}{7}+\dfrac{1}{7}\left(-\dfrac{1}{6}\right)^{n-1}\right\}=\dfrac{3}{7}-\dfrac{3}{7}\left(-\dfrac{1}{6}\right)^{n}$$

第3回【第4問】（数列の周期性）〜〜〜〜〜〜〜〜〜〜〜〜〜〜〜〜〜

次の漸化式によって，数列 $\{a_n\}$ が定められている．

$$a_1 = 1 , \quad a_2 = t , \quad a_{n+2} = \frac{a_{n+1} + c}{a_n} \quad (n = 1,2,3,\cdots\cdots)$$

ただし，c, t ともに正の実数である．

任意の正数 t に対し，次の条件(＊)が，みたされるための c についての必要十分条件を求めよ．

(＊) 任意の自然数 n で $a_{n+5} = a_n$

〜〜〜 答案例 〜〜〜〜〜〜〜〜〜〜〜〜〜〜〜〜〜〜〜〜〜〜〜〜〜〜〜〜〜〜

(20点)

(＊)が成り立つとき，$n = 1, 2$ として

$$a_6 = a_1 \cdots\cdots ① , \quad a_7 = a_2 \cdots\cdots ②$$

が成り立つことが必要であり，逆に①かつ②が成り立つとき，漸化式

$a_{n+2} = \dfrac{a_{n+1} + c}{a_n}$ によって定まる数列 $\{a_n\}$ は周期 5 の周期数列となり，(＊)が

成り立つ．したがって，

「任意の正数 t に対し，①かつ②が成り立つ」

ような c についての必要十分条件を求めればよい．

漸化式から，

$$a_3 = \frac{a_2 + c}{a_1} = t + c , \quad a_4 = \frac{a_3 + c}{a_2} = \frac{t + 2c}{t}$$

$$a_5 = \frac{a_4 + c}{a_3} = \frac{\dfrac{t + 2c}{t} + c}{t + c} = \frac{(1+c)t + 2c}{t(t+c)}$$

$$a_6 = \frac{a_5 + c}{a_4} = \frac{\dfrac{(1+c)t + 2c}{t(t+c)} + c}{\dfrac{t + 2c}{t}}$$

$$= \frac{(1+c)t + 2c + ct(t+c)}{(t+2c)(t+c)} = \frac{ct^2 + (1+c+c^2)t + 2c}{t^2 + 3ct + 2c^2}$$

97

$$\text{①} \quad \Leftrightarrow \quad a_6 = 1$$

$$\Leftrightarrow \quad ct^2 + \left(1 + c + c^2\right)t + 2c = t^2 + 3ct + 2c^2$$

$$\Leftrightarrow \quad (c-1)\left\{t^2 + (c-1)t - 2c\right\} = 0$$

なので，任意の正数 t について①が成り立つとき，$c = 1$ が必要である．

このとき $a_5 = \dfrac{2t+2}{t(t+1)} = \dfrac{2}{t}$，$a_6 = 1$ により，

$$a_7 = \frac{a_6 + 1}{a_5} = \frac{2}{\left(\dfrac{2}{t}\right)} = t = a_2$$

となって②も成り立つ．つまり十分である．

以上から，必要十分条件は $c = 1$．

<hr>

参　考

論理記号 $\forall$ (「すべての」を意味する)を用いて命題を整理してみよう．

$$(*) \quad \Leftrightarrow \quad \forall n \in \mathbb{N}, a_{n+5} = a_n \quad \Leftrightarrow \quad \text{①かつ②}$$

これは，数列 $\{a_n\}$ が周期 5 で巡回するための条件である．

求める条件は，

$$\forall t > 0, (*) \quad \Leftrightarrow \quad \forall t > 0, \text{①かつ②}$$

このとき，まず

$$\forall t > 0, \text{①} \quad \text{つまり} \quad c = 1 \quad \text{が必要である．}$$

さらに $c = 1$ のとき，

$$\forall t > 0, \text{②}$$

となって十分であることを示した．

第3回【第5問】（順列の数）～～～～～～～～～～～～～～～～～～～～

n を 2 以上の整数とする．整数 $1, 2, \cdots, n$ の順列で，どの数の後にも（直後である必要はない）その数と 1 だけ違う数がくるような順列の総数を a_n とする．例えば $n = 5$ のとき，12345 はこの条件をみたすが，12453 はこの条件をみたさない．

(1) a_2, a_3 を求めよ．

(2) a_n を求めよ．

～～～ 答案例 ～～～～～～～～～～～～～～～～～～～～～～～～～～～～～

(1)（4点）

$n = 2$ のときの順列には「1, 2」「2, 1」の 2 通りがあるから $a_2 = 2$

$n = 3$ のときの順列には「1, 2, 3」「1, 3, 2」「3, 1, 2」「3, 2, 1」の 4 通りがあるから $a_3 = 4$

(2)（16点）

$n \geq 3$ のとき，順列の先頭の数字が必ず 1 か n になることを背理法により示す．先頭の数字が k $(2 \leq k \leq n-1)$ であるとする．2 つのグループ

$$\{1, 2, \cdots, k-1\} \text{ と } \{k+1, \cdots, n-1, n\}$$

の一方に，順列の最後の数字 l が含まれている．ここでは仮に，$l \in \{1, 2, \cdots, k-1\}$ であるとしよう．そこで，l を含まないグループ $\{k+1, \cdots, n-1, n\}$ のうちで，順列のなかで最後に現れる数を m とすると，m の後には $\{k+1, \cdots, n-1, n\}$ に属する数が現れない．すなわち，m の後には m ととなり合う $m-1, m+1$ のいずれも現れないことになる．

$l \in \{k+1, \cdots, n-1, n\}$ と仮定しても同様である．

よって，順列の先頭の数字は 1 か n でなければならない．

先頭の数字が 1 のとき，1, □, □, □, $\cdots$, □, □　←2 から n までの順列

整数 $2, 3, \cdots, n$ の順列で題意をみたすものは a_{n-1} 通りある．

先頭の数字が n のときも，n, □, □, □, $\cdots$, □, □　←1 から $n-1$ までの順列

整数 $1, 2, \cdots, n-1$ の順列で条件をみたすものは a_{n-1} 通りだけある．

したがって，$a_n = 2a_{n-1}$ $(n \geq 3)$　　$\therefore a_n = 2^{n-1}$ $(n \geq 2)$

(1) $\boxed{a_2}$. $n=2$ のときで.

　12, 21 が条件をみたすので.

$$a_2 = \boxed{2}$$

$\boxed{a_3}$ $n=3$ のときで.

123, 132, 312, 321 ...

条件をみたすので: $a_3 = \boxed{4}$

(2) 1番右にくる数を k とする.

$b_n \ b_{n-1} b_{n-2} \qquad b_3 \ b_2 \ b_1$

右から順に, それぞれの数を
$b_1, b_2, b_3, \cdots, b_{n-1}, b_n$ と名付ける.

$b_1 = k$ が条件から.

$b_2 \sim b_n$ において, $k+1 \sim n$ の数.
$k-1 \sim 1$ の数がその順に並んで
いればよい.

① ② ③ … $k-1$

n $n-1$ $n-2$ … $k+1$

① $\sim$ $k-1$ の中のいずれかに
$k+1$ $\sim$ n を入れこむ方法の
総数を 考えればよい.

これは, $n-1$個のものから, $k-1$個
を選び 選び方の総数と

等しいので, $_{n-1}C_{k-1}$

ここで, k は $1 \leqq k \leqq n$ をみたす
自然数なので.

$$a_n = \sum_{k=1}^{n} {}_{n-1}C_{k-1}$$
$$= {}_{n-1}C_0 + {}_{n-1}C_1 + {}_{n-1}C_2$$
$$\qquad + \cdots + {}_{n-1}C_{n-1} \cdots ①$$

ここで, 二項定理より

$$2^{n-1} = (1+1)^{n-1}$$
$$= {}_{n-1}C_0 + {}_{n-1}C_1 + {}_{n-1}C_2 + \cdots$$
$$\qquad + {}_{n-1}C_{n-1}$$

よって ①について.

$$a_n = 2^{n-1}$$

$$\therefore a_n = 2^{n-1}$$

(忘れてた！)

第3回【第6問】 （斜円錐の交わり）◌﹥◌﹥◌﹥◌﹥◌﹥◌﹥◌﹥◌﹥◌﹥◌﹥

xy 平面に含まれる円盤 $D = \left\{ (x,y,z) \,\middle|\, x^2 + y^2 \leq 1 \,,\, z = 0 \right\}$ 上の任意の点 P を

とる．また，平面 $z = 2$ 上の点 $Q_\theta (\cos\theta, \sin\theta, 2)$ をとる．P が D の全体を

動くとき，線分 PQ_θ の全体がつくる図形を K_θ とする．

(1) θ が実数全体を動くとき，すべての K_θ に含まれる点 (x,y,z) がつくる

　立体の体積を求めよ．

(2) θ が実数全体を動くとき，少なくともひとつの K_θ に含まれる点

　(x,y,z) がつくる立体の体積を求めよ．

∽∽∽∽∽ 答案例 ∽∽

(1) (10点)

　K_θ は，底面が $x^2 + y^2 \leq 1, z = 0$ ，頂点が点 Q_θ の斜円錐である．

　K_θ を平面 $z = t\,(0 \leq t \leq 2)$ で切ると，切り口は

$$\text{円} \left(x - \frac{t}{2}\cos\theta \right)^2 + \left(y - \frac{t}{2}\sin\theta \right)^2 \leq \left(\frac{2-t}{2} \right)^2, z = t$$

になる．

　また，すべての K_θ に含まれる点 (x,y,z) がつくる立体を立体 A とおく．

（ⅰ）$0 \leq t \leq 1$ のとき；

　　図の網目部の領域が， 立体 A を

　　$z = t$ で切った切り口となる．

　　この領域は

　　　円 $x^2 + y^2 \leq (1-t)^2, z = t$

　　なので，面積は $\pi(1-t)^2$

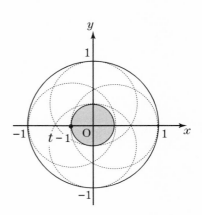

101

（ⅱ）$1 \leq t \leq 2$ のとき；

　すべての K_θ に含まれる点 (x, y, z)

　はこの範囲に存在しない.

（ⅰ）,（ⅱ）より，求める体積は

$$\int_0^1 \pi (1-t)^2 \, dt = \pi \left[\frac{1}{3}t^3 - t^2 + t \right]_0^1 = \frac{\pi}{3}$$

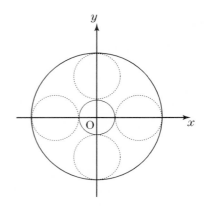

(2) (10点)

　少なくともひとつの K_θ に含まれる点 (x, y, z) がつくる立体を立体 B と

おく.

（ⅰ）$0 \leq t \leq 1$ のとき；

　立体 B を $z = t$ で切った切り口は円 $x^2 + y^2 \leq 1, z = t$ なので，この範囲

　での体積は $\displaystyle\int_0^1 \pi \, dt = \pi$

（ⅱ）$1 \leq t \leq 2$ のとき；

　立体 B を $z = t$ で切った切り口

　は図の網目部のようになり，

　この面積は

$$\pi - \pi (1-t)^2 = \pi (-t^2 + 2t)$$

　よって，この範囲での体積は

$$\pi \int_1^2 \left(-t^2 + 2t \right) dt = \pi \left[-\frac{1}{3}t^3 + t^2 \right]_1^2$$

$$= \frac{2}{3}\pi$$

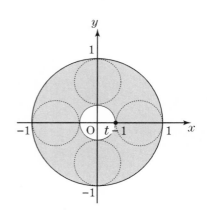

（ⅰ）,（ⅱ）より，求める体積は $\pi + \dfrac{2}{3}\pi = \dfrac{5}{3}\pi$

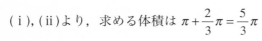

第４回

解説・答案例・指導例

　第４回のセットにおいても，【１】に極限を置いた．執拗であって申し訳ないが，不等式を利用しての極限値の議論は，何度問いかけてもよい，必ず身に付けるべき基本であると考えているからだ．(2)はかなり難しい．

　【２】は２次曲線の接触を取り上げた．判別式を利用した安易な答案が，よく出てくる．代数的には４次方程式を分析しなければ深い理解に届かない．ここでは曲線の接触を微分法で議論した．

　【３】は(1)はオイラー線，(2)は九点円定理であるが，初等幾何よりもベクトルを利用してもらうように誘導した．

　【４】はフィボナッチ数列の初登場である．この有名な数列は1990年代によく出題されていたので，私も心惹かれて多くの問題を作成した．

　【５】は，極方程式の初登場．実際の出題は少ない分野だが，もしもの日のために，繰り返し出題しておいた．

　【６】は，仮説の証明方法を工夫してもらう趣旨で出題した．受験生答案は累積帰納法を使いこなせている．

第4回【第1問】 （数列の極限）❮❯❮❯❮❯❮❯❮❯❮❯❮❯❮❯❮❯❮❯❮❯❮❯❮❯❮❯

$$a_n = \frac{1}{n+1} + \frac{1}{n+2} + \cdots + \frac{1}{n+n} \quad (n = 1, 2, 3, \cdots)$$

とするとき，次の問いに答えよ．

(1) $\displaystyle \lim_{n \to \infty} a_n = \log 2$ を示せ．

(2) $\displaystyle \lim_{n \to \infty} n(\log 2 - a_n)$ を求めよ．

〰〰〰〰〰 答 案 例 〰〰〰〰〰〰〰〰〰〰〰〰〰〰〰〰〰〰〰〰〰〰〰〰〰〰〰〰〰〰〰

(1)　(6点)

$$\lim_{n \to \infty} a_n = \lim_{n \to \infty} \sum_{k=1}^{n} \frac{1}{n+k} = \lim_{n \to \infty} \frac{1}{n} \sum_{k=1}^{n} \frac{1}{1 + \dfrac{k}{n}}$$

曲線 $y = \dfrac{1}{1+x}$ の区間 $0 \leq x \leq 1$ を n 等分する区分求積を考えて，

$$\lim_{n \to \infty} a_n = \int_0^1 \frac{dx}{1+x} = \Big[\log(1+x) \Big]_0^1 = \log 2$$

(2)　(14点)

$t_k = \dfrac{k}{n} \ (k = 0, 1, \cdots, n)$ とする．

$$\log 2 - a_n = \int_0^1 \frac{dx}{1+x} - \sum_{k=1}^{n} \frac{1}{n+k} = \sum_{k=1}^{n} \int_{t_{k-1}}^{t_k} \frac{dx}{1+x} - \sum_{k=1}^{n} \frac{1}{n+k}$$

$$= \sum_{k=1}^{n} \left(\int_{t_{k-1}}^{t_k} \frac{dx}{1+x} - \frac{1}{n} \cdot \frac{1}{1+t_k} \right)$$

ここで，$f(x) = \dfrac{1}{1+x}$ とおくと，

$$\log 2 - a_n = \sum_{k=1}^{1} \left\{ \int_{t_{k-1}}^{t_k} f(x)\,dx - \frac{1}{n} f(t_k) \right\}$$

さらに，$\displaystyle \int_{t_{k-1}}^{t_k} f(x)\,dx - \frac{1}{n} f(t_k) = I_k$ とおくと，

$$\int_{t_{k-1}}^{t_k} (t_{k-1} - x) f'(x)\,dx = -\frac{1}{n} f(t_k) + \int_{t_{k-1}}^{t_k} f(x)\,dx = I_k$$

$$\therefore \ I_k = \int_{t_{k-1}}^{t_k} (x - t_{k-1})\{-f'(x)\}\,dx \ \cdots\cdots①$$

$$f'(x) = -\frac{1}{(1+x)^2} \quad \Leftrightarrow \quad -f'(x) = \frac{1}{(1+x)^2}$$

であるから，区間 $t_{k-1} \le x \le t_k$ において，

$$\frac{1}{(1+t_k)^2} \le -f'(x) \le \frac{1}{(1+t_{k-1})^2} \quad \cdots\cdots ②$$

②を用いて①をはさむ不等式を考える．すなわち，

$$\int_{t_{k-1}}^{t_k} (x - t_{k-1}) \cdot \frac{1}{(1+t_k)^2} dx \le I_k \le \int_{t_{k-1}}^{t_k} (x - t_{k-1}) \cdot \frac{1}{(1+t_{k-1})^2} dx$$

$$\Leftrightarrow \quad \frac{1}{(1+t_k)^2} \int_{t_{k-1}}^{t_k} (x - t_{k-1}) dx \le I_k \le \frac{1}{(1+t_{k-1})^2} \int_{t_{k-1}}^{t_k} (x - t_{k-1}) dx$$

$$\Leftrightarrow \quad \frac{1}{2} \cdot \left(\frac{1}{n}\right)^2 \cdot \frac{1}{(1+t_k)^2} \le I_k \le \frac{1}{2} \cdot \left(\frac{1}{n}\right)^2 \cdot \frac{1}{(1+t_{k-1})^2}$$

$$\therefore \quad \frac{1}{2n} \cdot \frac{1}{n} \cdot \sum_{k=1}^{n} \frac{1}{(1+t_k)^2} \le \sum_{k=1}^{n} I_k \le \frac{1}{2n} \cdot \frac{1}{n} \cdot \sum_{k=1}^{n} \frac{1}{(1+t_{k-1})^2}$$

$$\therefore \quad \frac{1}{2} \cdot \frac{1}{n} \cdot \sum_{k=1}^{n} \frac{1}{(1+t_k)^2} \le n \sum_{k=1}^{n} I_k \le \frac{1}{2} \cdot \frac{1}{n} \cdot \sum_{k=1}^{n} \frac{1}{(1+t_{k-1})^2}$$

ここで，$\displaystyle \lim_{n\to\infty} \frac{1}{n} \sum_{k=1}^{n} \frac{1}{(1+t_k)^2} = \lim_{n\to\infty} \frac{1}{n} \sum_{k=1}^{n} \frac{1}{(1+t_{k-1})^2} = \int_0^1 \frac{dx}{(1+x)^2} = \left[-\frac{1}{1+x}\right]_0^1 = \frac{1}{2}$

と［はさみうちの原理］より，

$$\frac{1}{4} = \frac{1}{2} \cdot \frac{1}{2} \le \lim_{n\to\infty} n \sum_{k=1}^{n} I_k \le \frac{1}{2} \cdot \frac{1}{2} = \frac{1}{4}$$

$$\lim_{n\to\infty} n(\log 2 - a_n) = \lim_{n\to\infty} n \sum_{k=1}^{n} I_k = \frac{1}{4}$$

〜〜〜〜〜〜〜〜〜〜〜〜〜（数理哲人の解説）〜〜〜〜〜〜〜〜〜〜〜〜〜

1°　連続関数 $g(x)$ に対して，

$$\lim_{n\to\infty} \frac{1}{n} \sum_{k=1}^{n} g\left(\frac{k}{n}\right) = \lim_{n\to\infty} \frac{1}{n} \sum_{k=1}^{n} g\left(\frac{k-1}{n}\right) = \int_0^1 g(x) dx$$

2°　$n \to \infty$ のとき，$(\log 2 - a_n) \to 0$ だから，

　　(2)の極限は $\infty \times 0$ （無限大×無限小）のタイプの不定形．

求めた極限値 $\dfrac{1}{4}$ は，次のような図形的意味を持つ．

下の図1，2の網目部の面積を S_1, S_2 とする．

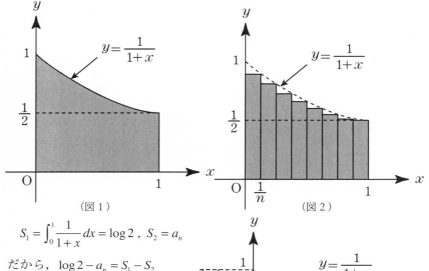

（図 1）　　　　　　　　　（図 2）

$$S_1 = \int_0^1 \frac{1}{1+x}\,dx = \log 2 \ , \ S_2 = a_n$$

だから，$\log 2 - a_n = S_1 - S_2$

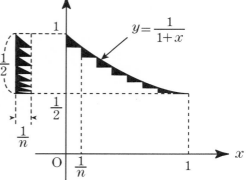

これは，図の黒塗部（ n 個の
部分に分かれている）の面積
を表す．

　これらの面積は，それぞれ
解答中の $I_1, I_2, \cdots, I_k \cdots, I_n$ と
一致している．

3°　2° の n 個の黒塗部分の横幅はすべて $\dfrac{1}{n}$ なので，これを幅 $\dfrac{1}{n}$，

高さ $\dfrac{1}{2}$ の柱の中に集めてみる．すると黒塗部の面積は，

$$\log 2 - a_n \fallingdotseq \frac{1}{2}\cdot\frac{1}{2}\cdot\frac{1}{n} \to 0 \quad (n \to \infty) \quad 程度の無限小となり，$$

$$n\left(\log 2 - a_n\right) \fallingdotseq \frac{1}{4} \quad と推測される．$$

4° 3° で考えた近似は，n 個の小さな黒塗部（面積は I_k）を直角三角形として計算したものである．

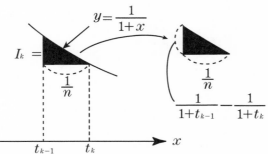

5° ①式の意味を考えてみよう．

$f(x)=\dfrac{1}{1+x}$ とおいたので，

$$I_k = \int_{t_{k-1}}^{t_k} f(x)dx - \frac{1}{n}f(t_k)$$

は図の打点部の面積を表す．
これを y 軸方向に積分し直してみると，

$$I_k = \int_{f(t_k)}^{f(t_{k-1})} (x-t_{k-1})dy$$

$y=f(x)$ により積分変数 を x に変換する．

$dy = f'(x)dx$ に注意して，

$$I_k = \int_{t_k}^{t_{k-1}} (x-t_{k-1})f'(x)dx = \int_{t_{k-1}}^{t_k} (x-t_{k-1})\{-f'(x)\}dx \quad \cdots\cdots ① \text{ を得る．}$$

6° 求めたい極限は $\displaystyle\lim_{n\to\infty} n\sum_{k=1}^{n} I_k$ であることを念頭に置いて，各

$I_k \ (k=1,2,\cdots,n)$ を「はさみうち」にすることを考える．

①式を見て，$-f'(x)$ をはさもうと考える．

$-f'(x) = \dfrac{1}{(1+x)^2}$ は $x>0$ で減少するから，$-f'(t_k) \le -f'(x) \le -f'(t_{k-1})$

$$\int_{t_{k-1}}^{t_k} (x-t_{k-1})\{-f'(t_k)\}dx \le I_k \le \int_{t_{k-1}}^{t_k} (x-t_{k-1})\{-f'(t_{k-1})\}dx$$

以下は解答の通りである．

7° (2)の別解を紹介しておく. $f(x), t_k, I_k$ は解答と同じものとする.

$A_k\bigl(t_k, f(t_k)\bigr)$ $(k = 0, 1, \cdots, n)$ とし, A_k における曲線 $y = f(x)$ の接線を l_k とする. $x > 0$ のとき, $f''(x) = \dfrac{1}{(1+x)^3} > 0$ より, 曲線 $y = f(x)$ は下に凸だから,

$$\triangle A_k B_{k-1} C_{k-1} < I_k < \triangle A_k B_{k-1} A_{k-1}$$

ここで,

$$\triangle A_k B_{k-1} A_{k-1} = \frac{1}{2} \cdot \frac{1}{n} \cdot \bigl\{ f(t_{k-1}) - f(t_k) \bigr\}$$

$$\sum_{k=1}^{n} \triangle A_k B_{k-1} A_{k-1} = \frac{1}{2n} \sum_{k=1}^{n} \bigl\{ f(t_{k-1}) - f(t_k) \bigr\}$$

$$= \frac{1}{2n} \bigl\{ f(0) - f(1) \bigr\} = \frac{1}{2n} \cdot \frac{1}{2} = \frac{1}{4n}$$

また, $l_k : y = f'(t_k)(x - t_k) + f(t_k)$ より,

$$(\,C_{k-1} \text{ の } y \text{ 座標}) = f'(t_k)(t_{k-1} - t_k) + f(t_k) = \frac{1}{(1+t_k)^2} \cdot \frac{1}{n} + f(t_k)$$

$$\therefore \quad B_{k-1} C_{k-1} = \left\{ \frac{1}{(1+t_k)^2} \cdot \frac{1}{n} + f(t_k) \right\} - f(t_k) = \frac{1}{(1+t_k)^2} \cdot \frac{1}{n}$$

ここで, $g(x) = \dfrac{1}{(1+x)^2}$ とおくと,

$$\triangle A_k B_{k-1} C_{k-1} = \frac{1}{2} \cdot A_k B_{k-1} \cdot B_{k-1} C_{k-1} = \frac{1}{2n^2} g(t_k)$$

$$\sum_{k=1}^{n} \triangle A_k B_{k-1} C_{k-1} = \frac{1}{2n^2} \sum_{k=1}^{n} g(t_k)$$

よって, $\dfrac{1}{2n^2} \displaystyle\sum_{k=1}^{n} g(t_k) < \sum_{k=1}^{n} I_k = \log 2 - a_n < \dfrac{1}{4n}$

$$\therefore \quad \frac{1}{2} \cdot \frac{1}{n} \sum_{k=1}^{n} g(t_k) < n(\log 2 - a_n) < \frac{1}{4}$$

ここで, $\displaystyle\lim_{n \to \infty} \frac{1}{n} \sum_{k=1}^{n} g(t_k) = \int_0^1 g(x)\,dx = \int_0^1 \frac{dx}{(1+x)^2} = \left[-\frac{1}{1+x} \right]_0^1 = \frac{1}{2}$

$$\lim_{n \to \infty} \left\{ \frac{1}{2} \cdot \frac{1}{n} \sum_{k=1}^{n} g(t_k) \right\} \le \lim_{n \to \infty} n(\log 2 - a_n) \le \frac{1}{4}$$

$$\frac{1}{4} = \frac{1}{2} \cdot \frac{1}{2} \le \lim_{n \to \infty} n(\log 2 - a_n) \le \frac{1}{4}$$

よって, はさみうちの原理より, $\displaystyle\lim_{n \to \infty} n(\log 2 - a_n) = \frac{1}{4}$

第4回【第2問】 （楕円と放物線の接触） ᘓᘐᘓᘐᘓᘐᘓᘐᘓᘐᘓᘐᘓᘐᘓᘐᘓᘐᘓᘐᘓᘐ

xy 平面上に 2 曲線 $C_1 : x^2 + 2y^2 = 2$ ， $C_2 : y = -x^2 + a$ がある．

C_1 と C_2 が 2 点で接しているとき，その接点の y 座標を b とする．

(1) a, b の値を求めよ．

(2) 曲線 C_1 上の点 P における接線が曲線 C_2 と交わる点を Q , R とする．

$y > b$ の範囲で P が動くとき，$\overline{\mathrm{QR}}$ が最大となるような P の y 座標を

求めよ．

᠊ᢒᢘᢒᢘᢒᢘ 答案例 ᢒᢘ

(1) （8点）

y 軸に対する対称性から，

接点を $(\pm\alpha, b)$ $(\alpha > 0)$ とおける．

点 (α, b) における C_1, C_2 の接線の傾き

を考えて， $-\dfrac{\alpha}{2b} = -2\alpha$ 　　∴ $b = \dfrac{1}{4}$

$\left(\pm\alpha, \dfrac{1}{4}\right)$ が C_1 上にあることから

$\qquad \alpha^2 + 2 \cdot \left(\dfrac{1}{4}\right)^2 = 2$ 　　∴ $\alpha^2 = \dfrac{15}{8}$

$\left(\pm\sqrt{\dfrac{15}{8}}, \dfrac{1}{4}\right)$ が C_2 上にあることから

$\qquad \dfrac{1}{4} = -\dfrac{15}{8} + a$ 　　∴ $a = \dfrac{17}{8}$

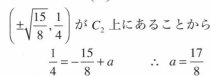

(2) （12点）

P (x_0, y_0) とすると，点 P における C_1 の接線の方程式は $x_0 x + 2y_0 y = 2$

C_2 の式と連立して $x_0 x + 2y_0\left(-x^2 + \dfrac{17}{8}\right) = 2$

$\qquad$ ∴ $16y_0 x^2 - 8x_0 x - 34y_0 + 16 = 0$ ……①

①の 2 解を (β, γ) とすると，これらは Q , R の x 座標となる．

解と係数の関係から，

$$\beta + \gamma = \frac{x_0}{2y_0}, \quad \beta\gamma = \frac{-34y_0 + 16}{16y_0} = \frac{1}{y_0} - \frac{17}{8}$$

$Q\left(\beta, -\beta^2 + \frac{17}{8}\right)$, $R\left(\gamma, -\gamma^2 + \frac{17}{8}\right)$ より

$$\overline{QR}^2 = (\beta - \gamma)^2 + (\beta^2 - \gamma^2)^2 = (\beta - \gamma)^2 \left\{ 1 + (\beta + \gamma)^2 \right\}$$

ここで，

$$(\beta - \gamma)^2 = (\beta + \gamma)^2 - 4\beta\gamma = \left(\frac{x_0}{2y_0}\right)^2 - 4\left(\frac{1}{y_0} - \frac{17}{8}\right)$$

$$= \frac{2 - 2y_0^2}{4y_0^2} - \frac{4}{y_0} + \frac{17}{2} = \frac{1}{2y_0^2} - \frac{4}{y_0} + 8$$

$$\therefore \quad \overline{QR}^2 = \left(\frac{1}{2y_0^2} - \frac{4}{y_0} + 8\right)\left(1 + \frac{2 - 2y_0^2}{4y_0^2}\right)$$

ここで $\dfrac{1}{y_0} = t$ とおくと，$\dfrac{1}{4} < y_0 \leq 1$ より $1 \leq t < 4$

$$\overline{QR}^2 = \left(\frac{1}{2}t^2 - 4t + 8\right)\left(\frac{1}{2}t^2 + \frac{1}{2}\right)$$

$$= \frac{1}{4}t^4 - 2t^3 + \frac{17}{4}t^2 - 2t + 4 = f(t) \text{ とおく.}$$

$$f'(t) = t^3 - 6t^2 + \frac{17}{2}t - 2 = (t - 4)\left(t^2 - 2t + \frac{1}{2}\right)$$

$1 \leq t < 4$ における $f(t)$ の増減は表のようになる．

$\overline{QR}^2 = f(t)$ が最大になるのは $t = 1 + \dfrac{1}{\sqrt{2}}$ のとき，つまり

$$y_0 = \frac{1}{t} = \frac{\sqrt{2}}{\sqrt{2} + 1} = 2 - \sqrt{2}$$

のときである．

t	1	......	$1 + \dfrac{1}{\sqrt{2}}$	......	(4)
$f'(t)$		$+$	0	$-$	
$f(t)$		↗		↘	

第4回【第3問】 （九点円の定理）◟◟◟◟◟◟◟◟◟◟◟◟◟◟◟◟◟◟◟◟◟◟◟◟◟

△ABC の外接円の中心を O ，重心を G ，垂心を H とする．
外接円の半径を R とする．

(1) $\overrightarrow{OH} = 3\overrightarrow{OG}$ を示せ．

(2) 以下に述べる 9 個の点が同一円周上に乗ることを示し，その中心と
半径を求めよ．

A, B, C のそれぞれから辺 BC, CA, AB への垂線の足 H_1, H_2, H_3

AH, BH, CH の中点 K_1, K_2, K_3

BC, CA, AB の中点 M_1, M_2, M_3

◟◟◟◟◟ 答 案 例 ◟◟◟

(1) （5点）

$3\overrightarrow{OG} = \overrightarrow{OH'}$ となる点 H' をとり，

$AH' \perp BC$ ，$BH' \perp CA$ ，$CH' \perp AB$ を示す．

$$\overrightarrow{AH'} \cdot \overrightarrow{BC} = \left(\overrightarrow{OA} - 3\overrightarrow{OG} \right) \cdot \left(\overrightarrow{OC} - \overrightarrow{OB} \right)$$

$$= \left\{ \overrightarrow{OA} - \left(\overrightarrow{OA} + \overrightarrow{OB} + \overrightarrow{OC} \right) \right\} \cdot \left(\overrightarrow{OC} - \overrightarrow{OB} \right)$$

$$= -\left(\overrightarrow{OB} + \overrightarrow{OC} \right) \cdot \left(\overrightarrow{OC} - \overrightarrow{OB} \right)$$

$$= \left| \overrightarrow{OB} \right|^2 - \left| \overrightarrow{OC} \right|^2$$

$$= R^2 - R^2 = 0$$

したがって $AH' \perp BC$ である．他の2つも同様にして示されるので，
H' は △ABC の垂心である．

よって $\overrightarrow{OH} = \overrightarrow{OH'} = 3\overrightarrow{OG}$ が示された．

(2) （15点）

まず，3点 H_1, K_1, M_1 を通る円を考える．

$\angle K_1 H_1 M_1 = 90°$ だから，$K_1 M_1$ が △$K_1 H_1 M_1$ の
外接円の直径となる．

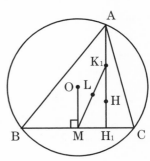

111

K_1M_1 の中点 L がその中心となる.

$$\overrightarrow{OL} = \frac{1}{2}\left(\overrightarrow{OK_1} + \overrightarrow{OM_1}\right) = \frac{1}{2}\left(\frac{1}{2}\overrightarrow{OA} + \frac{1}{2}\overrightarrow{OH} + \frac{1}{2}\overrightarrow{OB} + \frac{1}{2}\overrightarrow{OC}\right)$$

$$= \frac{1}{4}\left(\overrightarrow{OH} + \overrightarrow{OA} + \overrightarrow{OB} + \overrightarrow{OC}\right) = \frac{1}{4}\left(3\overrightarrow{OG} + 3\overrightarrow{OG}\right) = \frac{3}{2}\overrightarrow{OG} = \frac{1}{2}\overrightarrow{OH}$$

△$K_1H_1M_1$ の外心 L は OH の中点である.

図で,OL = LH,$AK_1 = K_1H$ より

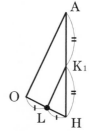

△$K_1H_1M_1$ の外接円の半径は

$$LK_1 = \frac{1}{2}OA = \frac{1}{2}R$$

したがって,命題

『3点 H_i,K_i,M_i は OH の中点 L を中心とする半径 $\dfrac{R}{2}$ の円周上に乗る』

が $i=1$ のときに示された.これは $i = 2,3$ のときについても同様に示される.

したがって,$H_1, H_2, H_3, K_1, K_2, K_3, M_1, M_2, M_3$ の 9 点は同一円周上に乗り,その中心は OH の中点,半径は $\dfrac{R}{2}$ である.

(2)の円は「9点円」として知られる.

△ABC が鋭角三角形の場合;

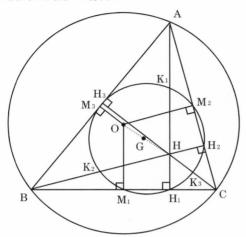

△ABC が鈍角三角形の場合;

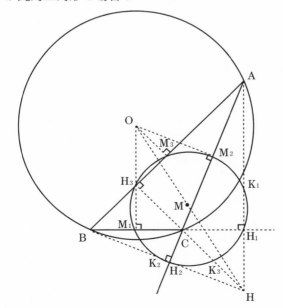

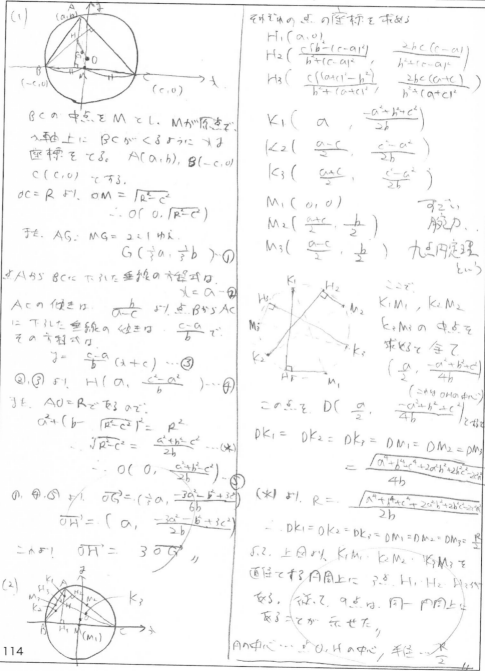

(1)

BC の中点を M とし、M が原点で、x軸上に BC がくるようにする座標をとる。A(a,b), B(-c,0), C(c,0) とする。

$OC = R$ より、$OM = \sqrt{R^2 - c^2}$

$\therefore O(0, \sqrt{R^2 - c^2})$

また、$AG : MG = 2 : 1$ ゆえ、

$$G\left(\frac{1}{3}a, \frac{1}{3}b\right) \cdots ①$$

点Aから BC に下ろした垂線の方程式は、

$$x = a \cdots ②$$

AC の傾きは $\frac{b}{a-c}$ より、点Bから AC に下ろした垂線の傾きは $\frac{c-a}{b}$ で、その方程式は

$$y = \frac{c-a}{b}(x+c) \cdots ③$$

②,③ より、$H\left(a, \frac{c^2-a^2}{b}\right) \cdots ④$

また、$AO = R$ であるので、

$$a^2 + \left(b - \sqrt{R^2-c^2}\right)^2 = R^2$$

$$\therefore \sqrt{R^2-c^2} = \frac{a^2+b^2-c^2}{2b} \cdots (*)$$

$$\therefore O\left(0, \frac{a^2+b^2-c^2}{2b}\right) \cdots ⑤$$

①,④,⑤ より、$\overrightarrow{OG} = \left(\frac{1}{3}a, \frac{-3a^2-b^2+3c^2}{6b}\right)$

$$\overrightarrow{OH} = \left(a, \frac{-3a^2-b^2+3c^2}{2b}\right)$$

これより、$\overrightarrow{OH} = 3\overrightarrow{OG}$ //

(2)

それぞれの点の座標を求める

$H_1(a, 0)$

$H_2\left(\frac{c(b^2-(c-a)^2)}{b^2+(c-a)^2}, \frac{2bc(c-a)}{b^2+(c-a)^2}\right)$

$H_3\left(\frac{c((a+c)^2-b^2)}{b^2+(a+c)^2}, \frac{2bc(a+c)}{b^2+(a+c)^2}\right)$

$K_1\left(a, \frac{-a^2+b^2+c^2}{2b}\right)$

$K_2\left(\frac{a-c}{2}, \frac{c^2-a^2}{2b}\right)$

$K_3\left(\frac{a+c}{2}, \frac{c^2-a^2}{2b}\right)$

$M_1(0, 0)$

$M_2\left(\frac{a+c}{2}, \frac{b}{2}\right)$ 　すごい 脳力...

$M_3\left(\frac{a-c}{2}, \frac{b}{2}\right)$ 　九点円定理 という

ここで、K_1M_1, K_2M_2, K_3M_3 の中点を求めると全て

$$\left(\frac{a}{2}, \frac{-a^2+b^2+c}{4b}\right)$$

(これより OHの中点)

このとき、$D\left(\frac{a}{2}, \frac{-a^2+b^2+c^2}{4b}\right)$ とする。

$DK_1 = DK_2 = DK_3 = DM_1 = DM_2 = DM_3$

$$= \frac{\sqrt{a^4+b^4+c^4+2a^2b^2+2b^2c^2-2a^2c^2}}{4b}$$

$(*)$ より、$R = \frac{\sqrt{a^4+b^4+c^4+2a^2b^2+2b^2c^2-2a^2c^2}}{2b}$

$\therefore DK_1 = DK_2 = DK_3 = DM_1 = DM_2 = DM_3 = \frac{R}{2}$

5.2. 上記より、K_1M_1, K_2M_2, K_3M_3 を直径とする円周上に点、H_1, H_2, H_3 がある。従って、9点は同一円周上にあることが示せた。

円の中心… 点 O, H の中心、半径… $\frac{R}{2}$

114

第4回【第4問】 （場合の数と漸化式） ◦⟨◦⟩◦⟨◦⟩◦⟨◦⟩◦⟨◦⟩◦⟨◦⟩◦⟨◦⟩◦⟨◦⟩◦⟨◦⟩◦⟨◦⟩◦⟨◦⟩◦⟨◦⟩

　数字 0 と 1 を並べた数字の列を考える．長さ n の，すなわち n 個の 0，1 からなる数字の列のうち，

　　　　「11で終わり，途中には11が現れない」

ような数字の列の個数を a_n で表す．ただし，$a_1 = 0$ とする．

(1)　a_{10} を求めよ．

(2)　$a_{n+1}{}^2 + a_n{}^2 = a_{2n}$，$2a_{n+1}a_n + a_{n+1}{}^2 = a_{2n+1}$　　を示せ．

◦⟨◦⟩◦⟨◦⟩◦⟨◦ ［ 答 案 例 ］ ◦⟨◦⟩◦⟨◦⟩◦⟨◦⟩◦⟨◦⟩◦⟨◦⟩◦⟨◦⟩◦⟨◦⟩◦⟨◦⟩◦⟨◦⟩◦⟨◦⟩◦⟨◦⟩◦⟨◦⟩◦⟨◦⟩◦⟨◦⟩◦⟨◦⟩◦⟨◦⟩◦⟨◦⟩

(1)　(8点)

　$n \geq 3$ のとき，最初の数字が 0 か 1 かで分類する．

　　　　（ⅰ）　最初の数字が 1 のとき；

　　　　　　　次の数字は 0 で，残りの $n-2$ 個の数字の列について

　　　　　　　a_{n-2} 通りの並べ方がある．

　　　　（ⅱ）　最初の数字が 0 のとき；

　　　　　　　残りの $n-1$ 個の数字の列について a_{n-1} 通りの並べ方がある．

　（ⅰ），（ⅱ）より，

　　　　$a_n = a_{n-1} + a_{n-2}$　$(n \neq 3)$　……(＊)

　　　ここで，$a_1 = 0$，$a_2 = 1$ だから，(＊)を繰り返し用いて

　　　　$a_3 = a_2 + a_1 = 1$，$a_4 = a_3 + a_2 = 2$

　　　　$a_5 = a_4 + a_3 = 3$，$a_6 = a_5 + a_4 = 5$

　　　　$a_7 = a_6 + a_5 = 8$，$a_8 = a_7 + a_6 = 13$

　　　　$a_9 = a_8 + a_7 = 21$，

　　　　$a_{10} = a_9 + a_8 = 34$

(2)　(12点)

　　　　$a_{n+1}{}^2 + a_n{}^2 = a_{2n}$　……①

　　　　$2a_{n+1}a_n + a_{n+1}{}^2 = a_{2n+1}$　……②

　として，①と②が成り立つことを数学的帰納法で示す．

（ i ） $n = 1$ のとき；

$$a_2{}^2 + a_1{}^2 = 1^2 + 0^2 = a_2,$$

$$2a_2a_1 + a_2{}^2 = 2 \cdot 1 \cdot 0 + 1^2 = a_3$$

なので①と②は成り立つ.

（ ii ） n のとき；①と②の成立を仮定すると，

$$a_{n+2}{}^2 + a_{n+1}{}^2 = \left(a_{n+1} + a_n\right)^2 + a_{n+1}{}^2$$

$$= a_{n+1}{}^2 + 2a_{n+1}a_n + a_n{}^2 + a_{n+1}{}^2$$

$$= \left(2a_{n+1}a_n + a_{n+1}{}^2\right) + \left(a_{n+1}{}^2 + a_n{}^2\right)$$

$$= a_{2n+1} + a_{2n} \qquad (\because ①②の仮定)$$

$$= a_{2n+2} \quad \cdots\cdots③ \qquad (\because (*))$$

$$2a_{n+2}a_{n+1} + a_{n+2}{}^2$$

$$= 2\left(a_{n+1} + a_n\right)a_{n+1} + a_{n+2}{}^2$$

$$= \left(2a_{n+1}a_n + a_{n+1}{}^2\right) + \left(a_{n+2}{}^2 + a_{n+1}{}^2\right)$$

$$= a_{2n+1} + a_{2n+2} \qquad (\because ①③)$$

$$= a_{2n+3}$$

したがって，$n+1$ のときも①と②が成り立つ.

（ i ），（ ii ）から，すべての自然数 n で与式①，②は成り立つ.

～～～～～～～～～～～～～～（数理哲人の解説）～～～～～～～～～～～～～～

数字の列の個数を実際に調べてみよう.

$n = 2$ で　11

$n = 3$ で　011

$n = 4$ で　0011, 1011

$n = 5$ で　00011, 01011, 10011

$n = 6$ で　000011, 100011, 001011, 101011, 010011

こうして作っていくと，長さ $n+1$ の列を作るには，長さ n の列の左端に0か1を加えていくと考えやすいことに気付く. そして，(1)のような答案に仕上がるのである.

(1) 10個の 0, 1 を並べた時、条件から
最後の3個が 0, 1, 1 の順に並ぶ。
最初の7個の並びを樹形図で
表すと、以下のようなものがある。

$13 + 21 = 34$

$\therefore a_{10} = 34$

(2) n個の 0, 1 が並んだ列全部のうち、
初めの数字が 0 である列の個数
を b_n とする。

ここで、a_{n+1} について考えると、

(i) $\underbrace{①00\cdots\cdots ⓪①①}_{n個} \Rightarrow (a_n - b_n)$個

1番初めの数字「1」の直前に「0」を
つけるので：$(a_n - b_n)$個のまま

(ii) $⓪00\cdots\cdots ⓪①① \Rightarrow b_n$個

1番初めの数字「0」の直前に「0」,「1」の
いずれかをつけられるので：$2 b_n$個

(i),(ii)より、$a_{n+1} = (a_n - b_n) + 2 b_n = a_n + b_n$

$\therefore a_{n+1} = a_n + b_n \cdots ①$

また、このとき、$(n+1)$個の 0, 1 が並んだ列
全てのうち、初めの数字が 0 である列の個数
b_{n+1} は、$b_{n+1} = (a_n - b_n) + b_n = a_n$

$\therefore b_n = a_{n-1} \cdots ②$

①, ②より、$\underline{a_{n+1} = a_n + a_{n-1}} \cdots (*)$

この特性方程式 $x^2 - x - 1 = 0$ を解いて

$x = \dfrac{1 \pm \sqrt{5}}{2}$

$\therefore \begin{cases} a_{n+1} - \dfrac{1+\sqrt5}{2} a_n = \dfrac{1-\sqrt5}{2}\left(a_n - \dfrac{1+\sqrt5}{2} a_{n-1}\right) \\ a_{n+1} - \dfrac{1-\sqrt5}{2} a_n = \dfrac{1+\sqrt5}{2}\left(a_n - \dfrac{1-\sqrt5}{2} a_{n-1}\right) \end{cases}$

$\therefore \begin{cases} a_{n+1} - \dfrac{1+\sqrt5}{2} a_n = \left(a_2 - \dfrac{1+\sqrt5}{2} a_1\right)\left(\dfrac{1-\sqrt5}{2}\right)^{n-1} \\ a_{n+1} - \dfrac{1-\sqrt5}{2} a_n = \left(a_2 - \dfrac{1-\sqrt5}{2} a_1\right)\left(\dfrac{1+\sqrt5}{2}\right)^{n-1} \end{cases}$

$a_1 = 0$, $a_2 = 1$ より、

$a_n = \dfrac{1}{\sqrt5}\left\{\left(\dfrac{1+\sqrt5}{2}\right)^{n-1} - \left(\dfrac{1-\sqrt5}{2}\right)^{n-1}\right\}$

$\langle a_{n+1}{}^2 + a_n{}^2 = a_{2n}$ の証明$\rangle$

$a_{n+1}{}^2 + a_n{}^2$
$= \dfrac{1}{5}\left\{\left(\dfrac{1+\sqrt5}{2}\right)^n - \left(\dfrac{1-\sqrt5}{2}\right)^n\right\}^2 + \dfrac{1}{5}\left\{\left(\dfrac{1+\sqrt5}{2}\right)^{n-1} - \left(\dfrac{1-\sqrt5}{2}\right)^{n-1}\right\}^2$

$= \dfrac{5-\sqrt5}{10}\cdot\left(\dfrac{1+\sqrt5}{2}\right)^{2n} + \dfrac{5+\sqrt5}{10}\cdot\left(\dfrac{1-\sqrt5}{2}\right)^{2n}$

$a_{2n} = \dfrac{1}{\sqrt5}\left\{\left(\dfrac{1+\sqrt5}{2}\right)^{2n-1} - \left(\dfrac{1-\sqrt5}{2}\right)^{2n-1}\right\}$

$= \dfrac{5-\sqrt5}{10}\cdot\left(\dfrac{1+\sqrt5}{2}\right)^{2n} + \dfrac{5+\sqrt5}{10}\cdot\left(\dfrac{1-\sqrt5}{2}\right)^{2n}$

これより、$a_{n+1}{}^2 + a_n{}^2 = a_{2n}$ が成立 //

$\langle 2 a_n a_{n+1} + a_{n+1}{}^2 = a_{2n+1}$ の証明$\rangle$

$2 a_n a_{n+1} + a_{n+1}{}^2$
$= 2\cdot\dfrac{1}{\sqrt5}\left\{\left(\dfrac{1+\sqrt5}{2}\right)^n - \left(\dfrac{1-\sqrt5}{2}\right)^n\right\}\cdot\dfrac{1}{\sqrt5}\left\{\left(\dfrac{1+\sqrt5}{2}\right)^{n-1} - \left(\dfrac{1-\sqrt5}{2}\right)^{n-1}\right\}$
$+ \dfrac{1}{5}\left\{\left(\dfrac{1+\sqrt5}{2}\right)^n - \left(\dfrac{1-\sqrt5}{2}\right)^n\right\}^2$

$= \dfrac{1}{\sqrt5}\left\{\left(\dfrac{1+\sqrt5}{2}\right)^{2n} - \left(\dfrac{1-\sqrt5}{2}\right)^{2n}\right\}$

$a_{2n+1} = \dfrac{1}{\sqrt5}\left\{\left(\dfrac{1+\sqrt5}{2}\right)^{2n} - \left(\dfrac{1-\sqrt5}{2}\right)^{2n}\right\}$

従って、$2 a_{n+1} a_n + a_{n+1}{}^2 = a_{2n-1}$ が成立 //

$(*)$ の一般項を求めずに

$(*)$ を用いての帰納法もやってみてほしい。

117

第4回【第5問】 （極方程式と面積）⋞⋟⋞⋟⋞⋟⋞⋟⋞⋟⋞⋟⋞⋟⋞⋟⋞⋟⋞⋟⋞⋟⋞⋟

　中心 O ，半径 1 の円 C 上に直径 AB をとる．C 上の点 P が A から B
までの半円周上を動く．C 上の点 Q を，P が弧 $\overset{\frown}{\text{AQ}}$ を 2 等分するように
定める．ただし，P が A または B と一致するときには Q = A と考える．

(1)　弦 PQ の中点 M の軌跡を求めよ．

(2)　(1)で求めた軌跡と線分 OA とで囲まれる部分の面積を求めよ．

⋞⋟⋞⋟⋞⋟ 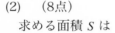 ⋞⋟

(1)　（12点）

$$\angle \text{AOM} = \theta,\ \text{OM} = r \text{ とおく．}$$

　このとき，　$r = \text{OP} \cos \angle \text{POM}$ であり，

$$2\angle \text{POM} = \angle \text{POQ} = \angle \text{AOP} \quad \text{より} \quad 3\angle \text{POM} = \theta$$

　よって，求める軌跡 T の極方程式は　$r = \cos \dfrac{\theta}{3}$　となる．

$\theta = \dfrac{3}{2} \angle \text{AOP}$ より $0 \le \theta \le \dfrac{3}{2}\pi$ であり，

T の概形は図のようになる．

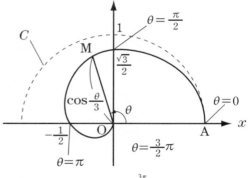

(2)　（8点）

　求める面積 S は

$$S = \int_0^{\frac{3\pi}{2}} \frac{1}{2} r^2 \, d\theta$$

$$= \int_0^{\frac{3\pi}{2}} \frac{1}{2} \cos^2 \frac{\theta}{3} \, d\theta$$

$$= \frac{1}{2} \cdot \frac{1}{2} \int_0^{\frac{3\pi}{2}} \frac{1}{2} \left(\cos \frac{2\theta}{3} + 1 \right) d\theta = \frac{1}{4} \left[\frac{3}{2} \sin \frac{2\theta}{3} + \theta \right]_0^{\frac{3\pi}{2}}$$

$$= \frac{3\pi}{8}$$

極方程式 $r = f(\theta)$ で与えられる曲線の $\alpha \leq \theta \leq \beta$ の部分と $\theta = \alpha, \beta$ のとき

の動径で囲まれる部分の面積は

$$\int_{\alpha}^{\beta} \frac{1}{2} \{f(\theta)\}^2 \, d\theta$$

で与えられる．これは，図の網目部の

面積を扇形で近似すると $\dfrac{1}{2}\{f(\theta)\}^2 \Delta\theta$

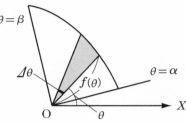

となることで説明される．

はさみうちの原理による証明もできるようにしておこう．

座標軸を入れて，

$$C : x^2 + y^2 = 1 , \quad A(1,0), B(-1,0) , \quad P(\cos\theta, \sin\theta), Q(\cos 2\theta, \sin 2\theta)$$

とおく．題意より $0 \leq \theta \leq \pi$ の範囲でよい．

このとき，PQ の中点は

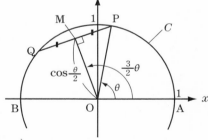

$$M\left(\frac{\cos\theta + \cos 2\theta}{2}, \frac{\sin\theta + \sin 2\theta}{2}\right)$$

$$= \left(\cos\frac{\theta}{2} + \cos\frac{3\theta}{2}, \sin\frac{\theta}{2} + \sin\frac{3\theta}{2}\right)$$

$M(x, y)$ とおくと

$$\frac{dx}{d\theta} = \frac{-\sin\theta - 2\sin 2\theta}{2} = -\frac{\sin\theta(4\cos\theta + 1)}{2}$$

$4\cos\theta + 1 = 0$ をみたす θ の値を $\alpha\,(0 \leq \alpha \leq \pi)$ とおくと，

$$x = \frac{\cos\alpha + \cos 2\alpha}{2} = \frac{2\cos^2\alpha + \cos\alpha - 1}{2} = -\frac{9}{16} \quad \text{となる．}$$

$0 \leq \theta \leq \alpha$ のとき，x は単調減少

$\alpha \leq \theta \leq \pi$ のとき，x は単調増加

であり，T のうち，$0 \leq \theta \leq \alpha$ に対応する部分を $T_1 : y = y_1(x)$

$\alpha \le \theta \le \pi$ に対応する部分を $T_2 : y = y_2(x)$ とする.

$OM = \cos\dfrac{\theta}{2}$ は $0 \le \theta \le \pi$ で単調減少だから,

T_1 と T_2 は $\theta = \alpha$ に対応する点以外に共有点

をもたず, T_1 は T_2 の上側にある.

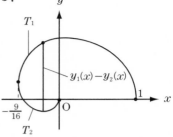

$\theta = 0$ のとき $\mathrm{M}(1,0)$, $\theta = \pi$ のとき $\mathrm{M}(0,0)$ から, T の概形は図のように

なる. 求める面積 S は, $\beta = -\dfrac{9}{16}$ として

$$S = \int_\beta^0 \{y_1(x) - y_2(x)\}dx + \int_0^1 y_1(x)dx$$

$$= \int_\beta^1 y_1(x)dx - \int_\beta^0 y_2(x)dx$$

となる. $f(\theta) = \dfrac{\cos\theta + \cos 2\theta}{2}, g(\theta) = \dfrac{\sin\theta + \sin 2\theta}{2}$ とおいて, θ についての積

分に直すと,

$$S = \int_\alpha^0 g(\theta)f'(\theta)d\theta - \int_\alpha^\pi g(\theta)f'(\theta)d\theta$$

$$= \int_0^\alpha -g(\theta)f'(\theta)d\theta + \int_\alpha^\pi -g(\theta)f'(\theta)d\theta$$

$$= \int_0^\pi -g(\theta)f'(\theta)d\theta$$

$$= \int_0^\pi \frac{-\sin\theta - \sin 2\theta}{2} \cdot \frac{-\sin\theta - 2\sin 2\theta}{2}d\theta$$

$$= \frac{1}{4}\int_0^\pi \left(\sin^2\theta + 3\sin\theta\sin 2\theta + 2\sin^2 2\theta\right)d\theta$$

$$= \frac{1}{4}\int_0^\pi \left\{\frac{1 - \cos 2\theta}{2} + \frac{3}{2}\left(\cos\theta - \frac{1}{3}\cos 3\theta\right) + 1 - \cos 4\theta\right\}d\theta$$

$$= \frac{1}{4}\left[\frac{3}{2}\theta - \frac{1}{4}\sin 2\theta + \frac{3}{2}\left(\sin\theta - \frac{1}{3}\sin 3\theta\right) - \frac{1}{4}\sin 4\theta\right]_0^\pi = \frac{3}{8}\pi$$

第4回【第6問】（山の分割）～～～～～～～～～～～～～～～～～～～～

　n 個のコインからなる山を，２つの山に分ける．それぞれの山に含まれるコインの個数を数えて，それらの積を紙に記録する．さらに，それぞれのコインの山を２つに分け，分けた山それぞれに含まれるコインの個数を数えて，それらの積を記録する．この作業を繰り返し，すべての山が１個のコインだけになるまで続ける．「１つのコインの山を２つに分け，分けた２つの山に含まれるコインの個数の積を記録する」作業を「山の分割」と呼ぶことにする．山の分割の繰り返しが終了した時点で，記録した数のすべての和を X_n とする．ただし，$X_1 = 0$ と定義する．

(1) X_2，X_3，X_4，X_5 を求めよ．

(2) ひとつの n の値に対して，山の分割を繰り返す手順は複数の方法が考えられるが，いかなる分割方法を選択しても X_n がひとつに決まることを証明し，X_n を求めよ．

～～～ 答 案 例 ～～～～～～～～～～～～～～～～～～～～～～～～～

(1)　(6点)

$n = 2$ のとき；$X_2 = 1 \times 1 = 1$

$n = 3$ のとき；$X_3 = 1 \times 2 + 1 \times 1 = 3$

$n = 4$ のとき；$X_4 = 1 \times 3 + 1 \times 2 + 1 \times 1 = 6$

　　　　　あるいは $X_4 = 2 \times 2 + 1 \times 1 + 1 \times 1 = 6$

$n = 5$ のとき；$X_5 = 1 \times 4 + 1 \times 3 + 1 \times 2 + 1 \times 1 = 10$

　　　　　あるいは $X_5 = 2 \times 3 + 1 \times 2 + 1 \times 1 + 1 \times 1 = 10$

(2) (14点)

　n 個のコインからなる山に対して，山の分割の繰り返しが終了した時点までに，山の分割は必ず $n-1$ 回行われる．

　ここで，n 個のコインからなる山を最初に k 枚と $n-k$ 枚の２つの山に分割することを考えると，$0 < k < n$ に対して，

$$X_n = X_k + X_{n-k} + k(n-k) \quad \cdots\cdots\text{①}$$

が成り立つ．$X_2 = 1$，$X_3 = 3$，$X_4 = 6$，$X_5 = 10$ などから，

$$X_n - X_{n-1} = n-1 \quad \cdots\cdots ②$$

と予想される．仮説②を認めれば，$n \geq 2$ のとき

$$X_n = X_1 + \sum_{m=1}^{n-1}\left(X_{m+1} - X_m\right) = 0 + \sum_{m=1}^{n-1} m = \frac{1}{2}(n-1)n \quad \cdots\cdots ③$$

となる．任意の自然数 n について③が正しいことを数学的帰納法を用いて証明するには，任意の自然数 k $(k < n)$ について③を仮定すると必ず①の右辺が $\dfrac{1}{2}(n-1)n$ になることを示せばよい．

数学的帰納法の仮定から，

$$X_k = \frac{1}{2}(k-1)k , \quad X_{n-k} = \frac{1}{2}(n-k-1)(n-k)$$

であり，①の右辺は

$$
\begin{aligned}
X_k + X_{n-k} + k(n-k) &= \frac{1}{2}(k-1)k + \frac{1}{2}(n-k-1)(n-k) + k(n-k) \\
&= \frac{1}{2}\left\{(k-1)k + (n-k-1)(n-k) + 2k(n-k)\right\} \\
&= \frac{1}{2}(n-1)n
\end{aligned}
$$

となる．

　以上から，いかなる分割方法を選択しても

$$X_n = \frac{1}{2}(n-1)n$$

である．

(1) $[X_2]$　2個のコインが 1個ずつに分かれるので：　$X_2 = |x| = 1$

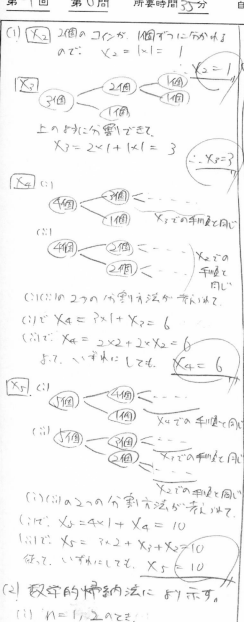

$X_2 = 1$ (※)

$[X_3]$

上のように分割できて、
$X_3 = 2 \times 1 + |x| = 3$

$\therefore X_3 = 3$

$[X_4]$ (i)

(ii)

X_3での手順と同じ

X_2での手順と同じ

(i)(ii)の2つの分割方法が考えられて、

(i)で $X_4 = 2 \times 1 + X_3 = 6$
(ii)で $X_4 = 2 \times 2 + 2 \times X_2 = 6$
よって、いずれにしても、$X_4 = 6$

$[X_5]$. (i)

X_4での手順と同じ

(ii)

X_3での手順と同じ

X_2での手順と同じ

(i)(ii)の2つの分割方法が考えられて、

(i)で $X_5 = 4 \times 1 + X_4 = 10$
(ii)で $X_5 = 3 \times 2 + X_3 + X_2 = 10$
従って、いずれにしても、$X_5 = 10$

(2) 数学的帰納法により示す。

(i) $n = 1, 2$ のとき
$X_1 = 0, X_2 = 1$ より 1つに定まる。

(ii) $n \le k$ のときに、累積帰納法 過程より、X_k が 1つに定まると仮定する。

このとき、$n = k+1$ において X_{k+1} が1つに定まることを示す。

$n = \ell \; (\le k)$ のとき、右のような分割の仕方があるので、

$X_\ell = (\ell - 1) + X_{\ell - 1}$

仮定より、X_ℓ は上式により与えられる数値ただ1つに定まる。
（これは、$1 \le \ell \le k$ をみたす全ての ℓ について成立）

$n = k+1$ のとき、

上のような分割の仕方がある。
（m は、$2 \le m \le k$ をみたす）

これより、$X_{k+1} = m(k - m + 1) + X_m + X_{k-m+1}$ … ①

一方、次のような分割も考える。

このとき、
$X_{k+1} = (m-1)(k-m+2) + X_{m-1} + X_{k-m+2}$ … ②

①、②が等しくなることを示せばよい。

(※) より、$\begin{cases} X_m = (m-1) + X_{m-1} \\ X_{k-m+2} = (k-m+1) + X_{k-m+1} \end{cases}$ が成立するから、

②で $(m-1)(k-m+2) + X_{m-1} + X_{k-m+2}$
$= (m-1)(k-m+2) + X_m - (m-1) + (k-m+1) + X_{k-m+1}$
$= m(k-m+1) + X_m + X_{k-m+1}$

よって、①②は等しい。これら $2 \le m \le k$ の中に、$n = k+1$ のときも、X_{k+1} が 1つに 全てのmについて 定まるので、数学的帰納法より、全ての n について、X_n はひとつに定まる。

123

②

n 個のコインを $(n-1)$ 個と 1 個に分ける場合を考えれば、

$$X_n = X_{n-1} + (n-1) \quad \text{と書ける}$$

よって、

$$X_n = X_1 + \sum_{k=2}^{n}(k-1)$$

$$= \sum_{k=1}^{n}(k-1) \quad \left(\begin{array}{c} \because X_1=0 \\ \text{かつ} \\ k=1\text{のとき} \\ k-1=0 \end{array}\right)$$

$$= \frac{1}{2}n(n+1) - n$$

$$= \frac{1}{2}n(n-1) \quad (n \geq 2)$$

$n=1$ のとき、上式に代入すると、$X_1 = 0$ であるので $n=1$ のときも成立

従って、$X_n = \frac{1}{2}n(n-1)$

OK.

Logic の整理.

$n \leq k$ において仮定.

$n = k+1$ のとき、X_{k+1} のつくり方は、

① = ② が

すべての $2 \leq m \leq k$

なる m について成立.

補題 (*) を利用.

(*) の部分を【補題】と呼んで、

【補題】の宣言、その証明、その利用　という流れにかくと.

数学の香り ただよう.

第５回

解説・答案例・指導例

　第５回のセットもまた【１】は極限からの開幕．今度は確率と極限．結論は自明なので，手抜きない論述ができるかが評価上のポイントと考えている．

　【２】は，図形問題を多変数の最大値問題と絡めたもの．

　【３】は，メネラウスの定理を３次元に拡張した命題についての出題．検定教科書に掲載されている事実を拡張するという問題設定は，難関校ではよく見かける出題方法．

　【４】は，代数方程式の複素数解について問いかけるもの．(2)は z について調べれば足りるのであるが，z^6 を調べようと誘い込まれる人が多い．

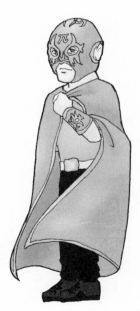

　【５】は２次曲線（円錐曲線）の定義に絡めた軌跡の問題．一連のシリーズの中で，手を替え品を替え，何度か出題している．

　【６】は，双曲線関数における加法定理と，三角関数におけるチェビシェフ多項式が双曲線関数にも同じように適用できることを出題した．私としてはお気に入りの問題．

第5回【第1問】（確率と極限）∽∽∽∽∽∽∽∽∽∽∽∽∽∽∽∽∽∽∽∽∽

n 枚のカードがあり，1 から n までの番号が 1 つずつ書いてある.
この中から無作為に 1 枚のカードを引くことを繰り返し，その番号を記録
する.

(1) 引いたカードをいちいち元に戻しながら n 回引いたとき，1 から n ま
でのすべての番号が現れる確率を $p(n)$ とする.

$p(n)$ および $\displaystyle\lim_{n \to \infty} p(n)$ を求めよ.

(2) 引いたカードを戻すことなく n 回引いたとき，n 個の番号を順に
$a_1, a_2, \cdots a_n$ とする. このとき，次の条件（＊）をみたす確率 $q(n)$ および
$\displaystyle\lim_{n \to \infty} q(n)$ を求めよ.

（＊）任意の $k\ (1 \leq k \leq n)$ について以下が成り立つ.

$a_1, a_2, \cdots a_k$ の最大値と最小値の差が $k-1$ である.

∽∽∽∽ 答案例 ∽∽∽∽∽∽∽∽∽∽∽∽∽∽∽∽∽∽∽∽∽∽∽∽∽∽∽∽∽∽∽∽∽

(1) （8点）

n 回の復元抽出により，カードの取り出し方は全部で n^n 通り. このう
ち，1 から n までのすべての番号が現れるのは $n!$ 通りであるから，

$$p(n) = \frac{n!}{n^n}$$

また，$n \geq 2$ のとき（下線部は 1 より小さいものの積である）

$$0 < p(n) = \underline{\frac{n}{n} \cdot \frac{n-1}{n} \cdot \frac{n-2}{n} \cdot \cdots \cdot \frac{2}{n}} \cdot \frac{1}{n} < \frac{1}{n} \to 0 (n \to \infty)$$

はさみうちの原理により，$\displaystyle\lim_{n \to \infty} p(n) = 0$

(2) （12点）

n 回の非復元抽出により，カードの取り出し方は全部で $n!$ 通り.
条件（＊）は，

$k = 1$ のとき $\{a_1\}$ の最大値と最小値の差が 0

$k = 2$ のとき $\{a_1, a_2\}$ の最大値と最小値の差が 1

126

$k=3$ のとき $\{a_1, a_2, a_3\}$ の最大値と最小値の差が 2

$\qquad \vdots \qquad\qquad \vdots \qquad\qquad \vdots$

$k=n$ のとき $\{a_1, a_2, \cdots a_n\}$ の最大値と最小値の差が $n-1$

ということである.

　$\{a_1, \cdots a_{n-1}\}$ の中に 1 と n がともに現れることはないが,

　$\{a_1, \cdots, a_{n-1}, a_n\}$ の中には 1 と n があるから,

　　　$a_n = 1$ or n である. 同様に,

　$a_n = 1$ のとき $a_{n-1} = 2$ or n

　$a_n = n$ のとき $a_{n-1} = 1$ or $n-1$

などとなっていくので, $a_n, a_{n-1}, \cdots, a_3, a_2$ までは, 可能性が 2 通りずつ

分岐し, a_1 は唯一に決まる. よって, $q(n) = \dfrac{2^{n-1} \cdot 1}{n!}$

また, $n \geq 3$ のとき (下線部は 1 より小さいものの積である)

$$0 < q(n) = \underline{\frac{2}{1} \cdot \frac{2}{2} \cdot \frac{2}{3} \cdot \frac{2}{4} \cdot \cdots \cdot \frac{2}{n-1}} \cdot \frac{1}{n} \leq \frac{2}{n} \to 0 \, (n \to \infty)$$

はさみうちの原理により, $\displaystyle \lim_{n \to \infty} q(n) = 0$

参　考

(2)を, 樹形図で考える.

$n = 4, 5$ の例を示す.

$a_1 \; a_2 \; a_3 \; a_4$

```
4-3
3-4 >2
       >1
3-2
2-3 >4

3-2
2-3 >1
       >4
2-1
1-2 >3
```

$a_1 \; a_2 \; a_3 \; a_4 \; a_5$

```
5-4
4-5 >3
       >2
4-3
3-4 >5
          >1
4-3
3-4 >2
       >5
3-2
2-3 >4

4-3
3-4 >2
       >1
3-2
2-3 >4
          >5
3-2
2-3 >1
       >4
2-1
1-2 >3
```

第５回【第２問】 （回転体の体積を最大にする場合）〜〜〜〜〜〜〜〜

　周の長さが一定値 a である三角形を作り，そのうちの一辺を軸として三角形を回転させる．このようにして作られる回転体の体積が最大となるとき，三角形の３辺の比を求めよ．

〜〜〜〜 答案例 〜〜〜〜〜〜〜〜〜〜〜〜〜〜〜〜〜〜〜〜〜〜〜〜〜〜〜〜〜〜〜〜

（20点）

　$\triangle ABC(AB+BC+CA=a)$ を考え，
BC を軸として回転させたときの
体積を V とする．A から BC への
垂線の足を H とする．

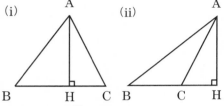

（ⅰ）のとき；　$V=\dfrac{1}{3}\pi AH^2 \cdot BH+\dfrac{1}{3}\pi AH^2 \cdot CH=\dfrac{\pi}{3}AH^2 \cdot BC$

（ⅱ）のとき；　$V=\dfrac{1}{3}\pi AH^2 \cdot BH-\dfrac{1}{3}\pi AH^2 \cdot CH=\dfrac{\pi}{3}AH^2 \cdot BC$

　よって，いずれにしても $V=\dfrac{\pi}{3}AH^2 \cdot BC$ である．

　ここで $BC=x$ とおき，x を固定したまま頂点 A を動かす．
$AB+AC=a-x$ は一定値であるから，A は B,C を焦点とする楕円上にある．したがって AH が最大になるのは $AB=AC=\dfrac{a-x}{2}$
のときである．このとき

$$AH^2 = AB^2 - BH^2$$

$$=\left(\dfrac{a-x}{2}\right)^2-\left(\dfrac{x}{2}\right)^2=\dfrac{1}{4}a(a-x)$$

$$V=\dfrac{\pi}{3}\cdot\dfrac{1}{4}a(a-x)\cdot x$$

次に固定していた x を動かして V を最大にする．（$0<x<\dfrac{a}{2}$）

$$V=\dfrac{\pi a}{6}x\left(\dfrac{a}{2}-x\right)=\dfrac{\pi a}{6}\left\{-\left(x-\dfrac{a}{4}\right)^2+\dfrac{a}{16}^2\right\}$$

$x=\dfrac{a}{4}$ のとき V は最大値 $\dfrac{\pi a^3}{96}$ をとる．

このときの３辺の比は

$$BC:CA:AB=x:\dfrac{a-x}{2}:\dfrac{a-x}{2}=\dfrac{a}{4}:\dfrac{3a}{8}:\dfrac{3a}{8}=2:3:3$$

回転軸の辺を定めたとき, 残りの
2辺の位置関係は（主に）次の2つの
場合が ある。

文字 b, S, t を用いて(i)(ii)に
ついて 辺の長さを設定すると,
作れる 回転体の体積 V は,

(i) $V = \frac{1}{3}\pi S^2 t + \frac{1}{3}\pi S^2(b-t)$
　　　$= \frac{1}{3}\pi S^2 b$

(ii) $V = \frac{1}{3}\pi S^2(b+t) - \frac{1}{3}\pi S^2 t$
　　　$= \frac{1}{3}\pi S^2 b$

よって, (i)(ii) のいずれについても,
点A と BC 間の距離 S と, BC の長さb
の積が Max になる S と b を決め
ればよいことに なる。 OK.

b を固定すると, $(0 < b < a)$
$AB + AC = a - b$ 〔一定〕
よって, 2つの線分の長さの和が
一定 になるように Aは動くので,
A の軌跡は下図のようにだ円に
なる。

Aが軸の上側
を動くとすれば
長さ S が Max
になるのは, A が
左図のA' の
位置に いるとき
である。

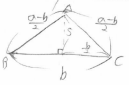

このとき, 三平方の定理より,

$V = \frac{1}{3}\pi S^2 b$

　$= \frac{1}{3}\pi \left[\left(\frac{a-b}{2}\right)^2 - \left(\frac{b}{2}\right)^2\right] \cdot b$

　$= \cdots = \frac{\pi}{12} a b\left(b - \frac{a}{2}\right)$

これを b についての 2次関数と みると,

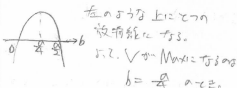

左のような 上に とつの
放物線に なる。
よって, V が Maxになるのは
$b = \frac{a}{4}$ のとき。

よって, このとき 三角形の 3辺の比は

$\frac{a-b}{2} : \frac{a-b}{2} : b$

$= \frac{3}{8}a : \frac{3}{8}a : \frac{a}{4}$

$= 3 : 3 : 2$

また, $|3-2| < 3 < |3+2|$ より,
三角形の 成立条件を みたしている。

$3 : 3 : 2$

第5回【第3問】 （四面体上でメネラウスの定理）⇜⇜⇜⇜⇜⇜⇜⇜⇜⇜

　四面体 ABCD の辺 AB, BD, DC, CA 上に点 K, L, M, N を次のようにとる.

$$AK : KB = k : 1 - k \quad (0 < k < 1)$$

$$BL : LD = l : 1 - l \quad (0 < l < 1)$$

$$DM : MC = m : 1 - m \quad (0 < m < 1)$$

$$CN : NA = n : 1 - n \quad (0 < n < 1)$$

(1) 4点 K, L, M, N が同一平面上にあるとき, k, l, m, n の満たす関係式を求めよ.

(2) (1)のとき, $\dfrac{KB}{AK} \cdot \dfrac{LD}{BL} \cdot \dfrac{MC}{DM} \cdot \dfrac{NA}{CN}$ の値が一定であることを示せ.

⇜⇜ 答 案 例 ⇜⇜⇜⇜⇜⇜⇜⇜⇜⇜⇜⇜⇜⇜⇜⇜⇜⇜⇜⇜⇜⇜

(1) （14点）

　$\overrightarrow{AB} = \vec{b}$, $\overrightarrow{AC} = \vec{c}$, $\overrightarrow{AD} = \vec{d}$ とおくと,

$$\overrightarrow{AK} = k\,\vec{b}, \quad \overrightarrow{AL} = (1-l)\,\vec{b} + l\,\vec{d}$$

$$\overrightarrow{AM} = m\,\vec{c} + (1-m)\,\vec{d}, \quad \overrightarrow{AN} = (1-n)\,\vec{c}$$

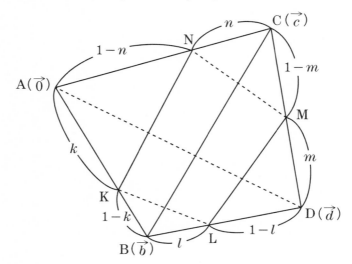

4 点 K, L, M, N が同一平面上

⇔ 3 点 K, L, N の定める平面上に M がある.

⇔ $\overrightarrow{KM} = \alpha \overrightarrow{KL} + \beta \overrightarrow{KN}$ ……（＊）となる実数 α, β が存在する.

ここで，（＊）を $\overrightarrow{b}, \overrightarrow{c}, \overrightarrow{d}$ で表すと，

$$\overrightarrow{AM} - \overrightarrow{AK} = \alpha\left(\overrightarrow{AL} - \overrightarrow{AK}\right) + \beta\left(\overrightarrow{AN} - \overrightarrow{AK}\right)$$

$$m\overrightarrow{c} + (1-m)\overrightarrow{d} - k\overrightarrow{b} = \alpha\left\{(1-l-k)\overrightarrow{b} + l\overrightarrow{d}\right\} + \beta\left\{(1-n)\overrightarrow{c} - k\overrightarrow{b}\right\}$$

$\overrightarrow{b}, \overrightarrow{c}, \overrightarrow{d}$ は 1 次独立だから，

$$-k = \alpha(1-k-l) - \beta k \quad \cdots\cdots ①$$

$$m = \beta(1-n) \qquad\qquad \cdots\cdots ②$$

$$1 - m = \alpha l \qquad\qquad\quad \cdots\cdots ③$$

②，③より，$\alpha = \dfrac{1-m}{l}$, $\beta = \dfrac{m}{1-n}$

①に代入して

$$-k = \frac{1-m}{l} \cdot (1-k-l) - \frac{m}{1-n} \cdot k$$

$$-kl(1-n) = (1-m)(1-n)(1-k-l) - klm$$

$$1 - (k+l+m+n) + (kl + km + kn + lm + ln + mn)$$

$$- (klm + lmn + mnk + nkl) = 0$$

(2) （6点）

両辺に $klmn$ を加えて，左辺を因数分解すると，

$$(1-k)(1-l)(1-n)(1-m) = klmn$$

$\therefore$ $\dfrac{1-k}{k} \cdot \dfrac{1-l}{l} \cdot \dfrac{1-m}{m} \cdot \dfrac{1-n}{n} = 1$

$\therefore$ $\dfrac{KB}{AK} \cdot \dfrac{LD}{BL} \cdot \dfrac{MC}{DM} \cdot \dfrac{NA}{CN} = 1$

よって，命題は示された.

1° △ABD を含む平面を π_1 ，△ACD を含む平面を π_2 ，π_1, π_2 の交線を γ とする．K, L, M, N が同一平面上にあるとき，この平面を π とおく．

2° $1-k=l$ かつ $1-m=n$ のとき，$k=1-l, m=1-n$ でもあるから，

$$(1-k)(1-l)(1-n)(1-m) = klmn$$

すなわち(2)の条件式が成り立つ．このとき，

$$KL \parallel AD \parallel \gamma$$

$$MN \parallel AD \parallel \gamma$$

が成り立っている．

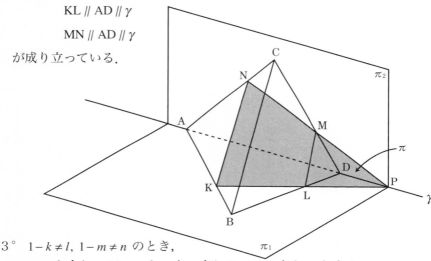

3° $1-k \neq l, \ 1-m \neq n$ のとき，

KLMN を含む π は，γ と 1 点で交わる．この点を P とする．

4° 平面 π_1 内の △ABD と直線 KLP について，メネラウスの定理を用い，

$$\frac{KB}{AK} \cdot \frac{LD}{BL} \cdot \frac{PA}{DP} = 1$$

平面 π_2 内の △ACD と直線 MNP について，メネラウスの定理を用い，

$$\frac{MC}{DM} \cdot \frac{NA}{CN} \cdot \frac{PD}{AP} = 1$$

これらを辺ごとにかけると，$\left(\dfrac{KB}{AK} \cdot \dfrac{LD}{BL} \cdot \dfrac{PA}{DP} \right)\left(\dfrac{MC}{DM} \cdot \dfrac{LD}{BL} \cdot \dfrac{PD}{AP} \right) = 1$

$\dfrac{KB}{AK} \cdot \dfrac{LD}{BL} \cdot \dfrac{MC}{DM} \cdot \dfrac{NA}{CN} = 1$ を得る．（四面体上でのメネラウスの定理）

(1)

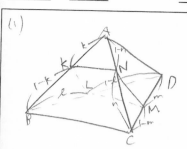

$\overrightarrow{AB} = \vec{b}$, $\overrightarrow{AC} = \vec{c}$, $\overrightarrow{AD} = \vec{d}$ とすると

$\overrightarrow{KN} = -k\vec{b} + (1-n)\vec{c}$

$\overrightarrow{KL} = (1-k-\ell)\vec{b} + \ell\vec{d}$

$\overrightarrow{NM} = (m+n-1)\vec{c} + (1-m)\vec{d}$

$\overrightarrow{LM} = (\ell-1)\vec{b} + m\vec{c} + (-\ell-m+1)\vec{d}$

$\overrightarrow{KN}$, $\overrightarrow{KL}$ は 1次独立のベクトルで,

$\overrightarrow{KN} \neq \vec{0}$, $\overrightarrow{KL} \neq \vec{0}$ より, 実数 s, t, u, v
を用いて,

$\begin{cases} \overrightarrow{NM} = s\overrightarrow{KN} + t\overrightarrow{KL} \cdots ① \\ \overrightarrow{LM} = u\overrightarrow{KN} + v\overrightarrow{KL} \cdots ② \end{cases}$ で表せる。

①より,

$(m+n-1)\vec{c} + (1-m)\vec{d}$

$= (-ks + (1-k-\ell)t)\vec{b} + (1-n)s\vec{c} + \ell t\vec{d}$

②より,

$(\ell-1)\vec{b} + m\vec{c} + (-\ell-m+1)\vec{d}$

$= (-ku + (1-k-\ell)v)\vec{b} + (1-n)u\vec{c} + \ell v\vec{d}$

$\vec{b}, \vec{c}, \vec{d}$ は 1次独立のベクトルで

$\vec{b} \neq \vec{0}$, $\vec{c} \neq \vec{0}$, $\vec{d} \neq \vec{0}$ より 係数の一致から,

$\begin{cases} -ks + (1-k-\ell)t = 0 \\ m+n-1 = (1-n)s \\ 1-m = \ell t \\ -ku + (1-k-\ell)v = \ell-1 \\ m = (1-n)u \\ -\ell-m+1 = \ell v \end{cases}$

これより s, t, u, v を消去すると, k, ℓ, m, n
の満たす関係式は,

$(m+n-1)(k-1)(\ell-1) + mn(k+\ell-1) = 0$

(2) $\dfrac{KB}{AK} \cdot \dfrac{LD}{BL} \cdot \dfrac{MC}{DM} \cdot \dfrac{NA}{CN}$

$= \dfrac{1-k}{k} \cdot \dfrac{1-\ell}{\ell} \cdot \dfrac{1-m}{m} \cdot \dfrac{1-n}{n}$

(1)で, □2を $k\ell mn (\neq 0)$ で割ると

$\dfrac{m+n-1}{mn} \cdot \dfrac{1-k}{k} \cdot \dfrac{1-\ell}{\ell} + \dfrac{k+\ell-1}{k\ell} = 0$.

変形して,

$\dfrac{m+n-1}{mn} \cdot \dfrac{1-k}{k} \cdot \dfrac{1-\ell}{\ell} - \left\{ \dfrac{1-k}{k} \cdot \dfrac{1-\ell}{\ell} - 1 \right\} = 0$.

$\left\{ \dfrac{m+n-1}{mn} + 1 \right\} \cdot \dfrac{1-k}{k} \cdot \dfrac{1-\ell}{\ell} = 1$

$\therefore \dfrac{1-k}{k} \cdot \dfrac{1-\ell}{\ell} \cdot \dfrac{1-m}{m} \cdot \dfrac{1-n}{n} = 1$

(一定)

よって 示せた //

メネラウスの定理を
3次元に
拡張したもの

133

第5回【第4問】（方程式の複素数解と絶対値）

z は 0 でない複素数で，方程式 $(1+z)^6 = 1 + z^6$ の解である．

(1)　n が自然数のとき $z^n + \dfrac{1}{z^n}$ が実数となることを示せ．

(2)　$\left|z^6\right| = 1$ であることを示せ．

　注：複素数 $z = x + yi \, (x, y \in \mathbb{R})$ に対して，

　　　$|z| = \sqrt{x^2 + y^2}$ と定め，これを複素数 z の絶対値という．

〜〜〜　答案例1　〜〜〜〜〜〜〜〜〜〜〜〜〜〜〜〜〜〜〜〜〜〜〜〜〜〜〜〜〜〜〜〜〜〜〜〜〜〜〜

(1)　（12点）
$$(1+z)^6 = \sum_{r=0}^{6} {}_6\mathrm{C}_r z^r$$
$$= 1 + 6z + 15z^2 + 20z^3 + 15z^4 + 6z^5 + z^6$$

したがって
$$\text{与式} \quad \Leftrightarrow \quad z\left(6z^4 + 15z^3 + 20z^2 + 15z + 6\right) = 0$$

$z \neq 0$ だから，z は方程式
$$6z^4 + 15z^3 + 20z^2 + 15z + 6 = 0$$

の解である．両辺を $z^2 (\neq 0)$ で割って，$z + \dfrac{1}{z} = t$ とおくと，

$z^2 + \dfrac{1}{z^2} = t^2 - 2$ により
$$6\left(t^2 - 2\right) + 15t + 20 = 0$$
$$\therefore \quad 6t^2 + 15t + 8 = 0$$
$$t = \frac{-15 \pm \sqrt{33}}{12}$$

ここで，$z^n + \dfrac{1}{z^n} = a_n$ とおくと，
$$z^{n+2} + \frac{1}{z^{n+2}} = \left(z^{n+1} + \frac{1}{z^{n+1}}\right)\left(z + \frac{1}{z}\right) - \left(z^n + \frac{1}{z^n}\right)$$
により
$$a_{n+2} = a_1 \cdot a_{n+1} - a_n \quad \cdots (*)$$

ここで $a_1 = z + \dfrac{1}{z} = t$ は実数

$$a_2 = z^2 + \frac{1}{z^2} = \left(z + \frac{1}{z} \right)^2 - 2 = t^2 - 2 \ \text{も実数}$$

であるから，漸化式(∗)によりすべての n で

$$a_n = z^n + \frac{1}{z^n} \ \text{は実数}$$

となる．

(2)　（8点）

$$z + \frac{1}{z} = t \left(= \frac{-15 \pm \sqrt{33}}{12} \right) \ \text{より}$$

$z^2 - tz + 1 = 0$

$z = \dfrac{t \pm \sqrt{t^2 - 4}}{2}$

ここで　（以下では複号同順）

$$t^2 - 4 = \left(\frac{-15 \pm \sqrt{33}}{12} + 2 \right) \left(\frac{-15 \pm \sqrt{33}}{12} - 2 \right)$$

$$= \frac{9 \pm \sqrt{33}}{12} \cdot \frac{-39 \pm \sqrt{33}}{12} < 0$$

であるから　$z = \dfrac{t \pm \sqrt{4 - t^2}\, i}{2}$

$$|z|^2 = \left(\frac{t}{2} \right)^2 + \left(\frac{\sqrt{4 - t^2}}{2} \right)^2 = \frac{t^2}{4} + \frac{4 - t^2}{4} = 1$$

$$\therefore \ |z| = 1 \qquad \left| z^6 \right| = |z|^6 = 1$$

となる．

(2) $z + \dfrac{1}{z} = \mathbb{R}$ より，

$$z + \frac{1}{z} = \overline{z + \frac{1}{z}} = \overline{z} + \frac{1}{\overline{z}}$$

$$z - \frac{1}{z} = \overline{z} - \frac{1}{\overline{z}} = \frac{z - \overline{z}}{z\,\overline{z}}$$

$$\left(z - \overline{z}\right)\left(1 - \frac{1}{z\,\overline{z}}\right) = 0$$

$z \neq 0$ のとき $z \notin \mathbb{R}$ なので $z \neq \overline{z}$

$$\therefore\ z\,\overline{z} = 1 \qquad |z| = 1 \qquad |z|^6 = 1$$

(2) $z = r(\cos\theta + i\sin\theta)$ $(r > 0)$ とおくと，

$$\frac{1}{z} = \frac{1}{r}(\cos\theta - i\sin\theta)$$

$$z + \frac{1}{z} = \left(r\cos\theta + \frac{1}{r}\cos\theta\right) + i\left(r\sin\theta - \frac{1}{r}\sin\theta\right)$$

$z + \dfrac{1}{z} \in \mathbb{R}$ より $\left(r - \dfrac{1}{r}\right)\sin\theta = 0$

$\sin\theta = 0$ であるとすると $z \in \mathbb{R}$ となって不適当なので

$$\sin\theta \neq 0 \qquad \therefore r = \frac{1}{r}$$

$r > 0$ より $r = 1$

$$\therefore\ |z| = 1 \qquad |z|^6 = 1$$

(2)は めっちゃ強引な解答。減点される。

評価 /

(1) $(1+Z)^6 = Z^6 + 6Z^5 + 15Z^4 + 20Z^3$
$\qquad + 15Z^2 + 6Z + 1$ より

$(1+Z)^6 = 1 + Z^6$ のとき

$6Z^5 + 15Z^4 + 20Z^3 + 15Z^2 + 6Z = 0$

ここで、与(件)より $Z \neq 0$ なので、両々を Z^3 で割ると、

$6Z^2 + 15Z + 20 + 15 \cdot \dfrac{1}{Z} + 6 \cdot \dfrac{1}{Z^2} = 0$

$6\left(Z^2 + \dfrac{1}{Z^2}\right) + 15\left(Z + \dfrac{1}{Z}\right) + 20 = 0$

$Z + \dfrac{1}{Z} = t$ とおくと、

$\left(Z + \dfrac{1}{Z}\right)^2 = t^2$

$\therefore Z^2 + \dfrac{1}{Z^2} = t^2 - 2$

よって $6(t^2 - 2) + 15t + 20 = 0$

$\therefore 6t^2 + 15t + 8 = 0$

$\therefore Z + \dfrac{1}{Z} = t = \dfrac{-15 \pm \sqrt{33}}{12}$ ────OK

$Z^n + \dfrac{1}{Z^n}$ が実数となることを 数学的帰納法により 示す。

(i) $Z = 1$ のとき $Z + \dfrac{1}{Z} = \dfrac{-15 \pm \sqrt{33}}{12}$ より実数

$Z = 2$ のとき、$Z^2 + \dfrac{1}{Z^2} = \dfrac{-15 \pm \sqrt{33}}{12} - 2$ より
$\qquad\qquad\qquad\qquad\qquad$ 実数

(ii) $Z = k-1, k$ のとき
$Z^{k-1} + \dfrac{1}{Z^{k-1}}$, $Z^k + \dfrac{1}{Z^k}$ が実数であって仮定する。

このとき、$Z = k+1$ のときに $Z^{k+1} + \dfrac{1}{Z^{k+1}}$
が実数となることを示す。

$Z^{k+1} + \dfrac{1}{Z^{k+1}} = \left(Z^k + \dfrac{1}{Z^k}\right)\left(Z + \dfrac{1}{Z}\right) - \left(Z^{k-1} + \dfrac{1}{Z^{k-1}}\right)$

$Z^k + \dfrac{1}{Z^k}$, $Z + \dfrac{1}{Z}$, $Z^{k-1} + \dfrac{1}{Z^{k-1}}$ が全て
実数なので、$Z^{k+1} + \dfrac{1}{Z^{k+1}}$ も実数。

(i)(ii)より、数学的帰納法より、
全ての自然数 n について $Z^n + \dfrac{1}{Z^n}$ が実数。

(2) ① $Z + \dfrac{1}{Z} = \dfrac{-15 + \sqrt{33}}{12}$ のとき

$Z^2 + \dfrac{1}{Z^2} = \dfrac{-15 + \sqrt{33}}{12} - 2 = \dfrac{-39 + \sqrt{33}}{12}$

よって、

$Z^3 + \dfrac{1}{Z^3} = \left(Z + \dfrac{1}{Z}\right)\left(Z^2 + \dfrac{1}{Z^2} - 1\right)$

$\qquad = \dfrac{-15 + \sqrt{33}}{12} \cdot \dfrac{-51 + \sqrt{33}}{12}$

$\qquad = \dfrac{133 - 11\sqrt{33}}{24}$

$\therefore (Z^3)^2 - \dfrac{133 - 11\sqrt{33}}{24} Z^3 + 1 = 0$

$\therefore 24(Z^3)^2 - (133 - 11\sqrt{33})Z^3 + 24 = 0$

Z^3 についての 2次方程式 とみると、

$Z^3 = \dfrac{133 - 11\sqrt{33} \pm \sqrt{2926\sqrt{33} - 19378}\, i}{48}$

よって、

$Z^6 = \dfrac{(133 - 11\sqrt{33})^2 - (2926\sqrt{33} - 19378) \pm 2(133 - 11\sqrt{33})\sqrt{2926\sqrt{33} - 19378}\, i}{48^2}$

$\qquad = \dfrac{41060 - 5852\sqrt{33} \pm 2(133 - 11\sqrt{33})\sqrt{2926\sqrt{33} - 19378}\, i}{48^2}$

これより

$|Z^6| = \sqrt{\dfrac{(41060 - 5852\sqrt{33})^2}{48^4} + \dfrac{4(133 - 11\sqrt{33})(2926\sqrt{33} - 19378)}{48^4}}$ ⊛

$\qquad = \sqrt{\dfrac{48^4}{48^4}}$

$\qquad = 1$
$\qquad\qquad$ うーん
$\qquad\qquad\qquad$ ごくろう
$\qquad\qquad\qquad\qquad$ さん。

$\therefore |Z^6| = 1$ ←

$|Z| = 1$ をいえば 十分

or

$|Z^2| = 1$

⊛ やったら合ってた (8枚代)

137

双曲線 $H : \dfrac{x^2}{a^2} - \dfrac{y^2}{b^2} = 1$ の焦点を $F(c,0)$, $F'(-c,0)$ $(c>0)$ とする.

H 上の点 P における接線 l をひき, F から l への垂線の足を Q とする.

P が H の全体にわたって動くとき, Q の軌跡を求めよ.

答案例1

（20点）

l に関する F の対称点を
F'' とすると,

　　　Q は FF'' の中点

　　　$PF'' = PF$

である.

　また, $\angle F'PF$ を l が
2 等分することから,

　　　P,F',F'' は一直線上

となる. すると,

$$\overline{F'F''} = \left| \overline{PF''} - \overline{PF'} \right|$$

$$= \left| \overline{PF} - \overline{PF'} \right|$$

$$= 2a \quad (焦点距離の差)$$

一方, $\overline{OQ} = \dfrac{1}{2}\left(\overline{OF} + \overline{OF''} \right) = \dfrac{1}{2}\left(-\overline{OF'} + \overline{OF''} \right) = \dfrac{1}{2}\overline{F'F''}$

なので, $\left| \overline{OQ} \right| = \dfrac{1}{2}\left| \overline{F'F''} \right| = a$

　つまり, Q は O を中心とする半径 r の円周上に乗っている. ただし, 接点 P が漸近線方向の無限遠方に向かう極限において, 接線 l は漸近線に限りなく近づく. したがって, l 上の点 Q が漸近線への垂線の足となることはない. 求める Q の軌跡は,

　　　円 $x^2 + y^2 = a^2$ のうち, 漸近線との 2 つの交点

　　　$\left(\dfrac{a^2}{\sqrt{a^2+b^2}}, \pm \dfrac{ab}{\sqrt{a^2+b^2}} \right)$ （複号任意）を除いたもの.

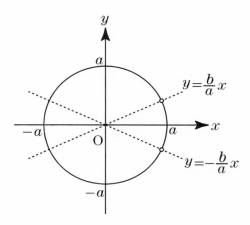

接点を $\mathrm{P}\left(\dfrac{a}{\cos\theta},\,b\tan\theta\right)$ とおくと，接線 l は

$$l:\frac{x}{a\cos\theta}-\frac{\tan\theta}{b}y=1\quad(\cos\theta\neq 0)$$

$$bx-a\sin\theta\cdot y=ab\cos\theta\ \cdots\cdots①$$

また，$\mathrm{F}(c,0)=\left(\sqrt{a^2+b^2},\,0\right)$ を通り l と直交する直線を m とすると，

$$a\sin\theta(x-c)+b\cdot y=0$$

$$a\sin\theta\cdot x+b\cdot y=ac\sin\theta\ \cdots\cdots②$$

①，②の交点 Q を求める．

$$\begin{pmatrix} b & -a\sin\theta \\ a\sin\theta & b \end{pmatrix}\begin{pmatrix} x \\ y \end{pmatrix}=a\begin{pmatrix} b\cos\theta \\ c\sin\theta \end{pmatrix}$$

$$\begin{pmatrix} x \\ y \end{pmatrix}=\frac{a}{b^2+a^2\sin^2\theta}\begin{pmatrix} b & a\sin\theta \\ -a\sin\theta & b \end{pmatrix}$$

$$=\frac{a}{b^2+a^2\sin^2\theta}\begin{pmatrix} b^2\cos\theta+ac\sin^2\theta \\ -ab\sin\theta\cos\theta+bc\sin\theta \end{pmatrix}$$

この $\mathrm{Q}(x,y)$ に対し，

$$\left(\frac{x}{a}\right)^2 + \left(\frac{y}{b}\right)^2 = \frac{\left(b^2\cos\theta + ac\sin^2\theta\right)^2 + \left(-ab\sin\theta\cos\theta + bc\sin\theta\right)^2}{\left(b^2 + a^2\sin^2\theta\right)^2}$$

$$= \frac{b^4\cos^2\theta + a^2b^2\sin^2\theta\cos^2\theta + c^2\left(a^2\sin^4\theta + b^2\sin^2\theta\right)}{\left(b^2 + a^2\sin^2\theta\right)^2}$$

$$= \frac{b^4\cos^2\theta + a^2b^2\sin^2\theta\cos^2\theta + \left(a^2 + b^2\right)\left(a^2\sin^4\theta + b^2\sin^2\theta\right)}{\left(b^2 + a^2\sin^2\theta\right)^2}$$

$$= \frac{b^4\left(\cos^2\theta + \sin^2\theta\right) + a^2b^2\sin^2\theta\left(\cos^2\theta + \sin^2\theta + 1\right) + a^4\sin^4\theta}{\left(b^2 + a^2\sin^2\theta\right)^2}$$

$$= \frac{b^4 + 2a^2b^2\sin^2\theta + a^4\sin^4\theta}{\left(b^2 + a^2\sin^2\theta\right)^2} = 1$$

$$\therefore \quad x^2 + y^2 = a^2$$

したがって点 Q は円を描く．ただし，$\cos\theta = 0, \sin\theta = \pm1$ に相当する点

$$\begin{pmatrix} x \\ y \end{pmatrix} = \frac{a}{a^2 + b^2}\begin{pmatrix} ac \\ \pm bc \end{pmatrix} = \frac{a}{\sqrt{a^2 + b^2}}\begin{pmatrix} a \\ \pm b \end{pmatrix}$$ を除く．

対称性から、P が x 軸より上側にある
場合 $(y \geq 0)$ を考え、そのときの Q の軌跡
と、それに x 軸に関して対称な部分の
軌跡を合わせれば、求める軌跡と
なる。

$\dfrac{x^2}{a^2} - \dfrac{y^2}{b^2} = 1$ を y について解くと

$$y = \pm \frac{b}{a}\sqrt{x^2 - a^2}$$

今、$y \geq 0$ について考えているので $y = \dfrac{b}{a}\sqrt{x^2-a^2}$

$f(x) = \dfrac{b}{a}\sqrt{x^2-a^2}$ とする。

実数全体を動く S を用いて、

$P\left(S, \dfrac{b}{a}\sqrt{S^2-a^2}\right)$ と表す。

$f'(x) = \dfrac{bx}{a\sqrt{x^2-a^2}}$ より $f'(S) = \dfrac{bS}{a\sqrt{S^2-a^2}}$

よって、ℓ の方程式は、

$$y = \frac{bS}{a\sqrt{S^2-a^2}}(x-S) + \frac{b}{a}\sqrt{S^2-a^2} \quad \cdots ①$$

一方、FQ の傾きは $-\dfrac{a\sqrt{S^2-a^2}}{bS}$ より、その方程式
は、

$$y = -\frac{a\sqrt{S^2-a^2}}{bS}(x-c) \quad \cdots ②$$

①, ② を連立して、

$$\begin{cases} x = \dfrac{a^2 c(S^2-a^2) + a^2 b^2 S}{b^2 S^2 + a^2(S^2-a^2)} \\[3mm] y = \dfrac{ab(cS - a^2)\sqrt{S^2-a^2}}{b^2 S^2 + a^2(S^2-a^2)} \end{cases}$$

この 2 式から、S を消去して、整理すると

双曲線上の点の媒介変数表示を
いくつか知っておくとよい。

$$1 + \tan^2\theta = \frac{1}{\cos^2\theta}$$

$$\left(\frac{e^x+e^{-x}}{2}\right)^2 - \left(\frac{e^x-e^{-x}}{2}\right)^2 = 1$$

あたりが利用できて、

$$\left(\frac{1}{\cos\theta}, \tan\theta\right), \quad \left(\frac{e^x+e^{-x}}{2}, \frac{e^x-e^{-x}}{2}\right)$$

が $x^2 - y^2 = 1$ をみたす。

すると本間では、$\left(\dfrac{a}{\cos\theta}, b\tan\theta\right)$ あたりを
用いるとどうか。

あとは、初等幾何的アプローチとして、

$$|PF - PF'| = 2a \quad (\text{双曲線の定義})$$

を用いる方法もある。

この方針では
$\sqrt{}$ を含む計算が多く
自滅への道に
　　　　なりやすい。

141

第5回【第6問】 （双曲線関数の加法定理） ⌇⌇⌇⌇⌇⌇⌇⌇⌇⌇⌇⌇⌇⌇⌇⌇⌇⌇⌇

$$f(\theta) = \frac{e^{\theta} + e^{-\theta}}{2}, g(\theta) = \frac{e^{\theta} - e^{-\theta}}{2} \ とする.$$

(1) $f(\alpha + \beta)$ を $f(\alpha), f(\beta), g(\alpha), g(\beta)$ を用いて表せ.

(2) n を正の整数, θ を任意の実数とするとき,

適当な x の n 次の多項式 $P_n(x)$ が存在して, 恒等式

$$f(n\theta) = P_n(f(\theta))$$

が成立することを示せ.

(3) (2)の多項式 $P_n(x)$ を用いると,

$$\cos n\theta = P_n(\cos\theta)$$

となることを示せ.

⌇⌇⌇⌇⌇ 答案例 ⌇⌇

(1)   （4点）

$$f(\alpha + \beta) = \frac{e^{\alpha+\beta} + e^{-\alpha-\beta}}{2}$$

$$= \frac{e^{\alpha} + e^{-\alpha}}{2} \cdot \frac{e^{\beta} + e^{-\beta}}{2} + \frac{e^{\alpha} - e^{-\alpha}}{2} \cdot \frac{e^{\beta} - e^{-\beta}}{2}$$

$$= f(\alpha)f(\beta) + g(\alpha)g(\beta)$$

(2)   （10点）

n に関する数学的帰納法で証明する.

（ⅰ） $n = 1$ のとき； $f(1\theta) = f(\theta)$

したがって, $P_1(x) = x$ ……①が存在する.

$n = 2$ のとき； $f(2\theta) = f(\theta)^2 + g(\theta)^2 = f(\theta)^2 + \{f(\theta)^2 - 1\} = 2 \cdot f(\theta)^2 - 1$

したがって, $P_2(x) = 2x^2 - 1$ ……②が存在する.

（ⅱ） $n = k-1, k$ のとき；

$$f((k-1)\theta) = P_{k-1}(f(\theta))$$

$$f(k\theta) = P_k\big(f(\theta)\big)$$

を満たす $k-1$ 次の多項式 $P_{k-1}(x)$ と，k 次の多項式 $P_k(x)$ が存在すると仮定する．

$$f(k\theta + \theta) = f(k\theta)f(\theta) + g(k\theta)g(\theta)$$

$$f(k\theta - \theta) = f(k\theta)f(\theta) - g(k\theta)g(\theta)$$

$$\therefore \ f\big((k+1)\theta\big) + f\big((k-1)\theta\big) = 2f(k\theta)f(\theta)$$

$$\therefore \ f\big((k+1)\theta\big) = 2 \cdot P_k\big(f(\theta)\big) \cdot f(\theta) - P_{k-1}\big(f(\theta)\big)$$

したがって，$P_{k+1}(x) = 2xP_k(x) - P_{k-1}(x)$ ……③

とおけば，これは $k+1$ 次の多項式で

$$f\big((k+1)\theta\big) = P_{k+1}\big(f(\theta)\big)$$

が成立する．つまり，$n = k+1$ のときも題意は成り立つ．

（ⅰ），（ⅱ）より，帰納的に，題意は示された．

(3)　（6点）

（ⅰ）　$n = 1, 2$ のとき，①，②より

$$P_1(\cos\theta) = \cos\theta$$

$$P_2(\cos\theta) = 2\cos^2\theta - 1 = \cos 2\theta$$

なので成り立つ．

（ⅱ）　$n = k-1, k$ で成り立つと仮定すると，③より，

$$P_{k+1}(\cos\theta) = 2\cos\theta \cdot P_k(\cos\theta)x - P_{k-1}(\cos\theta)$$

$$= 2\cos\theta\cos k\theta - \cos(k-1)\theta$$

$$= 2\cos\theta\cos k\theta - (\cos k\theta\cos\theta + \sin k\theta\sin\theta)$$

$$= \cos k\theta\cos\theta - \sin k\theta\sin\theta$$

$$= \cos(k+1)\theta$$

となり，$n = k+1$ のときも成り立つ．

（ⅰ），（ⅱ）より，帰納的に題意は示された．

(3)で (2)の誘導をうまく 使えなかった。　評価

(1) $f(\alpha+\beta) = \dfrac{e^{\alpha+\beta} + e^{-(\alpha+\beta)}}{2} = \dfrac{1}{2}\left(e^\alpha e^\beta + \dfrac{1}{e^\alpha e^\beta}\right)$

$f(\alpha) = \dfrac{e^\alpha + e^{-\alpha}}{2}$ …①

$f(\beta) = \dfrac{e^\beta + e^{-\beta}}{2}$ …②

$g(\alpha) = \dfrac{e^\alpha - e^{-\alpha}}{2}$ …③

$g(\beta) = \dfrac{e^\beta - e^{-\beta}}{2}$ …④

①,③より $e^\alpha = f(\alpha) + g(\alpha)$

②,④より $e^\beta = f(\beta) + g(\beta)$

よって　もっとスマートな表示もある。

$f(\alpha+\beta) = \dfrac{1}{2}\left\{(f(\alpha)+g(\alpha))\cdot(f(\beta)+g(\beta)) + \dfrac{1}{(f(\alpha)+g(\alpha))\cdot(f(\beta)+g(\beta))}\right\}$

(2) 数学的帰納法により示す。

(i) $n=1$ のとき
$f(\theta)$ の1次式で表せるから成立

$n=2$ のとき。
$f(2\theta) = \dfrac{e^{2\theta} + e^{-2\theta}}{2}$

ここで $\{f(\theta)\}^2 = \dfrac{1}{4}\{e^{2\theta} + e^{-2\theta} + 2\}$ より

$f(2\theta) = 2\{f(\theta)\}^2 - 1$

よって $f(2\theta)$ は $f(\theta)$ の2次式で表せる　から成立 OK

(ii) $n=k-1, k$ のときに
$f\{(k-1)\theta\}, f(k\theta)$ が それぞれ
$f(\theta)$ の $(k-1)$次式、$f(\theta)$ の k次式
で 表されると 仮定する。

このとき、$n=k+1$ のときに
$f\{(k+1)\theta\}$ が $f(\theta)$ の $(k+1)$次式
で表されることを 示す。

$f\{(k+1)\theta\} = \dfrac{e^{(k+1)\theta} + e^{-(k+1)\theta}}{2}$

この変形と同じことを (1)でも やっている

$= \dfrac{(e^{k\theta}+e^{-k\theta})(e^\theta+e^{-\theta}) - \{e^{(k-1)\theta}+e^{-(k-1)\theta}\}}{2}$

$= \dfrac{2f(k\theta)\cdot 2f(\theta) - 2f\{(k-1)\theta\}}{2}$

$= 2f(k\theta)\cdot f(\theta) - f\{(k-1)\theta\}$ OK

従って、仮定より $f\{(k-1)\theta\}, f(k\theta)$ は
それぞれ $f(\theta)$ の $(k-1)$次式、k次式で
表されることより、$f\{(k+1)\theta\}$ は
$f(\theta)$ の $(k+1)$次式で 表されることが
示せた。　OK

(i)(ii)より 数学的帰納法から 全ての
自然数 n について、与式
$f(n\theta) = P_n(f(\theta))$ が成立する。

(3) まず、数学的帰納法により
(*)「$\cos n\theta$ が $\cos\theta$ の n次式で表され
$\sin n\theta$ の最高次の項が
$m\cos^n\theta\sin\theta$ (m:定数)で
表される」ことを 示す。

(i) $n=1$ のとき 成立
$n=2$ のとき
$\begin{cases} \cos 2\theta = 2\cos^2\theta - 1 \\ \sin 2\theta = 2\cos\theta\sin\theta \end{cases}$ より成立

(ii) $n=k$ のとき、(*) が成立すると
仮定する。
このとき、$n=k+1$ のときに (*)が成立
することを 示す。

加法定理より、
$\cos(k+1)\theta = \cos k\theta\cdot\cos\theta - \sin k\theta\cdot\sin\theta$

$\cos\theta$ の $(k+1)$次式　最高次が
$m\cos^k\theta\cdot\sin^2\theta$

$= m\cos^k\theta(1-\cos^2\theta)$

$= -m\cos^{k+2}\theta + \cdots$

最高次は2になっているが
その下の項が $\cos\theta$ の
多項式になることを いえてない。

よって、$\cos\{(k+1)\theta\}$ も、$\cos\theta$ の
$(k+1)$次式で 表される。　うーん！

(i)(ii)より 全ての自然数 n に
ついて、$\cos n\theta$ が $\cos\theta$ の n次式で
表される ので、与式
$\cos n\theta = P_n(\cos\theta)$ が成立。

第６回

解説・答案例・指導例

　第６回のセットも冒頭【１】は極限から入り，(2)で数値評価の問題（不等式）を出題した．

　【２】は［Ａ］と［Ｂ］の選択問題の仕様にしてある．もともとは球面の極射影から反転へ，という流れの出題であった．1994年入学生（1997年入試）からの学習指導要領で複素数平面が導入されることとなり，これに合わせて改題した［Ｂ］を並列して配置した．

　【３】は三角関数と整数の分野の融合問題．３変数の方程式を，範囲を絞りながら解くというのは定番の手法．

　【４】はフィボナッチ数列のシリーズ．このテーマの出題が繰り返されていたので，こちらでもいろいろ対応していた記録である．本問の設定そのものは，さほど目新しいものではない．

　【５】は，サイクロイドの伸開線が，自身と合同なサイクロイドを描くという魅力的な性質を題材とした．

　【６】は，定番の通過領域（存在範囲）の問題であるが，設定を３次元にして，体積までつなげる出題にしてみた．

第6回【第1問】 （無限級数と不等式） ～～～～～～～～～～～～～～～～

$$S_n = \sum_{k=1}^{n} \frac{1}{\sqrt{k}} \quad (n = 1, 2, 3, \cdots) \text{ とする.}$$

(1) $\displaystyle \lim_{n \to \infty} S_n = \infty$ を示せ.

(2) $S_n > 100$ をみたす最小の整数 n を N とする.

$2550 \leq N \leq 2600$ を示せ.

～～～ 答 案 例 ～～～～～～～～～～～～～～～～～～～～～～

(1) （8点）

$\displaystyle S_n = \sum_{k=1}^{n} \frac{1}{\sqrt{k}}$ は図の網目部分の面積を表すから,

$$S_n > \int_1^{n+1} \frac{1}{\sqrt{x}} dx = \left[2\sqrt{x} \right]_1^{n+1} = 2\sqrt{n+1} - 2 \quad \cdots\cdots ①$$

$\displaystyle \lim_{n \to \infty} \left(2\sqrt{n+1} - 2 \right) = +\infty$ だから $\displaystyle \lim_{n \to \infty} S_n = +\infty$ である.

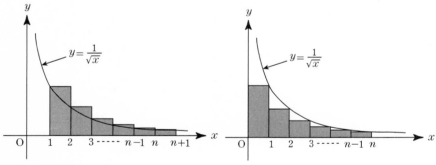

(2) （12点）

右図より, $\displaystyle S_n < 1 + \int_1^n \frac{1}{\sqrt{x}} dx = 1 + \left[2\sqrt{x} \right]_1^n = 2\sqrt{n} - 1 \quad \cdots\cdots ②$

題意の N の定義から $S_{N-1} \leq 100 < S_N$

①, ②と合わせて,

$$2\sqrt{N} - 2 < S_{N-1} \leq 100 < S_N < 2\sqrt{N} - 1$$

$$\therefore \quad \sqrt{N} < 51 \text{ かつ } \frac{101}{2} < \sqrt{N} \qquad \therefore \ 2550.25 < N < 2601$$

したがって, N は $2550 \leq N \leq 2600$ をみたす.

第6回【第2問A】 （球面と反転写像）◟◝◠◟◝◠◟◝◠◟◝◠◟◝◠◟◝◠

　座標空間内に，原点 O を中心とし半径 1 の球面がある．

$N(0,0,1)$, $S(0,0,-1)$ とする．O と異なる点 $P(x,y,0)$ に対し，直線 SP と球面の交点を $Q(\neq S)$，直線 NQ と xy 平面の交点を $R(u,v,0)$ とする．

(1)　距離の積 OP·OR の値を求めよ．

(2)　点 P が xy 平面上の直線 $x+y=1$ の上を動くとき，点 R の軌跡を求め，図示せよ．

◟◝◠◟◝◠ 答 案 例 ◟◝◠◟◝◠◟◝◠◟◝◠◟◝◠◟◝◠◟◝◠◟◝◠◟◝◠◟◝◠◟◝◠◟◝◠◟◝◠◟◝◠◟◝◠

(1)　(10点)

　　z 軸と P, Q, R を含む平面での断面図を

　　　　(a) P が球の内部にあるとき

　　　　(b) P が球上（赤道上）にあるとき

　　　　(c) P が球の外部にあるとき

　　の場合に分けて描くと下図のようになる．

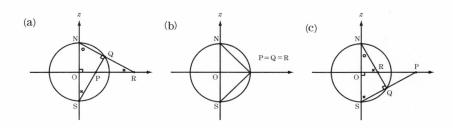

　　(a) と (c) の場合，$\triangle POS$ と $\triangle NOR$ はともに直角三角形であり，

　　　　$\angle PSO = 90^\circ - \angle ONR = \angle NRO$

　　　　$\therefore \ \triangle POS \backsim \triangle NOR$

　　　　$\therefore \ OP:OS = ON:OR$

　　　　$\therefore \ OP \cdot OR = ON \cdot OS = 1$　　……①

　　また，(b) の場合も①は成り立つ．よって，$OP \cdot OR = 1$

(2) (10点)

$\overrightarrow{\mathrm{OP}} = (x,\ y,\ 0),\ \overrightarrow{\mathrm{OR}} = (u,\ v,\ 0)$ について

$\left|\overrightarrow{\mathrm{OP}}\right|\left|\overrightarrow{\mathrm{OR}}\right| = 1$ だから $\left|\overrightarrow{\mathrm{OP}}\right| = \dfrac{1}{\left|\overrightarrow{\mathrm{OR}}\right|}$

また，$\overrightarrow{\mathrm{OR}}$ 方向の単位ベクトルの一つとして $\dfrac{1}{\left|\overrightarrow{\mathrm{OR}}\right|}\overrightarrow{\mathrm{OR}}$ を用い，

$\overrightarrow{\mathrm{OP}} = \left|\overrightarrow{\mathrm{OP}}\right| \cdot \dfrac{1}{\left|\overrightarrow{\mathrm{OR}}\right|}\left|\overrightarrow{\mathrm{OR}}\right| = \dfrac{1}{\left|\overrightarrow{\mathrm{OR}}\right|} \cdot \dfrac{1}{\left|\overrightarrow{\mathrm{OR}}\right|}\left|\overrightarrow{\mathrm{OR}}\right| = \dfrac{1}{\left|\overrightarrow{\mathrm{OR}}\right|^2}\left|\overrightarrow{\mathrm{OR}}\right|$

$\therefore\ (x,\ y,\ 0) = \dfrac{1}{u^2 + v^2}(u,\ v,\ 0)$

$x = \dfrac{u}{u^2 + v^2},\ y = \dfrac{v}{u^2 + v^2}$

点 $\mathrm{P}(x,\ y,\ 0)$ が $x + y = 1$ をみたすから，

$\dfrac{u}{u^2 + v^2} + \dfrac{v}{u^2 + v^2} = 1$

$\Leftrightarrow u + v = u^2 + v^2\ (\neq 0)$

$\Leftrightarrow \left(u - \dfrac{1}{2}\right) + \left(v - \dfrac{1}{2}\right) = \dfrac{1}{2}$ かつ $(u,\ v) \neq (0,\ 0)$

よって，点 $\mathrm{R}(u,\ v,\ 0)$ の軌跡は，xy 平面内で，

中心 $\left(\dfrac{1}{2},\ \dfrac{1}{2}\right)$，半径 $\dfrac{\sqrt{2}}{2}$

の円から原点を除いたものである．

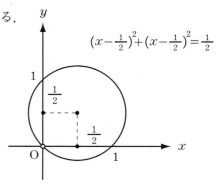

$\left(x - \tfrac{1}{2}\right)^2 + \left(x - \tfrac{1}{2}\right)^2 = \tfrac{1}{2}$

第6回【第2問B】 （球面と反転写像）⌒⌒⌒⌒⌒⌒⌒⌒⌒⌒⌒⌒⌒⌒⌒⌒

　座標空間内に，原点 O を中心とし半径 1 の球面がある．
$N(0,0,1)$, $S(0,0,-1)$ とする．O と異なる点 $P(x,y,0)$ に対し，直線 SP と球面の交点を $Q(\neq S)$，直線 NQ と xy 平面の交点を $R(u,v,0)$ とする．

(1) 複素数 $z = x + yi$，$w = u + vi$ のみたす関係式を，x, y, u, v を用いずに表せ．

(2) $\dfrac{z-1}{1+i}$ の実数部分が 0 であるように点 P が動くとき，点 R の軌跡を求め，図示せよ．

⌒⌒⌒⌒ 答案例 ⌒⌒⌒⌒⌒⌒⌒⌒⌒⌒⌒⌒⌒⌒⌒⌒⌒⌒⌒⌒⌒⌒⌒

(1) 　（10点）

　　z 軸と P, Q, R を含む平面での断面図を

　　　　(a) P が球の内部にあるとき

　　　　(b) P が球上（赤道上）にあるとき

　　　　(c) P が球の外部にあるとき

　の場合に分けて描くと下図のようになる．

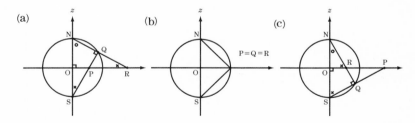

　　　　(a) と (c) の場合，$\triangle POS$ と $\triangle NOR$ はともに直角三角形であり，

　　　　　　$\angle PSO = 90° - \angle ONR = \angle NRO$

　　　　　　$\therefore \ \triangle POS \backsim \triangle NOR$

　　　　　　$\therefore \ OP : OS = ON : OR$

　　　　　　$\therefore \ OP \cdot OR = ON \cdot OS = 1$ 　　……①

　また，　(b) の場合も①は成り立つ．

xy 平面を複素数平面に重ねるとき，2 点 P, R を表す複素数がそれぞれ

$z,\ w$ であるから，①より，

$$|z||w|=1 \quad \cdots\cdots ②$$

P と R は，O を端点とする同一半直線上にあるから，実数 $k>0$ を用いて，

$$w=kz \quad \cdots\cdots ③$$

と表される．③を②へ代入すると，

$$|z||kz|=1 \Leftrightarrow k|z|^2=1 \quad (\because k>0)$$

$$\therefore \quad k=\frac{1}{|z|^2}$$

ここで，$|z|^2=z\bar{z}$ に注意すれば，w は

$$w=\frac{z}{|z|^2} \Leftrightarrow w=\frac{1}{\bar{z}}$$

と表される．

(2) （10点）

(1)の結果から，

$$\bar{z}\,w=1 \Leftrightarrow (x-yi)(u+vi)=1$$

$$\Leftrightarrow (xu+yv)+(xv-yu)i=1$$

$$\therefore \quad ux+vy=1$$

$$vx+uy=0$$

これを $(x,\ y)$ の連立方程式と考えて解くと，

$$x=\frac{u}{u^2+v^2}\ ,\quad y=\frac{v}{u^2+v^2} \quad \cdots\cdots ④$$

一方，仮定より，実数 s を用いて，

$$\frac{z-1}{1+i}=si \quad \cdots\cdots ⑤$$

と表されるから，

$$⑤ \Leftrightarrow z-1=si(1+i)=-s+si$$

$$\Leftrightarrow z=1-s+si$$

$$\therefore \quad x=1-s\ ,\quad y=s$$

$$\therefore \quad x+y=1 \quad \cdots\cdots ⑥$$

④, ⑥より,

$$\frac{u+v}{u^2+v^2}=1 \Leftrightarrow u+v=u^2+v^2 \neq 0$$

$$\Leftrightarrow \left(u-\frac{1}{2}\right)^2+\left(v-\frac{1}{2}\right)^2=\frac{1}{2}$$

かつ $(u,\ v) \neq (0,\ 0)$

よって, 点 $R(w) \cdot (w=u+vi)$ の軌跡は,

xy 平面内で, 中心 $\left(\dfrac{1}{2},\ \dfrac{1}{2}\right)$,

半径 $\dfrac{\sqrt{2}}{2}$ の円から原点を除いたものである.

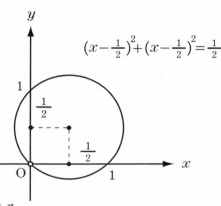

$$\left(x-\frac{1}{2}\right)^2+\left(x-\frac{1}{2}\right)^2=\frac{1}{2}$$

～～～ 参 考 ～～～

1° P から R への写像（対応）を反転という.

2° ④は, 次のようにして導いてもよい.

$$w=\frac{1}{\overline{z}} \Leftrightarrow \overline{z}=\frac{1}{w} \rightleftharpoons z=\frac{1}{\overline{w}}$$

$$\therefore \quad z=\frac{w}{w\,\overline{w}}=\frac{w}{|w|^2}$$

$$\therefore \quad x+yi=\frac{u+vi}{u^2+v^2}=\frac{u}{u^2+v^2}+\frac{v}{u^2+v^2}i$$

$$\therefore \quad x=\frac{u}{u^2+v^2}\ ,\quad y=\frac{v}{u^2+v^2}$$

3° ⑥は次のようにして導いてもよい.

$\dfrac{z-1}{1+i}=0 \Leftrightarrow z-1=0$ のとき以外は,

$\dfrac{z-1}{1+i}$ の実数部分が $0 \Leftrightarrow \dfrac{z-1}{1+i}$ は純虚数

$$\therefore \quad \arg\left(\frac{z-1}{1+i}\right)=\pm 90°$$

よって, $z-1=0$ の場合とあわせて, 点 $z-1$ は原点を通り,

原点と点 $1+i$ を通る直線に垂直な直線上 $(x+y=0)$ を動く.

したがって,点 z は直線 $z+y=1$ 上を動く.

4° (2)は成分を用いたが,成分を用いない方法もある.

$$\frac{z-1}{1+i} \text{の実部が } 0 \Leftrightarrow \frac{z-1}{1+i} = -\overline{\left(\frac{z-1}{1+i}\right)}$$

$$\Leftrightarrow \frac{z-1}{1+i} = -\frac{\overline{z}-1}{1-i}$$

$$\Leftrightarrow (1-i)(z-1) = -(1+i)(\overline{z}-1)$$

$$\Leftrightarrow (1-i)z + (1+i)\overline{z} = 2$$

これに,$z = \dfrac{1}{w}$,$\overline{z} = \dfrac{1}{\overline{w}}$ を代入すると,

$$(1-i)\cdot\frac{1}{\overline{w}} + (1+i)\cdot\frac{1}{w} = 2$$

$$\Leftrightarrow w\overline{w} - \frac{1}{2}(1+i)\overline{w} - \frac{1}{2}(1-i)w = 0 \quad (w \neq 0)$$

$$\Leftrightarrow \overline{w}\left\{w - \frac{1}{2}(1+i)\right\} - \frac{1}{2}(1-i)\left\{w - \frac{1}{2}(1+i)\right\} - \frac{1}{4}(1-i)(1+i) = 0$$

$$(w \neq 0)$$

$$\Leftrightarrow \left\{w - \frac{1}{2}(1+i)\right\}\left\{\overline{w} - \frac{1}{2}(1-i)\right\} = \frac{1}{2} \quad (w \neq 0)$$

$$\Leftrightarrow \left\{w - \frac{1}{2}(1+i)\right\}\overline{\left\{w - \frac{1}{2}(1+i)\right\}} = \frac{1}{2} \quad (w \neq 0)$$

$$\Leftrightarrow \left|w - \frac{1}{2}(1+i)\right|^2 = \frac{1}{2} \quad (w \neq 0)$$

$$\Leftrightarrow \left|w - \frac{1}{2}(1+i)\right| = \frac{\sqrt{2}}{2} \quad (w \neq 0)$$

これは,複素数平面において,$\dfrac{1}{2}(1+i)$ を中心とする半径 $\dfrac{\sqrt{2}}{2}$ の円周から原点を除いたものを表している.

第6回【第3問】 （tanの加法定理と整数問題）◁◁◁◁◁◁◁◁◁◁◁◁◁◁◁◁◁◁

l, m, n は $0 < l \leq m \leq n$ をみたす整数で，

$$\tan\alpha = \frac{1}{l}, \tan\beta = \frac{1}{m}, \tan\gamma = \frac{1}{n}$$

をみたす正の鋭角 α, β, γ をとると，$\alpha + \beta + \gamma = 45°$ が成り立っている．

(1)　l, m, n のみたす関係式を求めよ．

(2)　このような組 (l, m, n) をすべて求めよ．

◁◁◁◁◁ 答 案 例 ◁◁◁◁◁◁◁◁◁◁◁◁◁◁◁◁◁◁◁◁◁◁◁◁◁◁◁◁◁◁◁◁◁◁◁◁◁

(1)　（8点）

$$1 = \tan 45° = \tan(\alpha + \beta + \gamma) = \frac{\tan(\alpha + \beta) + \tan\gamma}{1 - \tan(\alpha + \beta)\tan\gamma}$$

$$= \frac{\dfrac{\dfrac{1}{l} + \dfrac{1}{m}}{1 - \dfrac{1}{l} \cdot \dfrac{1}{m}} + \dfrac{1}{n}}{1 - \dfrac{\dfrac{1}{l} + \dfrac{1}{m}}{1 - \dfrac{1}{l} \cdot \dfrac{1}{m}} \cdot \dfrac{1}{n}} = \frac{\dfrac{l + m}{lm - 1} + \dfrac{1}{n}}{1 - \dfrac{l + m}{lm - 1} \cdot \dfrac{1}{n}}$$

$$= \frac{(l + m)n + (lm - 1)}{(lm - 1)n - (l + m)} = \frac{lm + mn + nl - 1}{lmn - (l + m + n)}$$

$$\therefore \ lmn - (lm + mn + nl) - (l + m + n) + 1 = 0 \quad \cdots\cdots①$$

(2)　（12点）

ここで，$0 < l \leq m \leq n$ より，$\dfrac{1}{l} \geq \dfrac{1}{m} \geq \dfrac{1}{n}$，$\tan\alpha \geq \tan\beta \geq \tan\gamma$ である．

$\therefore \alpha \geq \beta \geq \gamma$

$\therefore 3\alpha \geq \alpha + \beta + \gamma = 45°$

$\alpha \geq 15°$

$\dfrac{1}{l} = \tan\alpha \geq \tan 15° = 2 - \sqrt{3}$

$l \leq \dfrac{1}{2 - \sqrt{3}} = 2 + \sqrt{3} = 3.732\cdots\cdots$

したがって，$l = 2, 3$ が必要である．

（$l = 1$ は，$\tan\alpha = 1$，$\alpha = 45°$ となり不適）

（ⅰ）$l = 2$ のとき；①は，

$$mn - 3m - 3n - 1 = 0$$
$$(m-3)(n-3) = 10$$

$2 \leq m \leq n$ に注意すると，

$m-3$，$n-3$ がともに 10 の正の約数となるから，

$$\begin{pmatrix} m-3 \\ n-3 \end{pmatrix} = \begin{pmatrix} 1 \\ 10 \end{pmatrix}, \begin{pmatrix} 2 \\ 5 \end{pmatrix}$$
$$\begin{pmatrix} m \\ n \end{pmatrix} = \begin{pmatrix} 4 \\ 13 \end{pmatrix}, \begin{pmatrix} 5 \\ 8 \end{pmatrix}$$

（ⅱ）$l = 3$ のとき；

$$2mn - 4m - 4n - 2 = 0$$
$$(m-2)(n-2) = 5$$

$3 \leq m \leq n$ に注意すると，

$m-2$，$n-2$ がともに 5 の正の約数となるから，

$$\begin{pmatrix} m-2 \\ n-2 \end{pmatrix} = \begin{pmatrix} 1 \\ 5 \end{pmatrix}$$
$$\begin{pmatrix} m \\ n \end{pmatrix} = \begin{pmatrix} 3 \\ 7 \end{pmatrix}$$

（ⅰ），（ⅱ）より，求める組は

$$(l, m, n) = (2, 4, 13), (2, 5, 8), (3, 3, 7) \text{ の 3 組である．}$$

第6回【第4問】（コイン投げと漸化式）❦❦❦❦❦❦❦❦❦❦❦❦

数列 $\{f_n\}$ は，次の漸化式によって定められる．

$$f_1 = 1, \quad f_2 = 1, \quad f_{n+2} = f_{n+1} + f_n \quad (n = 1, 2, 3, \cdots)$$

(1)　コインを n 回続けて投げるとき，表が連続して出ることがない確率を p_n とする．$n \geq 2$ のときの p_n を，数列 $\{f_n\}$ の項を用いて表せ．

(2)　コインを n 回続けて投げるとき，表も裏も 3 回以上続けて出ることがない確率を q_n とする．$n \geq 2$ のときの q_n を，数列 $\{f_n\}$ の項を用いて表せ．

　注：(1)も(2)も，$\{f_n\}$ の一般項を求める必要はない．

❧❧❧ 答案例 ❧❧❧❧❧❧❧❧❧❧❧❧❧❧❧❧❧❧❧❧❧❧❧❧❧❧❧

　表が出ることを H，裏が出ることを T と表記し，n 個の H と T の記号列で事象を表すことにする．

(1)　（8点）

コインを投げて n 個の記号列を作る方法は 2^n 通りある．このうち，

H が連続することなく T で終わる列の数を a_n

H が連続することなく H で終わる列の数を b_n

とすると，求める確率は

$$p_n = \frac{a_n + b_n}{2^n} \quad (n \geq 2) \quad \cdots\cdots ①$$

である．ここで数列 $\{a_n\}, \{b_n\}$ について

$$a_2 = 2 \quad (HT \ or \ TT)$$
$$b_2 = 1 \quad (TH)$$
$$a_{n+1} = a_n + b_n \ (\cdots\cdots \underline{TT} \ or \ \cdots\cdots \underline{HT})$$
$$b_{n+1} = a_n \quad (\cdots\cdots \underline{TH})$$

（ただし下線部は n 回目）

が成り立つから，$n \geq 2$ で

$$a_{n+2} = a_{n+1} + b_{n+1} = a_{n+1} + a_n$$

$$a_2 = 2 = f_3, a_3 = 3 = f_4$$

$$\therefore a_n = f_{n+1} \quad \cdots\cdots ②$$

$$b_{n+1} = a_n = f_{n+1} \quad \text{より}$$

$$b_n = f_n \quad \cdots\cdots ③$$

②，③を①に代入して，

$$p_n = \frac{f_{n+1} + f_n}{2^n} = \frac{f_{n+2}}{2^n}$$

(2)　（12点）

H と T とからなる n 個の記号列が 2^n 通りあるうちで，

H も T も3つ以上連続することがなく，

末尾が *HT or TH* で終わる列の数を c_n

末尾が *HH or TT* で終わる列の数を d_n

とすると，求める確率は

$$q_n = \frac{c_n + d_n}{2^n} \quad (n \geq 3) \quad \cdots\cdots ④$$

となる．数列 $\{c_n\}, \{d_n\}$ についての漸化式を(1)と同様に立ててみると，

$$c_3 = 4 \quad \left(HHT, HTH, THT, TTH\right)$$

$$d_3 = 2 \quad \left(THH, HTT\right)$$

$$c_{n+1} = c_n + d_n \left(\cdots \underline{HT}H, \cdots \underline{TH}T, \cdots \underline{HH}T, \cdots \underline{TT}H\right)$$

$$d_{n+1} = c_n \quad \left(\cdots \underline{HT}T, \cdots \underline{TT}H\right)$$

$$（ただし下線部は \ n-1, n \ 回目）$$

が成り立つから，$n \geq 2$ で

$$c_{n+2} = c_{n+1} + d_{n+1} = c_{n+1} + c_n$$

$$c_3 = 4 = 2f_3, c_4 = 6 = 2f_4$$

$$\therefore c_n = 2f_n \quad \cdots\cdots ⑤$$

$$d_{n+1} = c_n = 2f_n \quad \text{より}$$

$$d_n = 2f_{n-1} \quad \cdots\cdots ⑥$$

⑤, ⑥を④に代入して, $q_n = \dfrac{2(f_n + f_{n-1})}{2^n} = \dfrac{f_{n+1}}{2^{n-1}}$

参 考

1　数列 $\{f_n\}$ は「フィボナッチ数列」として有名である. 最初の数項は,

$$1, 1, 2, 3, 5, 8, 13, 21, 34, 55, 89, \cdots$$

となっている.

2　設問では p_n は $n \geq 2$ で, q_n は $n \geq 3$ で考えているが,

$$n = 1 \text{ のとき } p_1 = \frac{f_3}{2^1} = 1, q_1 = \frac{f_2}{2^0} = 1$$

$$n = 2 \text{ のとき } q_2 = \frac{f_3}{2^1} = 1$$

もまた成り立っている.
したがって, (1), (2)の答は $n \geq 1$ で有効である.

(1) $(n+2)$回続けて投げて、表が連続して出ない確率は、以下の(i)(ii)の2つの場合を考えればよい。

（表→H, 裏→T と表記する）

(i) 1回目 2回目 3回目 ・・・ $(n+2)$回目

H — T $<$ H ・・・
　　　　　　T

n回分　P_n

(ii) 1回目 2回目 3回目 ・・・ $(n+2)$回目

T — H ・・・
　　　T

$(n+1)$回分　P_{n+1}

(i)(ii)より、$P_{n+2} = \frac{1}{2}P_{n+1} + \frac{1}{4}P_n$ —— ㋐

また、数列 $\{f_n\}$ を用いて $P_n = \frac{f_{n+2}}{2^n}$ ㋑ で表せる。

$P_{n+2} = \frac{f_{n+4}}{2^{n+2}}$, $P_{n+1} = \frac{f_{n+3}}{2^{n+1}}$ より

$\frac{f_{n+4}}{2^{n+2}} = \frac{f_{n+3}}{2^{n+2}} + \frac{1}{4}P_n$ ⟍ f_{n+2}

$\therefore P_n = \frac{1}{2^n}(f_{n+4} - f_{n+3})$

(2) コインを $(n+2)$回続けて投げるとき、表も裏も2回以上、連続して出ることがない確率 q_{n+2} のうち、1回目に出たコインが裏である確率は、その半分の $\frac{1}{2}q_{n+2}$

1回目 2回目 3回目 4回目 ・・・ $n+2$回目
　　　　　　　　n回分　$\frac{1}{2}q_n$

　　　H — T $<$ H ・・・
　　　　　　　　T

H

　　　T — H $<$ H ・・・
　　　　　　　　T

　　　　　　T — H

$(n+1)$回分　$\frac{1}{2}q_{n+1}$

よって、$\frac{1}{2}q_{n+2} = \frac{1}{2}\cdot\frac{1}{2}q_{n+1} + \frac{1}{4}\cdot\frac{1}{2}q_n$

$\therefore q_{n+2} = \frac{1}{2}q_{n+1} + \frac{1}{4}q_n$ —— ㋒

また $q_n = \frac{2\cdot f_{n+1}}{2^n} = \frac{f_{n+1}}{2^{n-1}}$ で表せる。 ②

$q_{n+2} = \frac{f_{n+3}}{2^{n+1}}$, $q_{n+1} = \frac{f_{n+2}}{2^n}$ より

$\frac{f_{n+3}}{2^{n+1}} = \frac{f_{n+2}}{2^{n+1}} + \frac{1}{4}q_n$

$\therefore q_n = \frac{1}{2^{n-1}}(f_{n+3} - f_{n+2})$
　　　　　　　　　　↑
　　　　　　　　f_{n+1}.

㋐, ㋒ はよい。
（きちんと説明して導けている）。

そこから ㋑、② は、なぜ出てくるか。
結論としては正しいが。

㋐から ㋑
㋒から ②
を導くプロセスは…？

第6回【第5問】（サイクロイドの伸開線）∽∽∽∽∽∽∽∽∽∽∽∽∽∽∽∽

$0 \leq t \leq \pi$ の範囲における，点 P $(t+\sin t, \cos t-1)$ の軌跡を C とする.

(1) C の概形を図示せよ.

(2) $0 < t \leq \pi$ のときの，C 上の弧長 $\overset{\frown}{OP} = l$ を求めよ.
　　ただし，O は原点を表す.

(3) 点 P における C の接線上の P より左側に，点 Q を PQ $= l$ となるようにとる. $0 \leq t \leq \pi$ の範囲で線分 PQ が通過する部分の面積を求めよ.

∽∽∽ 答案例 ∽∽∽∽∽∽∽∽∽∽∽∽∽∽∽∽∽∽∽∽∽∽∽∽∽∽∽∽∽∽∽∽∽∽∽∽∽∽

(1)　（6点）

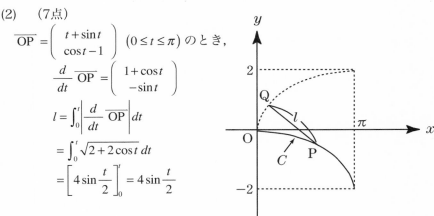

$$\overrightarrow{OP} = \begin{pmatrix} t \\ -1 \end{pmatrix} + \begin{pmatrix} \sin t \\ \cos t \end{pmatrix} = \begin{pmatrix} t \\ -1 \end{pmatrix} + \begin{pmatrix} \cos\left(\dfrac{\pi}{2}-t\right) \\ \sin\left(\dfrac{\pi}{2}-t\right) \end{pmatrix}$$

は，x 軸の下方を滑らずにころがる
半径 1 の円によるサイクロイドである.
その概形は右のようになる.

(2)　（7点）

$\overrightarrow{OP} = \begin{pmatrix} t+\sin t \\ \cos t-1 \end{pmatrix}$ $(0 \leq t \leq \pi)$ のとき，

$$\frac{d}{dt}\overrightarrow{OP} = \begin{pmatrix} 1+\cos t \\ -\sin t \end{pmatrix}$$

$$l = \int_0^t \left| \frac{d}{dt}\overrightarrow{OP} \right| dt$$

$$= \int_0^t \sqrt{2+2\cos t}\, dt$$

$$= \left[4\sin\frac{t}{2} \right]_0^t = 4\sin\frac{t}{2}$$

(3)　（7点）

$$\overrightarrow{OQ} = \overrightarrow{OP} - 4\sin\frac{t}{2} \cdot \underbrace{\frac{1}{\sqrt{2+2\cos t}}\begin{pmatrix} 1+\cos t \\ -\sin t \end{pmatrix}}_{\text{単位ベクトル}}$$

$$= \begin{pmatrix} t + \sin t \\ \cos t - 1 \end{pmatrix} - 2 \cdot \frac{\sin\dfrac{t}{2}}{\cos\dfrac{t}{2}} \begin{pmatrix} 1 + \cos t \\ 1 + \cos t \end{pmatrix}$$

$$= \begin{pmatrix} t + \sin t \\ \cos t - 1 \end{pmatrix} - 2 \cdot \frac{\sin\dfrac{t}{2}}{\cos\dfrac{t}{2}} \begin{pmatrix} 2\cos^2\dfrac{t}{2} \\ -2\cos\dfrac{t}{2}\sin\dfrac{t}{2} \end{pmatrix}$$

$$= \begin{pmatrix} t + \sin t \\ \cos t - 1 \end{pmatrix} - 2 \begin{pmatrix} \sin t \\ -2\sin^2\dfrac{t}{2} \end{pmatrix} = \begin{pmatrix} t - \sin t \\ 1 - \cos t \end{pmatrix}$$

よって，Q の軌跡はP の軌跡 C と合同．（共にサイクロイド）

面積は2π

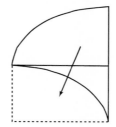

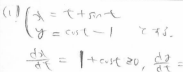

(1) $\begin{cases} x = t + \sin t \\ y = \cos t - 1 \end{cases}$ とする。

$\dfrac{dx}{dt} = 1 + \cos t \geq 0,\quad \dfrac{dy}{dt} = -\sin t \leq 0$

$(\because 0 \leq t \leq \pi)$

$\dfrac{d^2y}{dx^2} = \dfrac{d}{dx}\left(\dfrac{dy}{dx}\right) = \dfrac{d}{dt}\left(\dfrac{dy}{dx}\right) \cdot \dfrac{dt}{dx}$

まず、$\dfrac{d}{dt}\left(\dfrac{dy}{dx}\right) = \dfrac{d}{dt}\left(\dfrac{-\sin t}{1+\cos t}\right)$

$= \dfrac{d}{dt}\left(\dfrac{\cos t - 1}{\sin t}\right) = -\dfrac{1}{1+\cos t}$

よって $\dfrac{d^2y}{dx^2} = -\dfrac{1}{1+\cos t}\cdot\dfrac{1}{1+\cos t}$

$= -\dfrac{1}{(1+\cos t)^2} < 0$

これより、上に凸のグラフである。

増減表は以下の通り

t	0		$\frac{\pi}{4}$		$\frac{\pi}{2}$		$\frac{3}{4}\pi$		π
x	0	↗	$\frac{\pi}{4}+\frac{1}{\sqrt2}$	↗	$\frac{\pi}{2}+1$	↗	$\frac{3}{4}\pi+\frac{1}{\sqrt2}$	↗	π
y	0	↘	$-(\frac{1}{\sqrt2}+1)$	↘	-1	↘	$-(\frac{1}{\sqrt2}+1)$	↘	-2

グラフが上に凸であることに注意すると、Cの概形は下のようになる。

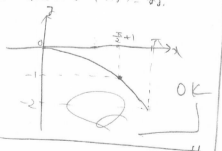

OK

(2) $0 \leq t \leq T$ における弧長 ℓ は

$\ell = \displaystyle\int_0^T \sqrt{\left|\dfrac{dx}{dt}\right|^2 + \left|\dfrac{dy}{dt}\right|^2}\, dt$

$= \displaystyle\int_0^T \sqrt{(1+\cos t)^2 + (-\sin t)^2}\, dt$

$= \displaystyle\int_0^T \sqrt2 \cdot \sqrt{1+\cos t}\, dt$

$= \displaystyle\int_0^T 2\cos\dfrac{t}{2}\, dt$

$= 4\sin\dfrac{T}{2}$

S.T. $\ell = 4\sin\dfrac{t}{2}$

(?)

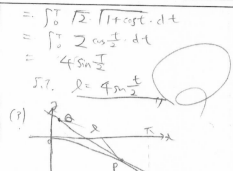

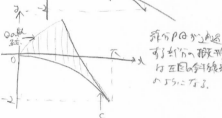

線分PQから通過する部分の概形は左図の斜線部のようになる。

面積を分割して求める。

(i)

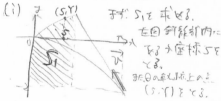

まず、S_1 を求める。

左図斜線部内にある点座標 S を求める。

また θ の延長線上の点 (S, Y) を求める。

S_1, $t = T_1$ とすると、$\ell = 4\sin\dfrac{T_1}{2}$

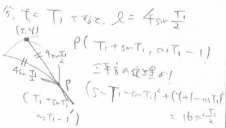

$P(T_1 + \sin T_1,\ \cos T_1 - 1)$

三平方の定理より!

$(S - T_1 - \sin T_1)^2 + (Y + 1 - \cos T_1)^2$
$= 16\sin^2\dfrac{T_1}{2}$　……①

また、接線の傾きが $\dfrac{-\sin T_1}{1+\cos T_1}$ ゆえ、

$\dfrac{Y + 1 - \cos T_1}{S - T_1 - \sin T_1} = \dfrac{-\sin T_1}{1+\cos T_1}$　……②

①、②より、

$\begin{cases} S = T_1 - \sin T_1 \\ Y = \dfrac{-2\sin T_1}{1+\cos T_1} \end{cases}$

接線ベクトル $(\vec{v})$ を単位化して (大きさ1) かけて S, Y をおいてみる。

$0 \leq T_1 \leq \pi$ だが、このとき
　　$0 \leq S \leq \pi$

よって、$x = \pi$ における接線は y 軸と
平行な向きであることが分かり、
線分 PQ の通過部分の形状は
下図のようになる。

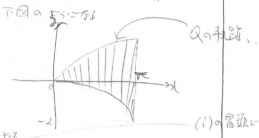

Q の軌跡、、

よって
$S_1 = \displaystyle\int_{S=0}^{S=\pi} y \cdot dS \quad + 2\pi$

$= \displaystyle\int_{T_1=0}^{T_1=\pi} \frac{\sin T_1}{1+\cos T_1} \cdot (1-\cos T_1) \cdot dT_1$
　　　　　　　　　　$+ 2\pi$

$= \displaystyle\int_0^\pi (1-\cos T_1)^2 \, dT_1 \quad + 2\pi$

$= \left[\frac{1}{4}\sin 2T_1 - 2\sin T_1 + \frac{3}{2}T_1 \right]_0^\pi$
　　　　　　　　　　　　$+ 2\pi$

$= \frac{7}{2}\pi$

(ii)

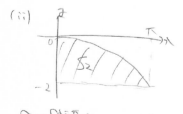

$S_2 = \displaystyle\int_{x=0}^{x=\pi} (y+2) \cdot dx$

$= \displaystyle\int_{t=0}^{t=\pi} (\cos t + 1) \cdot (\cos t + 1) \cdot dt$

$= \displaystyle\int_0^\pi (\cos t + 1)^2 \, dt$

$= \left[\frac{1}{4}\sin 2t + 2\sin t + \frac{3}{2}t \right]_0^\pi$

$= \frac{3}{2}\pi$

(i)(iii)より、求める面積は

$S_1 - S_2 = 2\pi$

$\therefore \underline{2\pi}$　OK.

(i) の冒頭で定義した S_1 と異なるのでは？

T_1 と書くと定数のように見える。
u とか θ とかでよいのでは。

改善プラン
　$\vec{PQ}$ は P における接線ベクトル方向。
　$P(t+\sin t, \cos t - 1)$ の t を用いて Q を表せる。

第6回【第6問】（円錐の通過領域）〜〜〜〜〜〜〜〜〜〜〜〜〜〜〜〜〜〜〜

　座標空間内の直円錐 C は，つねに，z 軸上の正の部分または原点 O に頂点 A をもち，底円は xy 平面上にあり，その中心は原点 O である．

(1) 母線の長さを1にたもちながら C が
変形していくとき，C の通過する領域
を求めよ．ただし，A が O に一致
するとき（C は xy 平面上の円板と
なる）および A が点 $(0,0,1)$ に一致
するとき（C は z 軸上の線分にな
る）の C も直円錐の特別な場合で
あると考えて通過領域に含めるも
のとする．

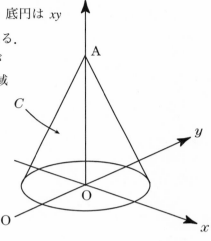

(2)　(1)で求めた部分の体積を求めよ．

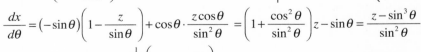
答案例

(1)　（15点）

　xz 平面による C の切り口を考える．図のように角 θ をとると，直線

$$l : \frac{x}{\cos\theta} + \frac{z}{\sin\theta} = 1 \quad \left(0 < \theta < \frac{\pi}{2}\right)$$

の第1象限の部分が母線となる．
θ を動かすときの l の通過領域を
$$0 \le x \le 1,\ 0 \le z \le 1$$
の範囲で考える．
　z を $0 < z < 1$ で固定すると，

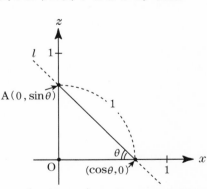

$$x = \cos\theta\left(1 - \frac{z}{\sin\theta}\right),$$

$$\frac{dx}{d\theta} = (-\sin\theta)\left(1 - \frac{z}{\sin\theta}\right) + \cos\theta \cdot \frac{z\cos\theta}{\sin^2\theta} = \left(1 + \frac{\cos^2\theta}{\sin^2\theta}\right)z - \sin\theta = \frac{z - \sin^3\theta}{\sin^2\theta}$$

$0 < z < 1$ から，$\sin\theta = z^{\frac{1}{3}}\ \left(0 < \theta < \dfrac{\pi}{2}\right)$ をみたす θ がただ1つ存在する．

それを α とおくと，θ の変化に
対する x の増減は表のようになる．
$0 < \theta < \dfrac{\pi}{2}$ における x の最大値を $x_{\max}$
とすると，

θ	(0)	$\cdots$	α	$\cdots$	$\left(\dfrac{\pi}{2}\right)$
$\dfrac{dx}{d\theta}$		$+$	0	$-$	
x		↗		↘	

$$x_{\max} = \cos\alpha\left(1 - \frac{z}{\sin\alpha}\right) > 0$$

$$\left(x_{\max}\right)^2 = \cos^2\alpha\left(1 - \frac{z}{\sin\alpha}\right)^2 = \left(1 - z^{\frac{2}{3}}\right)\left(1 - \frac{z}{z^{\frac{1}{3}}}\right)^2 = \left(1 - z^{\frac{2}{3}}\right)^3$$

よって，xz 平面における C の切り口の $0 \le x \le 1$，$0 \le z \le 1$ における通過

領域は $0 \le x \le \left(1 - z^{\frac{2}{3}}\right)^{\frac{3}{2}}$

よって，C の存在する領域は，
図の網目部分を z 軸のまわりに
一回転した立体である．

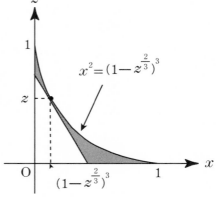

(2) （5点）

求める体積 V は

$$V = \pi\int_0^1\left(1 - z^{\frac{2}{3}}\right)^3 dz$$

$$= \pi\int_0^1\left(1 - 3z^{\frac{2}{3}} + 3z^{\frac{4}{3}} - z^2\right)dz$$

$$= \pi\left[z - \frac{9}{5}z^{\frac{5}{3}} + \frac{9}{7}z^{\frac{7}{3}} - \frac{1}{3}z^3\right]_0^1$$

$$= \pi\left(1 - \frac{9}{5} + \frac{9}{7} - \frac{1}{3}\right) = \frac{16}{105}\pi$$

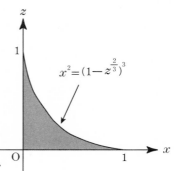

参　考

方程式 $x^2 = \left(1 - z^{\frac{2}{3}}\right)^3 \rightleftarrows x^{\frac{2}{3}} + z^{\frac{2}{3}} = 1$

の表す曲線は，アステロイドと呼ばれている．

第7回

解説・答案例・指導例

　第7回のセットも，【1】では執拗に，極限から始めている．立体図形やら三角比やらと結びつけている．

　【2】は，おなじみ通過範囲の問題で，大学入試にも何度か出題履歴がある素材である．

　【3】は，カルダノの公式を一度くらいは出題しておきたいということで作成した．(2)の3次方程式は，1990年東大文科で出題されたものと同一である．指導例と改善した再チャレンジ答案例を掲載した．

　【4】の整数問題は，第6回【3】の類題である．ほぼ同時に出来た2題セット．

　【5】は，2変数の漸化式を素材として，二項係数との関係などを問いかけている．

　【6】は「JR山手線の線路の内側と外側の全長の差はいくつか」というタイプの問題意識からできた．

第7回【第1問】 （錐体の体積と極限） ༶༶༶༶༶༶༶༶༶༶༶༶༶

2つの合同な正 $2n$ 角すい $A\text{-}B_1B_2\cdots\cdots B_{2n}$,

$CB_1B_2\cdots\cdots B_{2n}$ を合わせてできる正 $4n$ 面体

を P_n とする．（図は P_3 の概形である）

ただし，n は2以上の整数である．

(1) P_n の内接球の半径が1である

とき，P_n の体積の最小値を V_n と

する．V_n を求めよ．

(2) $\displaystyle\lim_{n\to\infty} V_n$ を求めよ．

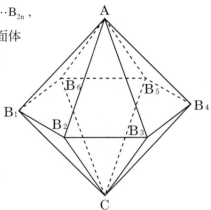

༶༶༶༶ 答 案 例 ༶༶༶༶༶༶༶༶༶༶༶༶༶༶༶༶༶༶༶༶༶༶༶༶༶༶༶༶༶༶༶

(1) （15点）

$\triangle AMO = \dfrac{1}{2}\cdot\sqrt{r^2+h^2}\cdot 1 = \dfrac{1}{2}rh$ より，

$$r^2+h^2 = (rh)^2$$

$$r^2 = \dfrac{h^2}{h^2-1} \quad\cdots\cdots① $$

$$(r>0, h>1)$$

正 $2n$ 角形の面積は，

$$\left(\dfrac{1}{2}\cdot r\cdot r\cdot\tan\dfrac{\pi}{2n}\right)\times 2\times 2n$$

$$= 2nr^2\tan\dfrac{\pi}{2n} = 2n\cdot\dfrac{h^2}{h^2-1}\tan\dfrac{\pi}{2n}$$

P_n の体積は，

$$2\times\dfrac{1}{3}\times 2n\cdot\dfrac{h^2}{h^2-1}\tan\dfrac{\pi}{2n}\times h$$

$$= \dfrac{4n}{3}\tan\dfrac{\pi}{2n}\cdot\dfrac{h^3}{h^2-1}$$

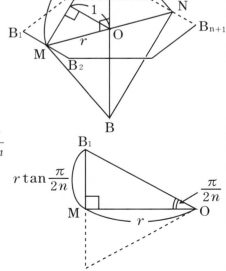

n は一定であるから $f(h) = h + \dfrac{1}{h^2 - 1}$ とおいて
$f(h)$ の最小値を求めたい.

$$f'(h) = \frac{3h^2\left(h^2 - 1\right) - h^3 \cdot 2h}{\left(h^2 - 1\right)^2} = \frac{h^2\left(h^2 - 3\right)}{\left(h^2 - 1\right)^2}$$

$$\therefore f(h) \geq f\left(\sqrt{3}\right) = \frac{3\sqrt{3}}{2}$$

したがって, $V_n = \dfrac{4n}{3}\tan\dfrac{\pi}{2n} \cdot \dfrac{3\sqrt{3}}{2} = 2\sqrt{3}n \cdot \tan\dfrac{\pi}{2n}$

(2)　（5点）

$$V_n = 2\sqrt{3}n \cdot \tan\frac{\pi}{2n} = 2\sqrt{3} \cdot \frac{\pi}{2} \cdot \frac{\tan\dfrac{\pi}{2n}}{\dfrac{\pi}{2n}}$$

$$\longrightarrow \sqrt{3}\pi \quad (n \to \infty)$$

第7回【第2問】 （円内の弦の存在範囲）◦❮◦❮◦❮◦❮◦❮◦❮◦❮◦❮◦❮◦❮◦❮◦❯

単位円 $C; x^2 + y^2 = 1$ の内部に定点$A(a,0)$ がある．ただし，$0 < a < 1$ とする．C 上に 2 点 P,Q をとり，弦 PQ に関して弧 $\overgroup{PQ}$ を対称移動した像が点 A を通るようにする．このような弦 PQ の存在範囲を求め，図示せよ．

❮◦◦◦◦ **答 案 例** ◦◦◦◦◦◦◦◦◦◦◦◦◦◦◦◦◦◦◦◦◦◦◦◦◦◦◦◦◦◦◦◦◦◦◦◦◦

（20点）

弦 PQ に関する A の対称点が C 上にあるので，これを $B(\cos\theta, \sin\theta)$ とおく．直線 PQ は線分 AB の垂直二等分線なので AB の中点 $\left(\dfrac{a + \cos\theta}{2}, \dfrac{\sin\theta}{2} \right)$ を通り，$\overrightarrow{AB} = \begin{pmatrix} \cos\theta - a \\ \sin\theta \end{pmatrix}$ を法線ベクトルにもつ．その方程式は $(\cos\theta - a)\left(x - \dfrac{a + \cos\theta}{2} \right) + \sin\theta \left(y - \dfrac{\sin\theta}{2} \right) = 0$

$\quad\quad\quad \Leftrightarrow \quad 2x(\cos\theta - a) + 2y\sin\theta = 1 - a^2 \quad \cdots\cdots ①$

θ を実数全体で動かすときの①の通過範囲を W とするとき，(x,y) が W に属するための必要十分条件は，①を満たす θ が存在することである．

$\quad ① \quad \Leftrightarrow \quad 2x\cos\theta + 2y\sin\theta = 1 + 2ax - a^2$

$\quad\quad\quad \Leftrightarrow \quad 2\sqrt{x^2 + y^2}\cos(\theta - \varphi) + 2y\sin\theta = 1 + 2ax - a^2 \quad （\varphi は (x,y) の偏角）$

$f(\theta) = 2\sqrt{x^2 + y^2}\cos(\theta - \varphi)$ とおくと，$f(\theta)$ の変域は

$\quad\quad |f(\theta)| \leq 2\sqrt{x^2 + y^2}$

であるから，右辺の $1 + 2ax - a^2$ がこの変域内に属せばよい．

$\quad\quad |1 + 2ax - a^2| \leq 2\sqrt{x^2 + y^2}$

$\quad \Leftrightarrow \quad 4a^2x^2 + 4a(1-a^2)x + (1-a^2)^2 \leq 4x^2 + 4y^2$

$\quad \Leftrightarrow \quad 4(1-a^2)x^2 - 4a(1-a^2)x + 4y^2 \leq (1-a^2)^2$

$\quad \Leftrightarrow \quad 4(1-a^2)\left(x - \dfrac{a}{2} \right)^2 + 4y^2 \leq 1 - a^2$

$\Leftrightarrow \dfrac{\left(x-\dfrac{a}{2}\right)^2}{\left(\dfrac{1}{2}\right)^2}+\dfrac{y^2}{\left(\dfrac{\sqrt{1-a^2}}{2}\right)^2}\geqq 1 \quad\cdots\cdots ②$

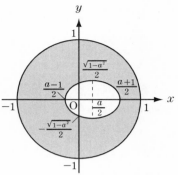

よって，題意をみたす弦 PQ の存在範囲は，
②かつ $x^2+y^2\leqq 1$ であり，図示すると
網目部分のようになる．境界はすべて含む．

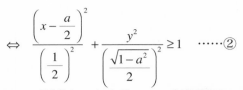

〰〰〰 参 考 〰〰〰〰〰〰〰〰〰〰〰〰〰〰〰〰〰〰〰〰〰〰〰〰〰〰〰〰〰〰〰〰

1°　解答途中の三角関数の合成では，ベクトルの内積を利用した．

$$x\cos\theta + y\sin\theta = \begin{pmatrix} x \\ y \end{pmatrix}\cdot\begin{pmatrix} \cos\theta \\ \sin\theta \end{pmatrix}$$

とみて，（内積）＝（大きさの積）$\times\cos$（なす角）を使う．

$\begin{pmatrix} x \\ y \end{pmatrix}$ の偏角 φ と $\begin{pmatrix} \cos\theta \\ \sin\theta \end{pmatrix}$ の偏角 θ を用いると，$\cos$（なす角）$=\cos(\theta-\varphi)$

となることから $x\cos\theta + y\sin\theta = \sqrt{x^2+y^2}\cdot 1\cdot\cos(\theta-\varphi)$ と合成できる．

2°　弦 PQ の包絡線として楕円が現れるのはなぜだろう？

実は得られた楕円　$\dfrac{\left(x-\dfrac{a}{2}\right)^2}{\left(\dfrac{1}{2}\right)^2}+\dfrac{y^2}{\left(\dfrac{\sqrt{1-a^2}}{2}\right)^2}=1$

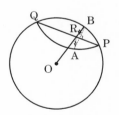

の 2 つの焦点は $\mathrm{O}(0,0)$ と $\mathrm{A}(a,0)$ である．

半径 OB と弦 PQ の交点を R とすれば，$\mathrm{AR}=\mathrm{BR}$ が成り立つから

　　　$\mathrm{OR+RA}=\mathrm{OR}+\mathrm{RB}=\mathrm{OB}=1$

となり，点 R は「2 点 O, A からの距離の和が 1」を満たし，楕円を
描く．このような点 R の全体が，弦 PQ の包絡線として現れる．

第7回【第3問】（3次方程式のガルダノの公式）⟡⟡⟡⟡⟡⟡⟡⟡⟡⟡⟡⟡⟡

(1) 実数の定数 a,b は，複素数の定数 u,v を用いて，

$$a = uv , b = u^3 + v^3$$

と表されている．このとき，3次方程式 $x^3 - 3ax + b = 0$ の3つの解を，

$Au + Bv$ （A,B は複素数の定数）の形で表せ

(2) 3次方程式 $x^3 + 3x^2 - 1 = 0$ の3つの解を，適当な角度 α を用いて $\cos\alpha$ と $\sin\alpha$ の式で表せ．

⟡⟡⟡ 答案例 ⟡⟡⟡⟡⟡⟡⟡⟡⟡⟡⟡⟡⟡⟡⟡⟡⟡⟡⟡⟡⟡⟡⟡⟡⟡⟡⟡⟡⟡

(1)（10点）

$$x^3 - 3ax + b = 0 \quad \rightleftarrows \quad x^3 + u^3 + v^3 - 3xuv = 0$$

$$\Leftrightarrow (x + u + v)(x^2 + u^2 + v^2 - xu - uv - vx) = 0$$

$$\Leftrightarrow \begin{cases} x + u + v = 0 & \cdots\cdots① \text{または} \\ x^2 - (u+v)x + u^2 - uv + v^2 = 0 & \cdots\cdots② \end{cases}$$

①より，$x = -u - v$

次に，② $\Leftrightarrow \left(x - \dfrac{u+v}{2}\right)^2 + \dfrac{3}{4}u^2 - \dfrac{3}{2}uv + \dfrac{3}{4}v^2 = 0$

$$\Leftrightarrow \left(x - \frac{u+v}{2}\right)^2 + \frac{3}{4}(u-v)^2 = 0$$

$$\Leftrightarrow \left(x - \frac{u+v}{2} + \frac{\sqrt{3}}{2}(u-v)i\right) \times \left(x - \frac{u+v}{2} - \frac{\sqrt{3}}{2}(u-v)i\right) = 0$$

$$\therefore x = \frac{u+v}{2} \pm \frac{\sqrt{3}}{2}(u-v)i = \frac{1 \pm \sqrt{3}i}{2}u + \frac{1 \mp \sqrt{3}i}{2}v \quad \text{（複号同順）}$$

(2) （10点）

$$x^3 + 3x^2 - 1 = 0 \quad \Leftrightarrow \quad (x+1)^3 - 3(x+1) + 1 = 0 \quad \cdots\cdots③$$

ここで(1)より，$uv = 1$ ，$u^3 + v^3 = 1 \cdots\cdots④$

をみたす複素数の組 (u,v) を求めれば，③の解は，

$$x + 1 = -u - v \quad \Leftrightarrow \quad x = -1 - u - v ,$$

$$x+1 = \frac{u+v}{2} \pm \frac{\sqrt{3}}{2}(u-v)i \iff x = -1 + \frac{u+v}{2} \pm \frac{\sqrt{3}}{2}(u-v)i$$

と表される．そこで，(u,v) を求める．④より，

$$u^3 v^3 = (uv)^3 = 1 \ , \ u^3 + v^3 = 1$$

だから，u^3 と v^3 は t の 2 次方程式 $t^2 - t + 1 = 0$ の解

$$t = \frac{1 \pm \sqrt{3}i}{2} = \cos 60° \pm i \sin 60°$$ と一致する．よって，

$$u^3 = \cos 60° + i \sin 60° \ , \ v^3 = \cos 60° - i \sin 60°$$

とおけば（逆でもよい），$\theta = 20°, 140°, 260°$ として，

$$(u,v) = (\cos\theta + i\sin\theta, \cos\theta - i\sin\theta)$$

となる．$(\because uv = 1)$

$\theta = 20°$ のときを考えれば，$x = -1 - u - v = 1 - 2\cos 20°$

$$x = -1 + \frac{u+v}{2} \pm \frac{\sqrt{3}}{2}(u-v)i = -1 + \cos 20° \mp \sqrt{3}\sin 20° \quad （複号同順）$$

となる．$\theta = 140°, 260°$ のときも，

$$\cos 140° = \cos(120° + 20°) = -\frac{1}{2}\cos 20° - \frac{\sqrt{3}}{2}\sin 20° \ ,$$

$$\sin 140° = \sin(120° + 20°) = \frac{\sqrt{3}}{2}\cos 20° - \frac{1}{2}\sin 20° \ ,$$

$$\cos 260° = \cos(240° + 20°) = -\frac{1}{2}\cos 20° + \frac{\sqrt{3}}{2}\sin 20° \ ,$$

$$\cos 260° = \cos(240° + 20°) = -\frac{\sqrt{3}}{2}\cos 20° - \frac{1}{2}\sin 20° \ ,$$

を用いて計算すれば $\theta = 20°$ のときの x の値と一致する．

したがって，求める解は，$-1 - 2\cos 20° \ , \ -1 + \cos 20° \pm \sqrt{3}\sin 20°$

参 考

1°　(2)の③を作った式変形は「立法完成」と呼ばれるものである．

2°　(2)の 3 つの解は，$x = -1 - u - v$

で，$\theta = 20°, 140°, 260°$ の場合を考えて，

$$x = -1 - 2\cos 20° \ , \ -1 - 2\cos 140° \ , \ -1 - 2\cos 260°$$ としてもよい．

(1) 3次方程式 $x^3 - 3ax + b = 0$ の
3つの解をそれぞれ β, γ, δ とする.
解と係数の関係より

$$\begin{cases} \beta + \gamma + \delta = 0 & \cdots ① \\ \beta\gamma + \gamma\delta + \delta\beta = -3a = -3uv & ② \\ \beta\gamma\delta = -b = -(u^3+v^3) & ③ \end{cases}$$

①より $\delta = -(\beta+\gamma)$ ゆえ. ②,③に
代入して, 整理すると.

$$\begin{cases} \beta^2 + \beta\gamma + \gamma^2 = 3uv & \cdots ④ \\ \beta\gamma(\beta+\gamma) = u^3+v^3 & \cdots ⑤ \end{cases}$$

④より, $\beta\gamma + \gamma^2 = 3uv - \beta^2$
⑤より $\beta(\beta\gamma + \gamma^2) = u^3+v^3$ なので
$\beta(3uv - \beta^2) = u^3+v^3$ $\cdots ⑥$
ここで $\beta = A_1 u + B_1 v$ とすると.
$\beta(3uv - \beta^2)$
$= -A_1^3 u^3 - B_1^3 v^3 + (3A_1 - 3A_1^2 B_1)u^2 v$
$\qquad\qquad + (3B_1 - 3A_1 B_1^2)uv^2 \cdots ⑦$
⑥, ⑦ので. 係数の一致より

$$\begin{cases} A_1^3 = -1 & \cdots ⑧ \\ B_1^3 = -1 & \cdots ⑨ \\ A_1 - A_1^2 B_1 = 0 \\ B_1 - A_1 B_1^2 = 0 \end{cases}$$

⑧,⑨より $A_1 \neq 0$, $B_1 \neq 0$ なので
$1 - A_1 B_1 = 0$ ∴ $A_1 B_1 = 1 \cdots ⑩$
⑧を解くと. $A_1 = -1, \frac{1}{2} \pm \frac{\sqrt{3}}{2}i$.
このとき⑧,⑩を考慮する
$(A_1, B_1) = (-1, -1)\left(\frac{1}{2}+\frac{\sqrt{3}}{2}i, \frac{1}{2}-\frac{\sqrt{3}}{2}i\right)$
$\qquad\qquad \left(\frac{1}{2}-\frac{\sqrt{3}}{2}i, \frac{1}{2}+\frac{\sqrt{3}}{2}i\right)$
この3つの (A,B) の組みあわせで, 3つの
解が表せる.

172

$= \begin{cases} (-1)u + (-1)v \\ \left(\frac{1}{2}+\frac{\sqrt{3}}{2}i\right)u + \left(\frac{1}{2}-\frac{\sqrt{3}}{2}i\right)v \\ \left(\frac{1}{2}-\frac{\sqrt{3}}{2}i\right)u + \left(\frac{1}{2}+\frac{\sqrt{3}}{2}i\right)v \end{cases}$ OK

(2) 3次方程式 $x^3 + 3x^2 - 1 = 0$ の3つの解を
それぞれ c, d, e とする。解と係数の
関係より

$$\begin{cases} c + d + e = -3 \\ cd + de + ec = 0 \\ cde = 1 \end{cases}$$

$e = -3 - (c+d)$ を代入して整理する

$$\begin{cases} c^2 + d^2 + cd + 3c + 3d = 0. & \cdots ⑪ \\ cd(c+d+3) = -1 & \cdots ⑫ \end{cases}$$

(1)は. x^2 の項がない. ことがポイント
であった.
(2)では. x^2 の項がある.

2次方程式では. x の項を平方完成
によって. 見えなくすることで (解の公式
を導くことができる) 解けた.
だとすると, 3次方程式は _____.
すればよい.
（歴史上の人物 カルダノ / の発想）

(2) 変形すると.
$$x^3 - 3x^2 - 1$$
$$= (x+1)^3 - 3(x+1) + 1$$

ゆえに (1)において $x \to x+1$, $a=1$,
$b=1$ とすればよい.

これより 3つの解は.
$$x = \begin{cases} -u - v - 1 \\ \left(\frac{-1}{2} + \frac{\sqrt{3}}{2}i\right)u + \left(\frac{-1}{2} - \frac{\sqrt{3}}{2}i\right)v - 1 \\ \left(\frac{-1}{2} - \frac{\sqrt{3}}{2}i\right)u + \left(\frac{-1}{2} + \frac{\sqrt{3}}{2}i\right)v - 1 \end{cases}$$

ただし.
　u, v は. $uv = 1$, $u^3 + v^3 = 1$ を

　　　　　　　　　　みたす

これより $v = \frac{1}{u}$ $(u \ne 0)$ なので.
$$u^3 + \left(\frac{1}{u}\right)^3 = 1$$
$$u^6 - u^3 + 1 = 0.$$
$$(u^3)^2 - u^3 + 1 = 0.$$

u^3に関する 2次方程式とみて.
$$u^3 = \frac{1 \pm \sqrt{3}i}{2}$$
$$= \cos\left(\pm\frac{\pi}{3}\right) + i\sin\left(\pm\frac{\pi}{3}\right)$$
$$u = \cos\left(\pm\frac{\pi}{9}\right) + i\sin\left(\pm\frac{\pi}{9}\right)$$

u と v は 対称なので.
$$\begin{cases} u = \cos\frac{\pi}{9} + i\sin\frac{\pi}{9} \\ v = \cos\left(-\frac{\pi}{9}\right) + i\sin\left(-\frac{\pi}{9}\right) \\ \quad = \cos\frac{\pi}{9} - i\sin\frac{\pi}{9} \end{cases}$ と表せる.

これより. 1つ目の解は
$$-u - v - 1$$
$$= -\cos\frac{\pi}{9} - i\sin\frac{\pi}{9} - \cos\frac{\pi}{9} + i\sin\frac{\pi}{9} - 1$$
$$= -2\cos\frac{\pi}{9} - 1$$

2つ目の解は
$$\left(\frac{-1}{2} + \frac{\sqrt{3}}{2}i\right)\left(\cos\frac{\pi}{9} + i\sin\frac{\pi}{9}\right) + \left(\frac{-1}{2} - \frac{\sqrt{3}}{2}i\right)\left(\cos\frac{\pi}{9} - i\sin\frac{\pi}{9}\right) - 1$$
$$= \cos\frac{\pi}{9} - \sqrt{3}\sin\frac{\pi}{9} - 1$$

3つ目の解は
$$\left(\frac{-1}{2} - \frac{\sqrt{3}}{2}i\right)\left(\cos\frac{\pi}{9} + i\sin\frac{\pi}{9}\right) + \left(\frac{-1}{2} + \frac{\sqrt{3}}{2}i\right)\left(\cos\frac{\pi}{9} - i\sin\frac{\pi}{9}\right) - 1$$
$$= \cos\frac{\pi}{9} + \sqrt{3}\sin\frac{\pi}{9} - 1$$

$$x = -2\cos\frac{\pi}{9} - 1$$
$$\cos\frac{\pi}{9} - \sqrt{3}\sin\frac{\pi}{9} - 1$$
$$\cos\frac{\pi}{9} + \sqrt{3}\sin\frac{\pi}{9} - 1$$

答

173

第7回【第4問】 （tanと整数問題）◦⤙◦⤙◦⤙◦⤙◦⤙◦⤙◦⤙◦⤙◦⤙◦⤙◦⤙◦⤙◦⤙◦

3つの値 $l = \tan\alpha$, $m = \tan\beta$, $n = \tan\gamma$ はすべて整数で，3つの角 a, β, γ を内角とする三角形 T が存在するという．

(1) T は鋭角三角形であることを示せ．

(2) 組 (l, m, n) をすべて求めよ．

⌇⌇⌇⌇⌇ 答案例1 ⌇⌇⌇

(1) （10点）

$\alpha + \beta + \gamma = 180°$ なので，

$$\tan\gamma = \tan\left(180° - \alpha - \beta\right) = -\tan(\alpha + \beta) = -\frac{\tan\alpha + \tan\beta}{1 - \tan\alpha\tan\beta}$$

$$\therefore n = \frac{-(l + m)}{1 - lm}$$

$$n(1 - lm) = -l - m$$

$$lmn = l + m + n \quad \cdots\cdots①$$

3つの角 $\tan\alpha$, $\tan\beta$, $\tan\gamma$ の値が存在するから，T は直角三角形ではない．また，T が鈍角三角形だと仮定して矛盾を導く．

α が鈍角だとしても一般性を失わない．このとき，$l < 0$, $m > 0$, $n > 0$ であり，①から $(mn - 1)l = m + n > 0$

$$\therefore mn - 1 < 0$$

このような正の整数 m, n は存在しないので矛盾する．

したがって，T は直角三角形でも鈍角三角形でもなく，

鋭角三角形である．

(2) （10点）

$0 < l \leq m \leq n \cdots\cdots②$ と仮定しても一般性を失わない．

$lmn = l + m + n \leq 3n$ より $lm \leq 3$

$(l, m) = (1,1), (1,2), (1,3)$ に限られる．

174

$(l,m)=(1,1)$ のとき①をみたす n は存在しない.

$(l,m)=(1,2)$ のとき①より $n=3$

$(l,m)=(1,3)$ のとき①より $n=2$ となるが，仮定②に反する.

$$\therefore (l,m,n)=(1,2,3)$$

仮定②をはずして，

$$(l,m,n)=(1,3,2),(2,1,3),(2,3,1),(3,1,2),(3,2,1)$$

も含めてこの 6 組が答

答案例2

(1)　l,m,n が整数値で存在するから，T は直角三角形ではない.

　次に，T が鈍角三角形であると仮定する.

　他の 2 つの角は合わせても鋭角で，その一方は 45° 未満となる.

　45° 未満の角の tangent は整数にならないから，与えられた条件と矛盾

する．よって，T は鋭角三角形である.

第7回【第5問】 （2変数の数列と漸化式） ⌒⌒⌒⌒⌒⌒⌒⌒⌒⌒⌒⌒⌒⌒⌒⌒⌒

m,n は $m \geq n \geq 1$ をみたす整数である．整数 $a(m,n)$ は，次の漸化式をみた

す．

$$\begin{cases} a(m,1) = m \\ a(m,n) = a(m,n-1) + a(m-1,n-1) \end{cases}$$

(1)　$a(7,5)$ を求めよ．

(2)　$a(m,n)$ を m,n の式で表せ．

━━━━━━━(答 案 例)━━━━━━━━━━━━━━━━━━━━━━━━━━━━━━━━━━

(1)（10点）

漸化式を実行したもの
を表に表してみる．
表より $a(7,5) = 80$

$m=1$	1
$m=2$	2 3
$m=3$	3 5 8
$m=4$	4 7 12 20
$m=5$	5 9 16 28 48
$m=6$	6 11 20 36 64 112
$m=7$	7 13 24 44 80 144 256

(2)（12点）

図のように考えると，
例えば $a(7,5) = 80$ は

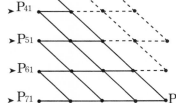

$a(3,1) = 3$ ＞P_{31}

$a(4,1) = 4$ ＞P_{41}

$a(5,1) = 5$ ＞P_{51}

$a(6,1) = 6$ ＞P_{61}

$a(7,1) = 7$ ＞P_{71} P_{75}

P_{11}

P_{21}

$$a(7,5) = \sum_{k=3}^{7} a(k,1) \times \left(\text{点P}_{k+1} \text{から点P}_{75} \text{への経路の数} \right)$$

$$= 3 \times {}_4C_0 + 4 \times {}_4C_1 + 5 \times {}_4C_2 + 6 \times {}_4C_3 + 7 \times {}_4C_4 = \begin{pmatrix} 3 \\ 4 \\ 5 \\ 6 \\ 7 \end{pmatrix} \cdot \begin{pmatrix} 1 \\ 4 \\ 6 \\ 4 \\ 1 \end{pmatrix} = 80$$

と考えられる．同様にして，

$$a(m,n) = \begin{pmatrix} m-n+1 \\ m-n+2 \\ \vdots \\ m-1 \\ m \end{pmatrix} \cdot \begin{pmatrix} {}_{n-1}C_0 \\ {}_{n-1}C_1 \\ \vdots \\ {}_{n-1}C_{n-2} \\ {}_{n-1}C_{n-1} \end{pmatrix} = (m-n+1)\sum_{k=0}^{n-1} {}_{n-1}C_k + \sum_{k=1}^{n-1} k \, {}_{n-1}C_k$$

$$= (m-n+1) \cdot 2^{n-1} + \sum_{k=1}^{n-1} (n-1) \, {}_{n-2}C_{k-1} = (m-n+1) \cdot 2^{n-1} + (n-1) \cdot 2^{n-2}$$

$$= (2m-n+1) \cdot 2^{n-2} \qquad (\text{ただし} \; m \geq n \geq 1)$$

と予想できる．以下では，

$$a(m,n) = (2m-n+1) \cdot 2^{n-2} \cdots\cdots(*)$$

を n に関する数学的帰納法により証明する．

$n=1$ のとき；$a(m,1) = (2m) \cdot 2^{1-2} = m$ なので，$m \geq 1$ なるすべての m で $(*)$ は成り立つ．

ある n のとき，$m \geq n$ なるすべての m で $(*)$ が成り立つことを仮定する．$n+1$ のとき，

$$a(m,n+1) = a(m,n) + a(m-1,n)$$

$$= (2m-n+1) \cdot 2^{n-2} + \left(2(m-1)-n+1 \right) \cdot 2^{n-2}$$

$$= (4m-2n) \cdot 2^{n-2}$$

$$= \left(2m-(n+1)+1 \right) \cdot 2^{(n+1)-2}$$

となり，やはり $(*)$ が成り立つ．

第7回 第5問 所要時間 分 自己分析 70%程度 評価

(1) $a(7,5)$

$= a(7,4) + a(6,4)$

$= a(7,3) + a(6,3) + a(6,3) + a(5,3)$

$= a(7,3) + 2a(6,3) + a(5,3)$

$= a(7,2) + a(6,2) + 2\{a(6,2)+a(5,2)\} + a(5,2) + a(4,2)$

$= a(7,2) + 3a(6,2) + 3a(5,2) + a(4,2)$

$= a(7,1) + a(6,1) + 3\{a(6,1) + a(5,1)\} + 3\{a(5,1) + a(4,1)\} + a(4,1) + a(3,1)$

$= a(7,1) + 4a(6,1) + 6a(5,1) + 4a(4,1) + a(3,1)$

$= 7 + 4\cdot 6 + 6\cdot 5 + 4\cdot 4 + 3$

$= 7 + 24 + 30 + 16 + 3$

$= 80$

(2) $a(m,n) = \sum_{k=0}^{n-1} (m-k)\, {}_{n-1}C_k$ と予想し、仮定する。

このとき、与式

$a(m,n) = a(m,n-1) + a(m-1,n-1)$ が成立することを示せばよい。㊟

$a(m,n-1) = \sum_{k=0}^{n-2} (m-k)\cdot {}_{n-2}C_k$ …①

$a(m-1,n-1) = \sum_{k=0}^{n-2} \{(m-1)-k\}\cdot {}_{n-2}C_k$

$= \sum_{k=1}^{n-1} (m-k)\, {}_{n-2}C_{k-1}$ …②

①+②を考えて

$a(m,n-1) + a(m-1,n-1)$

$= \sum_{k=1}^{n-2} (m-k)\{{}_{n-2}C_k + {}_{n-2}C_{k-1}\} + m + (m-n+1)$

ここで、${}_{n-1}C_k = {}_{n-2}C_k + {}_{n-2}C_{k-1}$ より

$a(m,n-1) + a(m-1,n-1)$

$= \sum_{k=1}^{n-2} (m-k)\, {}_{n-1}C_k + 2m-n+1$

$(m-k)\, {}_{n-1}C_k$ について、

$k=0$ のとき m

$k=n-1$ のとき $m-n+1$ で、

$m + (m-n+1) = 2m-n+1$

よって、

$a(m,n-1) + a(m-1,n-1)$

$= \sum_{k=0}^{n-1} (m-k)\cdot {}_{n-1}C_k$

$= a(m,n)$

従って、与式が成立することが示せたから

$a(m,n) = \sum_{k=0}^{n-1} (m-k)\cdot {}_{n-1}C_k$

(i) $\sum_{k=0}^{n-1} {}_{n-1}C_k = (1+1)^{n-1} = 2^{n-1}$

(ii) $\sum_{k=0}^{n-1} k\cdot {}_{n-1}C_k$ を求める

${}_nC_k = {}_{n-1}C_k + {}_{n-1}C_{k-1}$

$k\cdot {}_nC_k = n\cdot {}_{n-1}C_{k-1}$ を用いると

$k\cdot {}_{n-1}C_k = (n-k)\cdot {}_{n-1}C_{k-1}$ を使う

計算は二項定理 … どうか

この予想は(結果として)正しい。

㊟をみたすことというのは、

仮説が(主張・予想)真であることを示すための帰納法のステップに位置付けられるもの。

$a(m,n)$ は㊟だけでは決まらない。

初期値 $a(m,1) = m$ と、漸化式㊟によって定義されている。

予想した式が、上の定義と合致することを示すことで、

すべての m, n で仮説(予想)が正しいということになる。それが帰納法。

初期値を確かめるステップが必要。

(2) $a(m,n) = \sum_{k=0}^{n-1} (m-k)_{n-1}C_k$ と予想し、

これが成り立つと仮定する。(※)

論理が違和感あり。
予想を仮定すると何がまずい?しよう?

ここで、
$$\begin{cases} a(m,1) = m & \cdots ① \\ a(m,n) = a(m,n-1) + a(m-1,n-1) \end{cases}$$

が 成立することを示す $\cdots ②$

(※)で、$n=1$ を代入すると、

$a(m,1) = \sum_{k=0}^{0} (m-k)_0 C_k$

$= (m-0)_0 C_0$

$= m$ 　　よって ① は成立

(※) が 成立するとき

$a(m,n-1) = \sum_{k=0}^{n-2} (m-k)_{n-2}C_k$

$a(m-1,n-1) = \sum_{k=0}^{n-2} (m-1-k)_{n-2}C_k$

$= \sum_{k=1}^{n-1} (m-k)_{n-2}C_{k-1}$

これより、$a(m,n-1) + a(m-1,n-1)$

$= \sum_{k=0}^{n-2} (m-k)_{n-2}C_k + \sum_{k=1}^{n-1} (m-k)_{n-2}C_{k-1}$

$= m + \sum_{k=1}^{n-2} (m-k)_{n-2}C_k + (m-n+1)$

$\qquad\qquad + \sum_{k=1}^{n-2} (m-k)_{n-2}C_{k-1}$

$= (2m-n+1) + \sum_{k=1}^{n-2} (m-k)\{_{n-2}C_k + _{n-2}C_{k-1}\}$

$= (2m-n+1) + \sum_{k=1}^{n-2} (m-k)_{n-1}C_k$

$(m-k)_{n-1}C_k$ に $k=0, n-1$ を代入すると

それぞれ $m,\ m-n+1$

この和は $2m-n+1$ より

$a(m,n-1) + a(m-1,n-1) = \sum_{k=0}^{n-1} (m-k)_{n-1}C_k$

$(※より)\quad a(m,n-1) + a(m-1,n-1) = a(m,n)$

従く、①、②がともに成立するので仮説は正しい

次に [※] を 計算する。　計算部分 OK.

二項定理より。

$\sum_{k=0}^{n-1} x^k \,_{n-1}C_k = (1+x)^{n-1} \quad \cdots ⑦$

両辺 x で微分して

$\sum_{k=0}^{n-1} k \cdot x^{k-1} \,_{n-1}C_k = (n-1) \cdot (x+1)^{n-2} \quad ④$

⑦で $x=1$ を代入して。

$\sum_{k=0}^{n-1} {}_{n-1}C_k = 2^{n-1}$

④で $x=1$ を代入して。

$\sum_{k=0}^{n-1} k \,_{n-1}C_k = (n-1) \cdot 2^{n-2}$

よって

$a(m,n) = m \sum_{k=0}^{n-1} {}_{n-1}C_k - \sum_{k=0}^{n-1} k \,_{n-1}C_k$

$= m \cdot 2^{n-1} - (n-1) \cdot 2^{n-2}$

$= (2m-n+1) \cdot 2^{n-2}$ 　☆

$\therefore a(m,n) = \boxed{(2m-n+1) \cdot 2^{n-2}}$

$a(m,n)$ は ①、② により 定義 されている。
このような数列は、ひとつに決まる。
漸化式②を解くのは 難しそうだ。
そこで (※) という 仮説=予想 をたてた。
仮説を証明しなければならない。

┌ 仮説(※)の列 $a(m,n)$ が ①、② をみたすこと
│ を示した。そのような数列はひとつしかないから。
└ 仮説は正しい。

ふつうに (※)にもとづいて計算してみたところ、
☆ がでてきた。よって☆は ①、② をみたす
数列 $a(m,n)$ の一般項である。

ここで「やり直しのメモ」のロジックが入っているはず!!

179

第7回【第6問】 （法線上の点の軌跡）⋞⋟⋞⋟⋞⋟⋞⋟⋞⋟⋞⋟⋞⋟

曲線 $C\,;\,y=\dfrac{1}{2}x^2\ (0\le x\le\sqrt{3})$ 上に点 $\mathrm{P}(x,y)$ をとり，P における C の法線

上に $\overline{\mathrm{PQ}}=a$ となる点 $\mathrm{Q}(X,Y)$ をとる．ただし，a は正の定数で，Q は領域

$y<\dfrac{1}{2}x^2$ 中にとるものとする．P が C 上を動くときの Q の軌跡の長さを

L，C の長さを l とするとき，

$$L-l=\pi$$

が成り立つという．a の値を求めよ．ただし，P における C の法線とは，

P を通り，P における C の接線と直交する直線を意味する．

⋟⋞⋟⋞ 答案例 ⋟⋞⋟⋞⋟⋞⋟⋞⋟⋞⋟⋞⋟⋞⋟⋞⋟⋞⋟⋞⋟⋞⋟⋞⋟⋞⋟⋞⋟⋞⋟⋞⋟⋞⋟⋞⋟

（20点）

$\mathrm{P}(x,y)$ における接線の傾きを $\tan\theta$ とおくと，

$$y'=x=\tan\theta\ \left(0\le\theta\le\dfrac{\pi}{3}\right)$$

$\therefore\ \mathrm{P}\left(\tan\theta,\dfrac{1}{2}\tan^2\theta\right)$

$\therefore\ \overrightarrow{\mathrm{PQ}}=a\begin{pmatrix}\sin\theta\\-\cos\theta\end{pmatrix},$

$\therefore\ \overrightarrow{\mathrm{OQ}}=\begin{pmatrix}X\\Y\end{pmatrix}=\begin{pmatrix}\tan\theta+a\sin\theta\\\dfrac{1}{2}\tan^2\theta-a\cos\theta\end{pmatrix}$

$\dfrac{dX}{d\theta}=\dfrac{1}{\cos^2\theta}+a\cos\theta=\dfrac{1+a\cos^3\theta}{\cos^2\theta}$

$\dfrac{dY}{d\theta}=\tan\theta\cdot\dfrac{1}{\cos^2\theta}+a\sin\theta=\dfrac{\sin\theta\left(1+a\cos^3\theta\right)}{\cos^3\theta}$

$\therefore\ \sqrt{\left(\dfrac{dX}{d\theta}\right)^2+\left(\dfrac{dY}{d\theta}\right)^2}=\left(1+a\cos^3\theta\right)\sqrt{\left(\dfrac{1}{\cos^2\theta}\right)^2+\left(\dfrac{\sin\theta}{\cos^3\theta}\right)^2}$

$$= \left(1 + a\cos^3\theta\right)\sqrt{\frac{\cos^2\theta + \sin^2\theta}{\cos^6\theta}} = \frac{1 + a\cos^3\theta}{\cos^3\theta} = \frac{1}{\cos^3\theta} + a$$

よって，Q の軌跡の長さは $\quad L = \int_0^{\frac{\pi}{3}} \left(\frac{1}{\cos^3\theta} + a\right) d\theta = \int_0^{\frac{\pi}{3}} \frac{d\theta}{\cos^3\theta} + \frac{\pi}{3} a$

また，曲線 C の長さは $\quad l = \int_0^{\sqrt{3}} \sqrt{1 + \left(\frac{dy}{dx}\right)^2}\, dx = \int_0^{\sqrt{3}} \sqrt{1 + x^2}\, dx$

$x = \tan\theta$ と置くと $\dfrac{dx}{d\theta} = \dfrac{1}{\cos^2\theta}$ で，$l = \displaystyle\int_0^{\frac{\pi}{3}} \sqrt{1 + \tan^2\theta} \cdot \dfrac{1}{\cos^2\theta} \cdot d\theta = \int_0^{\frac{\pi}{3}} \dfrac{d\theta}{\cos^2\theta}$

$\therefore L - l = \dfrac{\pi}{3} a$

この値が π になるとき，$a = 3$

◆◇◆◇◆◇◆◇ 〔 参 考 〕 ◆◇◆◇◆◇◆◇◆◇◆◇◆◇◆◇◆◇◆◇◆◇◆◇◆◇◆◇◆◇◆◇◆◇◆◇

本問では計算する必要はないが，

$l = \displaystyle\int_0^{\sqrt{3}} \sqrt{1 + x^2}\, dx$ の値を求めるのには $x = \dfrac{e^t - e^{-t}}{2}$ の置換が有効である．

$\dfrac{dx}{dt} = \dfrac{e^t - e^{-t}}{2}$，$\sqrt{1 + x^2} = \sqrt{1 + \left(\dfrac{e^t - e^{-t}}{2}\right)^2} = \sqrt{\left(\dfrac{e^t + e^{-t}}{2}\right)^2} = \dfrac{e^t + e^{-t}}{2}$

$\begin{array}{c|ccc} t & 0 & \to & \alpha \\ \hline x & 0 & \to & \sqrt{3} \end{array}$ とすると，$\dfrac{e^\alpha - e^{-\alpha}}{2} = \sqrt{3} \rightleftarrows \left(e^a\right)^2 - 2\sqrt{3}e^a - 1 = 0$

$\therefore e^\alpha = \sqrt{3} + 2 \quad \left(\because e^\alpha > 0\right) \qquad\qquad \alpha = \log\left(\sqrt{3} + 2\right)$

以上から

$l = \displaystyle\int_0^\alpha \left(\dfrac{e^t + e^{-t}}{2}\right)^2 dt = \dfrac{1}{4} \int_0^\alpha \left(e^{2t} + 2 + e^{-2t}\right) dt$

$= \dfrac{1}{4} \left[\dfrac{1}{2} e^{2t} + 2t - \dfrac{1}{2} e^{-2t}\right]_0^\alpha = \dfrac{1}{8}\left(e^{2\alpha} - e^{-2\alpha}\right) + \dfrac{1}{2}\alpha$

$= \dfrac{1}{8}\left\{\left(\sqrt{3} + 2\right)^2 - \left(\dfrac{1}{\sqrt{3} + 2}\right)^2\right\} + \dfrac{1}{2}\log\left(\sqrt{3} + 2\right) = \sqrt{3} + \dfrac{1}{2}\log\left(\sqrt{3} + 2\right)$

となる．

$f(x) = \frac{1}{2}x^2$ とすると. $f'(x) = x$.

C の長さ ℓ は

$$\ell = \int_0^{\sqrt{3}} \sqrt{1 + \{f'(x)\}^2} \, dx$$

$$= \int_0^{\sqrt{3}} \sqrt{x^2 + 1} \, dx$$

$x = \tan\theta$ とおくと. $\frac{dx}{d\theta} = \frac{1}{\cos^2\theta}$

また.

x	$0 \to \sqrt{3}$
θ	$0 \to \frac{\pi}{3}$

よって.

$$\ell = \int_0^{\frac{\pi}{3}} \sqrt{\tan^2\theta + 1} \cdot \frac{1}{\cos^2\theta} \cdot d\theta$$

$$= \int_0^{\frac{\pi}{3}} \frac{1}{\cos^3\theta} \cdot d\theta \cdots ①$$

↑ 消した跡、OK.
① を計算しなくてよい
ことに気づいたね。

（倒れた！）

$P_1\left(s, \frac{1}{2}s^2\right)$ $(0 \le s \le \sqrt{3})$ とし、P_1 における.
C の法線を m とすると. m の方程式は.

$$y = -\frac{1}{s}x + \frac{1}{2}s^2 + 1$$

これより. Q の座標は.

$$\begin{cases} x = s + a \cdot \dfrac{s}{\sqrt{s^2+1}} \\ y = \dfrac{1}{2}s^2 - a \cdot \dfrac{1}{\sqrt{s^2+1}} \end{cases}$$

Q の軌跡の長さ L は.

$$L = \int_0^{\sqrt{3}} \sqrt{\left|\frac{dx}{ds}\right|^2 + \left|\frac{dy}{ds}\right|^2} \, ds$$

$$\frac{dx}{ds} = 1 + \frac{a}{(s^2+1)^{\frac{3}{2}}}$$

$$\frac{dy}{ds} = s + \frac{as}{(s^2+1)^{\frac{3}{2}}}$$

よって.

$$L = \int_0^{\sqrt{3}} \sqrt{\left(1 + \frac{a}{(s^2+1)^{\frac{3}{2}}}\right)^2 + \left(s + \frac{as}{(s^2+1)^{\frac{3}{2}}}\right)^2} \, ds$$

$$= \int_0^{\sqrt{3}} \left(\frac{a}{(s^2+1)^{\frac{3}{2}}} + 1\right)\sqrt{s^2+1} \, ds$$

$s = \tan\theta$ とおくと. $\frac{ds}{d\theta} = \frac{1}{\cos^2\theta}$

また.

s	$0 \to \sqrt{3}$
θ	$0 \to \frac{\pi}{3}$

これより.

$$L = \int_0^{\frac{\pi}{3}} \left(\frac{a}{(\tan^2\theta+1)^{\frac{3}{2}}} + 1\right)\sqrt{\tan^2\theta+1} \cdot \frac{1}{\cos^2\theta} d\theta$$

$$= \int_0^{\frac{\pi}{3}} (a\cos^3\theta + 1) \cdot \frac{1}{\cos^3\theta} \, d\theta$$

$$= \int_0^{\frac{\pi}{3}} a \cdot d\theta + \int_0^{\frac{\pi}{3}} \frac{1}{\cos^3\theta} \, d\theta \cdots ②$$

①, ② より. $L - \ell = \int_0^{\frac{\pi}{3}} a \, d\theta$

$$= \frac{\pi}{3}a.$$

$L - \ell = \pi$ より $\frac{\pi}{3}a = \pi$

$$\therefore a = 3$$

第8回

解説・答案例・指導例

　第8回のセットも【1】は極限からのスタート．今回は，常用対数の問題とのカップリング．理系の場合，常用対数から気の利いた問題をつくれる機会は少ないかも．

　【2】は，正7角形に関する問題を2つ．［A］［B］ともに有名素材だが，三角関数だけの知識で倒せるものと，複素数平面を活用するものを，選択方式で問い分けた．

　【3】は平面ベクトルの軽めの出題．この位置は計算量の多い問題を置くべきなのに，軽いものを置いてしまったのは反省．

　【4】は，理系数学受験生でも，たまには数学Ⅱからの微積分を演習しておく必要があるだろうと出題．

　【5】は，ちょっとした疑問から思考実験して問題に育ったのだが，適度な計算量になった．

　【6】は，改訂版作成の際に東京大学大学院入試を取材して取り入れたもの．

第8回【第1問】 （十進法表示と極限）～～～～～～～～～～～～

　N 個の数 $2^k\,(k=1,2,\cdots\cdots,N)$ のうち，その10進法表示における首位の数字が1であるものの個数を $P(N)$ とする．

$$\lim_{N\to\infty}\frac{P(N)}{N}$$

を求めよ．

～～～　答案例　～～～～～～～～～～～～～～～～～～～～～～

(20点)

　無限数列 $\{2^k\}\,(1\le k<\infty)$ を，次のように群数列に分ける．

　　　　第 l 群に属する数は， l 桁の整数である　……(＊)

たとえば，

$$\underbrace{2,4,8}_{1},\underbrace{16,32,64}_{2},\underbrace{128,256,512}_{3},$$

$$\underbrace{1024,2048,4096,8192}_{4},16384,\cdots\cdots$$

のようになる．

2^k が第 l 群の末尾の数（ l 桁の数のうちの最大のもの）とすると，

2^{k+1} は $l+1$ 桁の数であるから，空の群は存在しない．……①

また，各群の初項の首位の数字はかならず1である．……②
なぜなら，もし第 l 群の初項 2^k の首位の数字が2以上であったとすると，

$$2^{k-1}=\frac{1}{2}\cdot 2^k$$

もまた l 桁の整数となり，第 l 群に属するから矛盾する．

さらに，各群の第2項の首位の数字は1ではない．……③

①，②，③により，(＊)で分けられる群数列の各群に首位が1である項が

1つだけ存在する.

したがって, 2^N が l 桁の数であるとき,

$$P(N) = l - 1$$

ここで, $l-1$ は $\log_{10} 2^N = N \log_{10} 2$ の整数部分であるから,

$N \log_{10} 2$ の小数部分を α として,

$$N \log_{10} 2 = l - 1 + \alpha$$

と表される. したがって,

$$P(N) = l - 1 = N \log_{10} 2 - \alpha$$

$$\lim_{N \to \infty} \frac{P(N)}{N} = \lim_{N \to \infty} \frac{N \log_{10} 2 - \alpha}{N}$$

$$= \log_{10} 2 - \lim_{N \to \infty} \frac{\alpha}{N}$$

$$= \log_{10} 2$$

参 考

x を超えない最大の整数を $[x]$ と書くと,

$$l - 1 = \left[N \log_{10} 2 \right]$$

$$l = \left[N \log_{10} 2 \right] + 1$$

また, 一般に

$$x - 1 < \left[x \right] \leq x$$

だから,

$$N \log_{10} 2 < l \leq 1 + N \log_{10} 2$$

$$\log_{10} 2 < \frac{P(N)}{N} \leq \frac{1}{N} + \log_{10} 2$$

$N \to \infty$ のとき (右辺) $\to \log_{10} 2$ なので,

はさみうちの原理から

$$\lim_{N \to \infty} \frac{P(N)}{N} = \log_{10} 2$$

首位の数字が 1 である →○
　　　　＝ 1 でない → ×

として、表にまとめると下のようになる。
実験は大切。

K=1	2	×		K=11	2048	×
K=2	4	×		K=12	4096	×
K=3	8	×		K=13	8192	×
K=4	16	○		K=14	16384	○
K=5	32	×		K=15	32768	×
K=6	64	×		K=16	65536	×
K=7	128	○		K=17	131072	○
K=8	256	×		K=18	262144	×
K=9	512	×		K=19	524288	×
K=10	1024	○		K=20	1048576	×

けた数 と関係ありそうに
　　　見えないか？

やり直し → こちらは、しっかり
　　　　　　　　　　　　　欲しい！

$(\ell+1)$ 桁のある数 X を2倍して
桁数が1つ増えるとき、その数 X が
満たす条件は

$$5 \cdot 10^{\ell} \leq X < 10^{\ell+1}$$

2倍して。（やり直し！）

$$10^{\ell+1} \leq 2X < 2 \cdot 10^{\ell+1}$$

これより2倍後の数 $2X$ は必ず、
10進法表示における首位の数が1で
ある。　　　　　　　　OK。
また、$2X$ をさらに2倍した数 $4X$ に
ついて考えたとき、

$$2 \cdot 10^{\ell+1} \leq 4X < 4 \cdot 10^{\ell+1}$$

よって、4X は首位の数が1とはならない

以上より、N個の数 2^k (k=1,2,…,N)
うち、その10進法表示における首位の数
が1となるような数字は、各桁の数字
の中に1つずつだけ存在することが
分かる。

2^N が $(m+1)$ 桁の数字であるとき、

$$10^m \leq 2^N < 10^{m+1}$$

$y = \log_{10} x$ は、x に関して増加関数
より、底10で対数をとって、

$$m \leq N \cdot \log_{10} 2 < m+1$$

$$\therefore \quad \frac{m}{N} \leq \log_{10} 2 < \frac{m}{N} + \frac{1}{N}$$

$$\therefore \quad \log_{10} 2 - \frac{1}{N} < \frac{m}{N} \leq \log_{10} 2$$

条件をみたす数字は、桁数がそれぞれ
2,3,4,…,m+1 のものである
から、その個数は m (個)

（表より、1桁で条件をみたす数字
　　　　　　　は存在しない）

よって、$m = P(N)$ より

$$\log_{10} 2 - \frac{1}{N} < \frac{P(N)}{N} \leq \log_{10} 2$$

$N \to \infty$ のとき $\displaystyle \lim_{N \to \infty} \left(\log_{10} 2 - \frac{1}{N} \right) = \log_{10} 2$

従って、はさみうちの原理から、

$$\lim_{N \to \infty} \frac{P(N)}{N} = \log_{10} 2$$

第8回【第2問A】 （三角関数の値／複素数の積） ᶜᐛᶜᶜᐛᶜᶜᐛᶜᶜᐛᶜᶜᐛᶜ

$\theta = \dfrac{\pi}{7}$ のとき $\cos\theta + \cos 3\theta + \cos 5\theta$ の値を求めよ.

答案例1

$7\theta = \pi$ なので, $\cos 4\theta = \cos(\pi - 3\theta) = -\cos 3\theta$

同時に $\cos 5\theta = -\cos 2\theta$, $\cos 6\theta = -\cos\theta$ などに注意する.

$$x = \cos\theta + \cos 3\theta + \cos 5\theta$$
$$= \cos\theta + \cos 3\theta - \cos 2\theta$$

とおき, x^2 を計算する.

$$x^2 = \cos^2\theta + \cos^2 3\theta + \cos^2 2\theta$$
$$\qquad + 2\cos\theta\cos 3\theta - 2\cos 3\theta\cos 2\theta - 2\cos 2\theta\cos\theta$$
$$= \frac{1}{2}(1 + \cos 2\theta) + \frac{1}{2}(1 + \cos 6\theta) + \frac{1}{2}(1 + \cos 4\theta)$$
$$\qquad + (\cos 4\theta + \cos 2\theta) - (\cos 5\theta + \cos\theta) - (\cos 3\theta + \cos\theta)$$
$$= \frac{3}{2} - \frac{1}{2}(\cos\theta + \cos 3\theta - \cos 2\theta) - 2(\cos\theta + \cos 3\theta - \cos 2\theta)$$
$$= \frac{3}{2} - \frac{5}{2}x$$

$$\therefore\ 2x^2 + 5x - 3x = (2x - 1)(x + 3) = 0$$

$x = \cos\theta + \cos 3\theta + \cos 5\theta$ の値が -3 となることはないので,

$$\cos\theta + \cos 3\theta + \cos 5\theta = \frac{1}{2}$$

答案例2

$$\cos\theta + \cos 3\theta + \cos 5\theta$$
$$= \cos(3\theta - 2\theta) + \cos(3\theta + 2\theta) + \cos 3\theta$$
$$= 2\cos 3\theta\cos 2\theta + \cos 3\theta = \cos 3\theta(2\cos 2\theta + 1)$$
$$= \cos 3\theta\{2(1 - 2\sin^2\theta) + 1\} = \cos 3\theta(3 - 4\sin^2\theta)$$
$$= \cos 3\theta \cdot \frac{\sin 3\theta}{\sin\theta} = \frac{\sin 6\theta}{2\sin\theta} = \frac{\sin(\pi - \theta)}{2\sin\theta} = \frac{\sin\theta}{2\sin\theta} = \frac{1}{2}$$

　半径 1 の円に内接する正 7 角形の頂点をA_0, A_1, A_2, A_3, A_4, A_5, A_6 とする．積 $A_0A_1 \times A_0A_2 \times A_0A_3 \times A_0A_4 \times A_0A_5 \times A_0A_6$ の値を求めよ．

〜〜〜〜　答案例　〜〜〜〜〜〜〜〜〜〜〜〜〜〜〜〜〜〜〜〜〜〜〜〜〜〜〜〜〜〜〜

複素数平面上の単位円内に題意の
正 7 角形を図のようにおく．

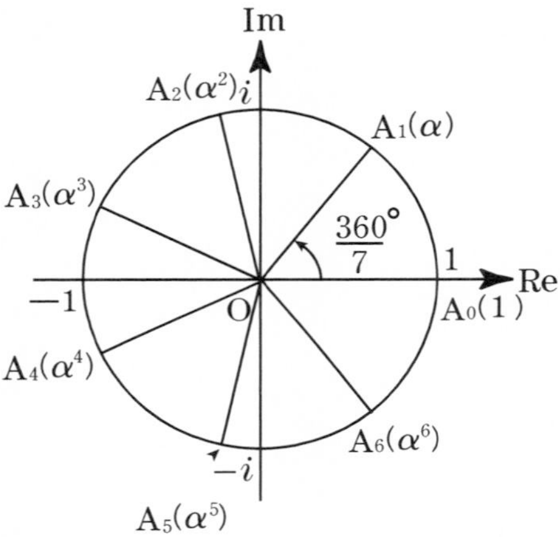

$$\alpha = \cos\frac{360^\circ}{7} + i\sin\frac{360^\circ}{7}$$

とすれば，

　　$A_0(1), A_k(\alpha^k)(k = 1, 2, 3, 4, 5, 6)$

となる．7 つの複素数

　　$1, \alpha, \alpha^2, \alpha^3, \alpha^4, \alpha^5, \alpha^6$

は，すべて方程式 $x^7 = 1$ の解になっていることに注意する．

　$x^7 - 1 = 0$ を 2 通りに因数分解すると，

$$\underline{(x-1)\underline{(x-\alpha)(x-\alpha^2)(x-\alpha^3)(x-\alpha^4)(x-\alpha^5)(x-\alpha^6)}} = 0 \quad \cdots\cdots①$$

$$(x-1)\underline{(x^6 + x^5 + x^4 + x^3 + x^2 + x + 1)} = 0 \quad\quad \cdots\cdots②$$

①，②の下線部は同じ 6 次式であるから，これを $f(x)$ とおく．

求める積は

　　$A_0A_1 \times A_0A_2 \times A_0A_3 \times A_0A_4 \times A_0A_5 \times A_0A_6$

　　$= |1-\alpha||1-\alpha^2||1-\alpha^3||1-\alpha^4||1-\alpha^5||1-\alpha^6|$

　　$= |(1-\alpha)(1-\alpha^2)(1-\alpha^3)(1-\alpha^4)(1-\alpha^5)(1-\alpha^6)|$

　　$= |f(1)|$

　　$= 7$

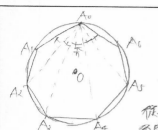

正七角形の1つの
外角の大きさは
$\frac{2}{7}\pi$

$\alpha = \cos\frac{2\pi}{7} + i\sin\frac{2\pi}{7}$ とおくと、

$\alpha^7 = \underline{}$.

よって、内角1つの大きさ
は $\frac{5}{7}\pi$。

これが使えないか…

依って、左図のうつの
角度が全て $\frac{5}{7}\pi$

$A_0A_1 = A_0A_6$
$\quad = 2\cos\frac{5}{14}\pi$.

$A_0A_2 = A_0A_5$
$\quad = 2\cos\frac{3}{14}\pi$.

$A_0A_3 = A_0A_4$
$\quad = 2\cos\frac{1}{14}\pi$

これより $A_0A_1 \times A_0A_2 \times A_0A_3 \times A_0A_4 \times A_4A_5$
$\qquad\qquad\qquad\qquad\qquad\qquad\qquad \times A_0A_6$

$= 64\left(\cos^2\frac{5}{14}\pi\right)\left(\cos^2\frac{3}{14}\pi\right)\left(\cos^2\frac{1}{14}\pi\right)$

積和の公式より
$\cos\frac{5}{14}\pi\cos\frac{1}{14}\pi = \frac{1}{2}\left(\cos\frac{3}{7}\pi + \cos\frac{2}{7}\pi\right)$

また、$\cos^2\frac{3}{14}\pi = \frac{1+\cos\frac{3}{7}\pi}{2}$

よって、

(求める値) $= 8\left[\cos\frac{3}{7}\pi + \cos\frac{2}{7}\pi\right]^2\left(1+\cos\frac{3}{7}\pi\right)$

$= 8\left(\frac{1+\cos\frac{6}{7}\pi}{2} + \frac{1+\cos\frac{4}{7}\pi}{2} + \cos\frac{5}{7}\pi + \cos\frac{\pi}{7}\right)$
$\qquad\qquad\qquad\left(1+\cos\frac{3}{7}\pi\right)$

189

[B]

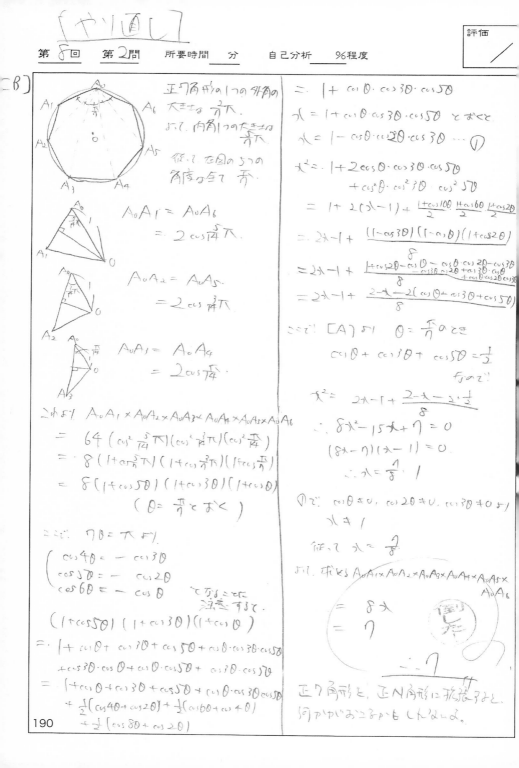

正7角形の1つの外角の大きさは $\frac{2}{7}\pi$.
よって、内角1つの大きさは $\frac{5}{7}\pi$

従って、左図の5つの角度が全て秀

$A_0A_1 = A_0A_6$
$= 2\cos\frac{5}{14}\pi$

$A_0A_2 = A_0A_5$
$= 2\cos\frac{3}{14}\pi$

$A_0A_3 = A_0A_4$
$= 2\cos\frac{1}{14}\pi$

これより、$A_0A_1 \times A_0A_2 \times A_0A_3 \times A_0A_4 \times A_0A_5 \times A_0A_6$

$= 64\left(\cos^2\frac{5}{14}\pi\right)\left(\cos^2\frac{3}{14}\pi\right)\left(\cos^2\frac{1}{14}\pi\right)$

$= 8\left(1+\cos\frac{5}{7}\pi\right)\left(1+\cos\frac{3}{7}\pi\right)\left(1+\cos\frac{1}{7}\pi\right)$

$= 8(1+\cos5\theta)(1+\cos3\theta)(1+\cos\theta)$
　　$\left(\theta=\frac{\pi}{7}\text{とおく}\right)$

ここで、$7\theta=\pi$ より.

$\begin{cases} \cos4\theta = -\cos3\theta \\ \cos5\theta = -\cos2\theta \\ \cos6\theta = -\cos\theta \end{cases}$ であることに注意する.

$(1+\cos5\theta)(1+\cos3\theta)(1+\cos\theta)$

$= 1+\cos\theta+\cos3\theta+\cos5\theta+\cos\theta\cdot\cos3\theta\cdot\cos5\theta$
$\quad +\cos3\theta\cdot\cos\theta+\cos\theta\cdot\cos5\theta+\cos3\theta\cdot\cos5\theta$

$= 1+\cos\theta+\cos3\theta+\cos5\theta+\cos\theta\cdot\cos3\theta\cos5\theta$
$\quad +\frac{1}{2}(\cos4\theta+\cos2\theta)+\frac{1}{2}(\cos6\theta+\cos4\theta)$
$\quad +\frac{1}{2}(\cos8\theta+\cos2\theta)$

$= 1+\cos\theta\cdot\cos3\theta\cdot\cos5\theta$

$X = 1+\cos\theta\cos3\theta\cdot\cos5\theta$ とおくと

$X = 1-\cos\theta\cdot\cos2\theta\cdot\cos3\theta \cdots ①$

$X^2 = 1+2\cos\theta\cdot\cos3\theta\cdot\cos5\theta$
$\qquad +\cos^2\theta\cdot\cos^23\theta\cdot\cos^25\theta$

$= 1+2(X-1)+\frac{1+\cos10\theta}{2}\cdot\frac{1+\cos6\theta}{2}\cdot\frac{1+\cos2\theta}{2}$

$= 2X-1+\frac{(1-\cos3\theta)(1-\cos\theta)(1+\cos2\theta)}{8}$

$= 2X-1+\frac{\begin{array}{l}1+\cos2\theta-\cos\theta-\cos\theta\cos2\theta-\cos3\theta\\-\cos3\theta\cos2\theta+\cos3\theta\cos\theta+\cos\theta\cos2\theta\cos3\theta\end{array}}{8}$

$= 2X-1+\frac{2-X-2(\cos\theta+\cos3\theta+\cos5\theta)}{8}$

ここで【A】より $\theta=\frac{\pi}{7}$のとき

$\cos\theta+\cos3\theta+\cos5\theta=\frac{1}{2}$
　　　　　　　　　　だので

$X^2 = 2X-1+\frac{2-X-2\cdot\frac{1}{2}}{8}$

$\therefore\ 8X^2-15X+7=0$

$(8X-7)(X-1)=0$

$\therefore\ X=\frac{7}{8},\ 1$

①で $\cos\theta\neq0,\ \cos2\theta\neq0,\ \cos3\theta\neq0$より

$X\neq1$

従って $X=\frac{7}{8}$

より、求める $A_0A_1\times A_0A_2\times A_0A_3\times A_0A_4\times A_0A_5\times A_0A_6$

$= 8X$
$= 7$

$\therefore\ 7$

正7角形を、正N角形に拡張すると、
何かがおこるかもしれない。

190

第8回【第3問】 （外接円上の点の位置ベクトル） ⋖⋗⋖⋗⋖⋗⋖⋗⋖⋗⋖⋗

　△ABC の 3 辺の長さは $BC = 6$, $CA = 4$, $AB = 5$ である.

△ABC の外接円の劣弧$\overset{\frown}{BC}$ 上に点 P をとり，$AP \perp BC$ となるようにする.

(1) AP と BC の交点を H とするとき，$\overrightarrow{AH}$ を $\overrightarrow{AB}, \overrightarrow{AC}$ を用いて表せ.

(2) $\overrightarrow{AP}$ を $\overrightarrow{AB}, \overrightarrow{AC}$ を用いて表せ.

⌇⌇⌇⌇⌇ 答案例 ⌇⌇⌇⌇⌇⌇⌇⌇⌇⌇⌇⌇⌇⌇⌇⌇⌇⌇⌇⌇⌇⌇⌇⌇⌇⌇⌇⌇⌇⌇⌇⌇⌇⌇⌇⌇⌇

(1) (10点)

　AP と BC の交点をHとし，$BH = x$, $AH = y$ とおくと，

$$\begin{cases} x^2 + y^2 = 25 \\ (6-x)^2 + y^2 = 16 \end{cases}$$

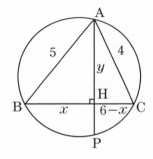

$$\therefore \ 36 - 12x + 25 = 16$$

$$x = \frac{15}{4} \ , \ y = \frac{5\sqrt{7}}{4}$$

$BH:HC = x:6-x = 5:3$ なので，

$$\overrightarrow{AH} = \frac{3}{8}\overrightarrow{AB} + \frac{5}{8}\overrightarrow{AC} \quad \cdots\cdots①$$

(2) (10点)

　方べきの定理から，

$$HP \cdot y = x(6-x)$$

$$HP = \frac{x(6-x)}{y} = \frac{4}{5\sqrt{7}} \cdot \frac{15}{4} \cdot \frac{9}{4} = \frac{27\sqrt{7}}{28}$$

$$\frac{AP}{AH} = \frac{y + HP}{y} = \frac{4}{5\sqrt{7}} \left(\frac{5\sqrt{7}}{4} + \frac{27\sqrt{7}}{28} \right) = \frac{62}{35} \quad \cdots\cdots②$$

①，②から，

$$\overrightarrow{AP} = \frac{AP}{AH} \cdot \overrightarrow{AH} = \frac{93\overrightarrow{AB} + 155\overrightarrow{AC}}{140}$$

第8回【第4問】 （放物線と2本の接線との囲む面積）～～～～～～～

放物線 $C : y = ax^2$ $(a > 0)$ に点 P$(2, -1)$ から2本の接線 l, m を引く．
このとき，C, l, m で囲まれる部分の面積を S とする．

(1) S を a の関数として表せ．

(2) S が最小となるような a の値を求めよ．

～～～ 答案例1 ～～～～～～～～～～～～～～～～～～～～～

(1) (10点)

　C 上の点 (t, at^2) における接線の方程式は

$$y = 2at(x - t) + at^2$$

これが P$(2, -1)$ を通るとき，

$$-1 = 4at - at^2 \quad \rightleftarrows \quad at^2 - 4at - 1 = 0 \quad \cdots\cdots①$$

ここで (①の判別式)$= 16a^2 + 4a > 0$ $(\because a > 0)$

であるから，①は異なる2実数解をもつ．それらを α, β $(\alpha < \beta)$ とする

と，2本の接線の式は

$$l : y = 2a\alpha x - a\alpha^2$$

$$m : y = 2a\beta x - a\beta^2$$

l と m の交点 $(= P)$ の x 座標は

$$2a(\alpha - \beta)x = a(\alpha^2 - \beta^2)$$

$\alpha \neq \beta$ より，$x = \dfrac{\alpha + \beta}{2} (= 2)$ である．

よって，C, l, m で囲まれた部分の面積 S は

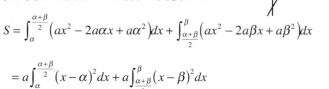

$$S = \int_{\alpha}^{\frac{\alpha+\beta}{2}} (ax^2 - 2a\alpha x + a\alpha^2)dx + \int_{\frac{\alpha+\beta}{2}}^{\beta} (ax^2 - 2a\beta x + a\beta^2)dx$$

$$= a\int_{\alpha}^{\frac{\alpha+\beta}{2}} (x - \alpha)^2 dx + a\int_{\frac{\alpha+\beta}{2}}^{\beta} (x - \beta)^2 dx$$

$$= a\left[\frac{1}{3}(x-\alpha)^3\right]_{\alpha}^{\frac{\alpha+\beta}{2}} + a\left[\frac{1}{3}(x-\beta)^3\right]_{\frac{\alpha+\beta}{2}}^{\beta}$$

$$= a \cdot \frac{1}{24}(\beta-\alpha)^3 + a \cdot \frac{1}{24}(\beta-\alpha)^3 = \frac{a}{12}(\beta-\alpha)^3$$

ここで α, β は①を解の公式で解いて

$$\alpha = \frac{2a-\sqrt{4a^2+a}}{a}, \beta = \frac{2a+\sqrt{4a^2+a}}{a}$$

なので，$\beta-\alpha = \dfrac{2\sqrt{4a^2+a}}{a} = \dfrac{2\sqrt{4a+1}}{\sqrt{a}}$

$$\therefore S = \frac{a}{12}\left(\frac{2\sqrt{4a+1}}{\sqrt{a}}\right)^3 = \frac{2(4a+1)^{\frac{3}{2}}}{3\sqrt{a}}$$

(2) (10点)

$$S^2 = \frac{4}{9} \cdot \frac{(4a+1)^3}{a} \quad \rightleftarrows \quad (4a+1)^3 = \frac{9S^2}{4}a \quad \cdots\cdots ②$$

ここで，$b = 4a+1$ とおくと，$a = \dfrac{1}{4}(b-1)$ で，$a>0 \Leftrightarrow b>1$

$$② \Leftrightarrow b^3 = \frac{9S^2}{16}(b-1)$$

である．by 平面上で，曲線 $y = b^3$ ……③と

直線 $y = \dfrac{9S^2}{16}(b-1)$ ……④を考えると，

④の傾き $\dfrac{9S^2}{16}$ は，③と④が $b>1$ で共有点

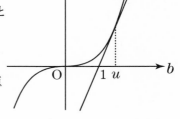

をもつ範囲を動ける．

よって，図のように④が③の接線になったとき $\dfrac{9S^2}{16}$ が最小，

すなわち S が最小になる．④が③に $b=u$ で接するとすると，

$$u^3 = \frac{9S^2}{16}(u-1), \quad 3u^3 = \frac{9S^2}{16}$$

$$\therefore \ u^3 = 3u^2(u-1) \Leftrightarrow u^2(2u-3) = 0$$

$u > 1$ より, $u = \dfrac{3}{2}$

よって, S が最小となるのは $b = \dfrac{3}{2} \Leftrightarrow a = \dfrac{1}{8}$ のときである.

[参考] 分数関数の微分を用いれば, 後半は次のように処理できる.

$f(a) = (4a+1)^3 \ (a > 0)$ とおいて,

$$f'(a) = \frac{12(4a+1)^2 a - (4a+1)^3}{a^2} = \frac{(4a+1)^2(8a-1)}{a^2}$$

$f'(a)$ の符号の変わり目は $a = \dfrac{1}{8} \ (\because a > 0)$

$f(a)$ の増減は表のようになる.

$f(a)$ は $a = \dfrac{1}{8}$ で極小かつ最小になる.

a	(0)	$\cdots$	$\dfrac{1}{8}$	$\cdots$
$f'(a)$		$-$	0	$+$
$f(a)$		$\searrow$		$\nearrow$

$S = \dfrac{2}{3}\sqrt{f(a)}$ だから, S は $a = \dfrac{1}{8}$ で最小となる.

〜〜〜 答案例2 〜〜〜〜〜〜〜〜〜〜〜〜〜〜〜〜〜〜〜〜〜〜〜〜〜〜〜〜〜

(2) $S = \dfrac{a}{12}\left(\dfrac{2\sqrt{4a+1}}{\sqrt{a}}\right)^3 = \dfrac{2}{3}a\left(4+\dfrac{1}{a}\right)^{\frac{3}{2}}$ なので,

$g(a) = a\left(4+\dfrac{1}{a}\right)^{\frac{3}{2}}$ とおき, その増減を調べる.

$g'(a) = 1 \cdot \left(4+\dfrac{1}{a}\right)^{\frac{3}{2}} + a \cdot \dfrac{3}{2}\left(4+\dfrac{1}{a}\right)^{\frac{1}{2}} \cdot \dfrac{-1}{a^2}$

a	(0)	$\cdots$	$\dfrac{1}{8}$	$\cdots$
$g'(a)$		$-$	0	$+$
$g(a)$		$\searrow$		$\nearrow$

$= \left\{4 + \dfrac{1}{a} + a \cdot \dfrac{3}{2} \cdot \dfrac{-1}{a^2}\right\}\left(4+\dfrac{1}{a}\right)^{\frac{1}{2}} = \dfrac{8a-1}{2a}\left(4+\dfrac{1}{a}\right)^{\frac{1}{2}}$

よって, $g(a)$ は $a = \dfrac{1}{8}$ で極小かつ最小になる.

(1)

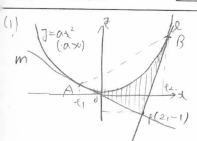

接点を (t, at^2) とする.

$f(x) = ax^2$ とすると. $f'(x) = 2ax$

$f'(t) = 2at.$

よって. 接線の方程式は

$y = 2at(x - t) + at^2$

∴ $y = 2at x - at^2$

$(x, y) = (2, -1)$ を通るから.

$-1 = 4at - at^2$

$at^2 - 4at - 1 = 0.$

この 2解を $t_1, t_2 (t_1 < t_2)$ とすると.

解と係数の関係より

$\begin{cases} t_1 + t_2 = 4 & \cdots ① \\ t_1 t_2 = -\dfrac{1}{a} & \cdots ② \end{cases}$

①, ② から.

$(t_2 - t_1)^2 = (t_1 + t_2)^2 - 4t_1 t_2$

$= 16 + \dfrac{4}{a}$

$t_2 - t_1 > 0$ より. $t_2 - t_1 = \sqrt{16 + \dfrac{4}{a}}$

ここで. x座標が t_1, t_2 の接点をそれぞれ.

点 A, B と名付ける.

直線 AB の方程式は.

$y = a(t_1 + t_2) x - at_1 t_2$

$x = 2$ のとき $y = 2a(t_1 + t_2) - at_1 t_2$

よって.

$\triangle ABP = \dfrac{1}{2} |2a(t_1 + t_2) - at_1 t_2 + 1| \cdot (t_2 - t_1)$

$= 2 \cdot (4a + 1)^{\frac{3}{2}} \cdot \dfrac{1}{\sqrt{a}} \quad \cdots ③$

一方, 線分 AB と 放物線 C で 囲まれた 部分の面積は

$\displaystyle \int_{t_1}^{t_2} \{a(t_1 + t_2)x - at_1 t_2 - ax^2\} \cdot dx$

$= -a \displaystyle \int_{t_1}^{t_2} (x - t_1)(x - t_2)\, dx$

$= \dfrac{a}{6} \cdot (t_2 - t_1)^3 = \dfrac{4}{3}(4a + 1)^{\frac{3}{2}} \cdot \dfrac{1}{\sqrt{a}}$

④

③, ④ より.

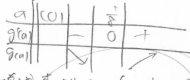

$S = 2 \cdot (4a+1)^{\frac{3}{2}} \cdot \dfrac{1}{\sqrt{a}} - \dfrac{4}{3} \cdot (4a+1)^{\frac{3}{2}} \cdot \dfrac{1}{\sqrt{a}}$

$= \dfrac{2}{3} \cdot (4a+1)^{\frac{3}{2}} \cdot \dfrac{1}{\sqrt{a}}$

(2) $g(a) = \dfrac{2}{3}(4a + 1)^{\frac{3}{2}} \cdot \dfrac{1}{\sqrt{a}} \quad (a > 0)$ とする.

$g'(a) = \dfrac{1}{3} \cdot \dfrac{(4a+1)^{\frac{1}{2}}}{a^{\frac{3}{2}}}(8a - 1)$

これより. $g(a)$ の増減表は 以下の ように なる

a	(0)		$\frac{1}{8}$	
$g'(a)$		$-$	0	$+$
$g(a)$		↘		↗

増減表より. $g(a) (= S)$ が 最小に なるような a の値は

$a = \dfrac{1}{8}$

第8回【第5問】 （四角形の面積の最大値）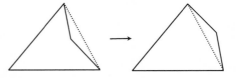

4つの辺の長さが$2,3,4,5$である四角形の面積の最大値を求めよ.
ただし，4つの辺の長さがこの順に並んでいるとは限らない.

まず，凹四角形のとき，図の
ような変形によって面積をより
大きくできるので，面積は最大
にはならない.

よって，凸四角形についてのみ考えれば十分である.

また，辺の長さの並び方については $\dfrac{(4-1)!}{2}=3$ 通りが考えられるが，

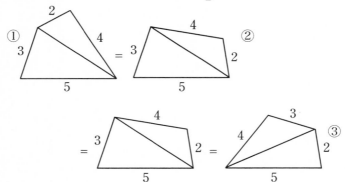

のように等積変形できるから，③の並び方だけを考えれば十分である.

右図のように角α, β，長さlをとる.
余弦定理より，

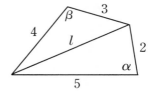

$$l^2 = 2^2 + 5^2 - 2 \cdot 2 \cdot 5 \cos\alpha$$

$$l^2 = 3^2 + 4^2 - 2 \cdot 3 \cdot 4 \cos\beta$$

$$\therefore \ 1 - 5\cos\alpha = -6\cos\beta$$

また，角 α の変域は $0° < \alpha < 180°$ となる.
四角形の面積を S とすると，

$$S = \frac{1}{2} \cdot 2 \cdot 5 \sin\alpha + \frac{1}{2} \cdot 3 \cdot 4 \sin\beta$$

$$= 5\sqrt{1 - \cos^2\alpha} + 6\sqrt{1 - \cos^2\beta}$$

$$= 5\sqrt{1 - \cos^2\alpha} + \sqrt{36 - (6\cos\beta)^2}$$

$$= 5\sqrt{1 - \cos^2\alpha} + \sqrt{36 - (1 - 5\cos\alpha)^2}$$

$$= \sqrt{25 - (5\cos\alpha)^2} + \sqrt{35 + 2 \cdot 5 \cos\alpha - (5\cos\alpha)^2}$$

ここで $t = 5\cos\alpha$ $(-5 < t < 5)$, $S = f(t)$ とおくと，

$$f(t) = \sqrt{25 - t^2} + \sqrt{35 + 2t - t^2}$$

$$f'(t) = \frac{-t}{\sqrt{25 - t^2}} + \frac{1 - t}{\sqrt{35 + 2t - t^2}}$$

$f'(t) = 0$ となる t を求めると，

$$t\sqrt{35 + 2t - t^2} = (1 - t)\sqrt{25 - t^2}$$

$$t^2(35 + 2t - t^2) = (1 - 2t + t^2)(25 - t^2)$$

$$11t^2 + 50t - 25 = 0$$

$$(11t - 5)(t + 5) = 0$$

$-5 < t < 5$ より $t = \dfrac{5}{11}$

t	(-5)		$\dfrac{5}{11}$		(5)
$f'(t)$		$+$	0	$-$	
$f(t)$		$\nearrow$		$\searrow$	

また，$f'(0) = \dfrac{1}{\sqrt{35}} > 0$ より，表のような増減がわかる．

S の最大値は，

$$f\left(\frac{5}{11}\right) = \sqrt{25 - \left(\frac{5}{11}\right)^2} + \sqrt{35 + 2 \cdot \frac{5}{11} - \left(\frac{5}{11}\right)^2}$$

$$= \frac{5}{11}\sqrt{11^2 - 1^2} + \frac{1}{11}\sqrt{35 \cdot 121 + 10 \cdot 11 - 25}$$

$$= \frac{10}{11}\sqrt{30} + \frac{1}{11}\sqrt{4320} = \frac{10}{11}\sqrt{30} + \frac{12}{11}\sqrt{30}$$

$$= 2\sqrt{30}$$

四角形で、2の長さの辺に向かい合う辺の長さは 3,4,5 のいずれかであり、この3つの種類の四角形が存在する。

(i) 　(ii) 　(iii)

←となり合う辺を交換しても同様、というロジックを使うと (i) のみ調べれば、たりる

(i) 　四角形を ABCD と名付け、∠ABC＝θ とする。

余弦定理より $AC^2 = 29 - 20\cos\theta$　···①
また、$AC^2 = 25 - 24\cos\angle ADC$　···②

①、②を連立して計算して、
$$\cos\angle ADC = \frac{5\cos\theta - 1}{6}$$

=より $\sin\angle ADC = \dfrac{\sqrt{-25\cos^2\theta + 10\cos\theta + 35}}{6}$

よって、四角形の面積は、
$$\frac{1}{2}\cdot 2\cdot 5\cdot \sin\theta + \frac{1}{2}\cdot 3\cdot 4\cdot \frac{\sqrt{-25\cos^2\theta + 10\cos\theta + 35}}{6}$$

$$= 5\sqrt{1-\cos^2\theta} + \sqrt{-25\cos^2\theta + 10\cos\theta + 35}$$

$\cos\theta = t$　($-1 < t < 1$) とおき、
$$f(t) = 5\sqrt{1-t^2} + \sqrt{-25t^2 + 10t + 35}$$
とする。

→ こいつの2範囲を調べればよい

(ii) 　(iii)

(ii)は(i)で 3,4 の長さの辺の位置を入れかえただけなので、(i) と同様である。

$$f(t) = \sqrt{1-t^2} + \sqrt{-25t^2 + 10t + 35}$$
$$(-1 < t < 1)$$

$$f'(t) = -\frac{5t}{\sqrt{1-t^2}} + \frac{-25t+5}{\sqrt{-25t^2+10t+35}}$$

$$= -5 \cdot \frac{t\sqrt{-25t^2+10t+35} + (5t-1)\sqrt{1-t^2}}{\sqrt{1-t^2}\cdot\sqrt{-25t^2+10t+35}}$$

$$= -5 \cdot \frac{11t^2+10t-1}{\sqrt{1-t^2}\sqrt{-25t^2+10t+35}\left(t\sqrt{-25t^2+10t+35} - (5t-1)\sqrt{1-t^2}\right)}$$

$f'(t) = 0 \ \text{のとき}$

$$\frac{5t}{\sqrt{1-t^2}} = \frac{-25t+5}{\sqrt{-25t^2+10t+35}}$$

$$\frac{t}{\sqrt{1-t^2}} = \frac{-5t+1}{\sqrt{-25t^2+10t+35}}$$

$$\frac{t^2}{1-t^2} = \frac{25t^2-10t+1}{-25t^2+10t+35}$$

$$t^2(-25t^2+10t+35)$$
$$= (1-t^2)(25t^2-10t+1)$$

$$-25t^4+10t^3+35t^2$$
$$= 25t^2-10t+1-25t^4+10t^3-t^2$$

$$11t^2+10t-1 = 0$$

$$(11t-1)(t+1) = 0$$

$$t = \frac{1}{11}, -1$$

$-1 < t < 1$ より $t = \frac{1}{11}$ 〇K

$$f'(t) = -\frac{5t}{\sqrt{1-t^2}} + \frac{-25t+5}{\sqrt{-25t^2+10t+35}}$$

$$= -\frac{5t}{\sqrt{1-t^2}} + \frac{-25t+5}{5\sqrt{-t^2+\frac{2}{5}t+\frac{7}{5}}}$$

$$= -\frac{5t}{\sqrt{1-t^2}} + \frac{1-5t}{\sqrt{-(t-\frac{1}{5})^2+\frac{36}{25}}}$$

$$= \frac{-5}{\sqrt{\frac{1}{t^2}-1}} - 5 \cdot \frac{t-\frac{1}{5}}{\sqrt{-(t-\frac{1}{5})^2+\frac{36}{25}}}$$

$$= \frac{-5}{\sqrt{\frac{1}{t^2}-1}} - 5 \cdot \frac{1}{\sqrt{\frac{36}{25(t-\frac{1}{5})^2}-1}}$$

t が $\frac{1}{11}$ より少し小さくなって

$$\frac{-5}{\sqrt{\frac{1}{t^2}-1}} - 5 \cdot \frac{1}{\sqrt{\frac{36}{25(t-\frac{1}{5})^2}-1}}$$ は

増加し、
t が $\frac{1}{11}$ より少し大きくなって
減少する。

よって $t = \frac{1}{11}$ 付近での増減表は以下のように
なる。

t		$\frac{1}{11}$	
$f'(t)$	$+$	0	$-$
$f(t)$	↗		↘

故に $t = \frac{1}{11}$ で最大値をとり

$$f(\frac{1}{11}) = 2\sqrt{30}$$

∴ $2\sqrt{30}$

199

第8回【第6問】（箱とカード）∾∾∾∾∾∾∾∾∾∾∾∾∾∾∾∾

中身が見える透明な箱が左に 4 つ，右に 5 つある．それぞれの箱にカードを 1 枚ずつ入れる．カードを入れるときは，そのとき空いている箱のなかのひとつにランダム（無作為）に入れる．入れるカードはそれぞれ A，B，C，D と書かれた 4 枚の赤いカードと，それぞれ E，F，G，H，I と書かれた 5 枚の青いカード，計 9 枚である．

(1) まず，ランダムに選んだ赤いカード 1 枚を空いている 9 つの箱のどれかに入れる．次に，残りの 3 枚の赤いカードからランダムに選んだ 1 枚を空いている 8 つの箱のどれかに入れる．残った赤いカードについても同様にする．その後，5 枚の青いカードからランダムに選んだ 1 枚を空いている 4 つの箱のどれかに入れ，残りの青いカードについても同様にする．

赤いカードの配分は4 − 0 (左の箱に計 4 枚，右の箱に計 0 枚)，3 − 1 (左に 3 枚，右に 1 枚)，2 − 2 (左に 2 枚，右に 2 枚)，1 − 3 (左に 1 枚，右に 3 枚)，0 − 4 (左に 0 枚，右に 4 枚)のいずれかである．それぞれの確率を計算せよ．

(2) 上のようにカードを入れた後，まず左の箱の中から 1 枚，そして右の箱の中から 1 枚，次に左から 2 枚目，右から 2 枚目と，計 4 枚引く．左もしくは右の箱の中から引くときには，以下の優先順位で引く．

[1] 赤いカードAまたはB (両者があるなら，$\dfrac{1}{2}$ の確率でどちらか)

[2] 赤いカードCまたはD (両者があるなら，$\dfrac{1}{2}$ の確率でどちらか)

[3] 青いカード

上述のように引いた結果，最初に引いた 3 枚は左から「A」，右から「C」，左から「B」であった．このとき，最後のカード(右から引く2枚目のカード)が「D」である確率および青いカードである確率をそれぞれ計算せよ． (2008 東京大学理学部大学院入試地球惑星科学科)

(1) （10点）

A～Dすべてが左の箱に入る確率は $\dfrac{4}{9} \cdot \dfrac{3}{8} \cdot \dfrac{2}{7} \cdot \dfrac{1}{6} = \dfrac{1}{126}$

よって，4－0となる確率は $\dfrac{1}{126}$ ……(答)

Aが右の箱に入り，B～Dが左の箱に入る確率は

$\dfrac{5}{9} \cdot \dfrac{4}{8} \cdot \dfrac{3}{7} \cdot \dfrac{2}{6} = \dfrac{5}{126}$

B, C, Dの場合も同様なので，3－1となる確率は $\dfrac{5}{126} \cdot 4 = \dfrac{10}{63}$ ……(答)

A, Bが右の箱に入る確率は $\dfrac{5}{9} \cdot \dfrac{4}{8} \cdot \dfrac{4}{7} \cdot \dfrac{3}{6} = \dfrac{5}{63}$

A～Dから2枚を選ぶ方法は $_4C_2 = 6$ であり，その各場合について同様なので，2－2となる確率は $\dfrac{5}{63} \cdot 6 = \dfrac{10}{21}$ ……(答)

Aが左の箱に入り，B～Dが右の箱に入る確率は $\dfrac{4}{9} \cdot \dfrac{5}{8} \cdot \dfrac{4}{7} \cdot \dfrac{3}{6} = \dfrac{5}{63}$

B, C, Dの場合も同様なので，1－3となる確率は $\dfrac{5}{63} \cdot 4 = \dfrac{20}{63}$ ……(答)

A～Dすべてが右の箱に入る確率 $\dfrac{5}{9} \cdot \dfrac{4}{8} \cdot \dfrac{3}{7} \cdot \dfrac{2}{6} = \dfrac{5}{126}$

よって0－4となる確率は $\dfrac{5}{126}$ ……(答)

(2) （10点）

左の箱にA, B, Dが，右の箱にCが入っている確率は(1)より $\dfrac{5}{126}$

左の箱にA, Bが，右の箱にC, Dが入っていて，かつ，右から「C」をとる確率は，確率は(1)より $\dfrac{5}{63} \cdot \dfrac{1}{2} = \dfrac{5}{126}$

条件のような取り出し方になる場合は上述の2つのパターンのときに限られるから，求める条件付き確率はどちらも $\dfrac{\dfrac{5}{126}}{\dfrac{5}{126} + \dfrac{5}{126}} = \dfrac{1}{2}$

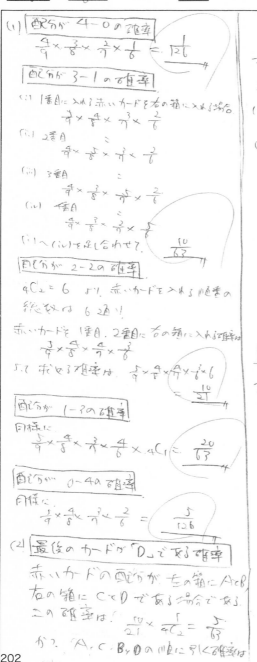

(1) 配分が 4-0 の確率
$$\frac{4}{9} \times \frac{3}{8} \times \frac{2}{7} \times \frac{1}{6} = \frac{1}{126}$$

配分が 3-1 の確率

(i) 1番目に入れる赤いカードを右の箱に入れる場合
$$\frac{4}{9} \times \frac{3}{8} \times \frac{2}{7} \times \frac{2}{6}$$

(ii) 2番目
$$\frac{4}{9} \times \frac{3}{8} \times \frac{2}{7} \times \frac{2}{6}$$

(iii) 3番目
$$\frac{4}{9} \times \frac{3}{8} \times \frac{2}{7} \times \frac{2}{6}$$

(iv) 4番目
$$\frac{4}{9} \times \frac{3}{8} \times \frac{2}{7} \times \frac{2}{6}$$

(i)へ(iv)を足し合わせて。 $\frac{10}{63}$

配分が 2-2 の確率

$_9C_2 = 6$ より、赤いカードを入れる順番の
総数は 6通り。

赤いカードを 1番目、2番目に右の箱に入れる時は
$$\frac{4}{9} \times \frac{3}{8} \times \frac{2}{7} \times \frac{2}{6}$$

5．て求める確率は $\frac{4}{9} \times \frac{3}{8} \times \frac{2}{7} \times \frac{2}{6} \times 6$
$$= \frac{10}{21}$$

配分が 1-3 の確率
同様に
$$\frac{4}{9} \times \frac{3}{8} \times \frac{2}{7} \times \frac{4}{6} \times {}_4C_1 = \frac{20}{63}$$

配分が 0-4 の確率
同様に
$$\frac{4}{9} \times \frac{4}{8} \times \frac{2}{7} \times \frac{2}{6} = \frac{5}{126}$$

(2) 最後のカードが「D」である確率

赤いカードの配分が、左の箱に A と B、
右の箱に C と D である場合である。
この確率は！ $\frac{10}{21} \times \frac{1}{{}_4C_2} = \frac{5}{63}$

か．「A，C，B，D の順に引く確率は

$$\frac{5}{63} \times \frac{1}{2} \times \frac{1}{2} = \frac{5}{252} \quad \cdots ①$$

また最初に引いた 2枚が左から「A」、
右から「C」、左から「B」てなるのは
(i) 配分が、左の箱が A，B，D，右の箱が
C で ある場合
(ii) 配分が、左の箱が A，B，右の箱が
C，D である場合

(i) (ii) の 2つの場合が ある

(i) は、$\frac{10}{63} \times \frac{1}{{}_4C_1} \times \frac{1}{2} \quad \cdots ②$

(ii) は、$\frac{10}{63} \times \frac{1}{{}_4C_2} \times \frac{1}{2} \times \frac{1}{2} \quad \cdots ③$

①～③を用いて求める条件つき確率は
$$\frac{①}{②+③} = \frac{1}{2}$$

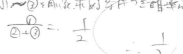

$$\therefore \frac{1}{2}$$

最後のカードが 青いカードで ある場合

最後のカードの候補は「D」が青いか
のどちらかなので

$$1 - \frac{1}{2} = \frac{1}{2}$$

$$\therefore \frac{1}{2}$$

202

第9回

解説・答案例・指導例

　第9回のセット冒頭の【1】は，フィボナッチ数列とパスカルの三角形の魅惑的な関係．有名事実ではあるが，心を掴まれる．二項係数の性質について，よい復習問題になるだろう．

　【2】は，対数螺旋の等角性を証明する問題で，これまた有名事実．

　【3】は，互いに素であることと格子点との関係．(1)は体感としてはわかるが，論証はなかなか難しいと思う．なお，この手の整数問題を《分数のママ》議論する人が多いのだが，答案が読みにくいことこの上ない．多くの場合、何を言っているのか読み取れない．

　【4】は『コンピュータの数学』（共立出版，1993）からネタを取材した，一風変わった漸化式と帰納法の問題．

　【5】は，通過範囲と包絡線についての問題．何度も出題を繰り返している，定番の問題である．

　【6】の確率は，出題当時は期待値が試験範囲にあり，その後外れることとなったが，期待値の設問は残したままである．漸化式は意外とシンプルなものとなる．

第9回【第1問】 （パスカル三角形とフィボナッチ数列）〜⟨⟩〜⟨⟩〜⟨⟩〜

次の漸化式で定められる数列 $\{f_n\}$ を，フィボナッチ数列という．

$$f_1 = 1,\, f_2 = 1,\, f_{n+2} = f_{n+1} + f_n$$

さて，パスカルの三角形（図1）を片側に寄せて書いたとき（図2），図の斜めの線に沿って左下から右上に向けて並んでいる数を加えて得られる数列 $\{u_n\}$ は，フィボナッチ数列となることを示せ．

ただし，パスカルの三角形の最上段は，${}_0C_0 = 1$ を意味するものとする．

$$
\begin{array}{ccccccccc}
 & & & & 1 & & & & \\
 & & & 1 & & 1 & & & \\
 & & 1 & & 2 & & 1 & & \\
 & 1 & & 3 & & 3 & & 1 & \\
1 & & 4 & & 6 & & 4 & & 1 \\
\end{array}
$$

1   5   10   10   5   1   （図1）

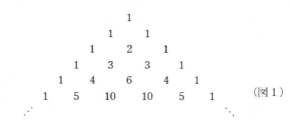

(図2)

〜⟨⟩〜⟨⟩ **答案例** ⟨⟩〜⟨⟩〜⟨⟩〜⟨⟩〜⟨⟩〜⟨⟩〜⟨⟩〜⟨⟩〜⟨⟩〜⟨⟩〜⟨⟩〜⟨⟩〜⟨⟩

図のようにして $u_{2n}, u_{2n+1}, u_{2n+2}$ を定める．二項係数の漸化式

$$ {}_nC_k + {}_nC_{k+1} = {}_{n+1}C_{k+1} \quad (0 \le k < n) $$

に注意する．

$$
\begin{aligned}
u_{2n} &= \phantom{{}_{2n}C_0 +{}}\; {}_{2n-1}C_0 + {}_{2n-2}C_1 + \cdots + {}_{2n-k}C_{k-1} + \cdots + {}_nC_{n-1} \\
+)\quad u_{2n+1} &= {}_{2n}C_0 + {}_{2n-1}C_1 + {}_{2n-2}C_2 + \cdots + {}_{2n-k}C_k \phantom{{}_{-1}} + \cdots + {}_nC_n \\
\hline
u_{2n} + u_{2n+1} &= {}_{2n+1}C_0 + {}_{2n}C_1 + {}_{2n-1}C_2 + \cdots + {}_{2n-k+1}C_k + \cdots + {}_{n+1}C_n \\
&= u_{2n+2}
\end{aligned}
$$

$$u_{2n+1} = \qquad {}_{2n}C_0 + {}_{2n-1}C_1 + \cdots + {}_{2n-k}C_k + \cdots + {}_{n+1}C_{n-1} + {}_{n}C_n$$

$$+)\ \ u_{2n+2} = {}_{2n+1}C_0 + {}_{2n}C_1 + {}_{2n-1}C_2 + \cdots + {}_{2n-k}C_{k+1} + \cdots + {}_{n+1}C_n$$

$$u_{2n+1} + u_{2n+2} = {}_{2n+2}C_0 + {}_{2n+1}C_1 + {}_{2n}C_2 + \cdots + {}_{2n-k+1}C_{k+1} + \cdots + {}_{n+2}C_n + {}_{n+1}C_{n+1}$$

$$= u_{2n+3}$$

以上から，

$$u_n + u_{n+1} = u_{n+2}$$

また $u_1 = 1, u_2 = 1$ であるから，$\{u_n\}$ はフィボナッチ数列である．

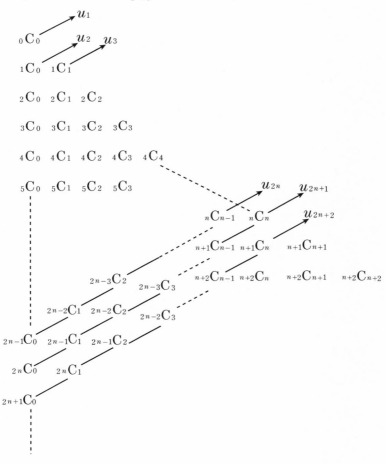

n 個のものから, k 個のものを選ぶ場合の数
$$n C_k \cdots ①$$

ある特定のもの1つを選ぶという条件のもと
n 個のものから k 個のものを選ぶ場合の数
$$n-1 C_{k-1} \cdots ②$$

ある特定のもの1つを選ばないという条件の
もとで、n 個のものから k 個のものを選ぶ場合の
数は
$$n-1 C_k \cdots ③$$

① = ② + ③ となるので
$$n C_k = n-1 C_{k-1} + n-1 C_k$$

よって、パスカルの三角形において
「上2つの数の和 = 下の数」という関係
が成り立つ。 $\cdots$
$$\frac{○+△}{□}$$

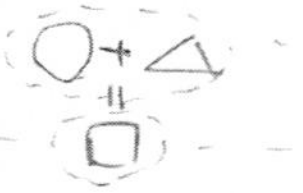

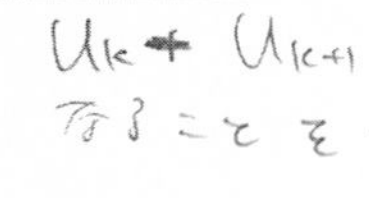

これを〔図2〕で考えると、

「上2つの数の和 = 上の2つの数のうち右にある数の
　　　　　　　　 下にある数」

という関係が成立つ。 $\cdots (*)$

$$\frac{○+△}{□} \cdots$$

(i) k が奇数のとき。
$$U_k + U_{k+1} = U_{k+2} と$$
なることを示す。

U_k, U_{k+1}, U_{k+2} 内の数字の数を
それぞれ n 個, n 個, n+1 (個)
と表せる。

それぞれの数字を $a_i, b_i, c_i (i = 1 \sim n+1)$
で表すと、以下の図のようになる。

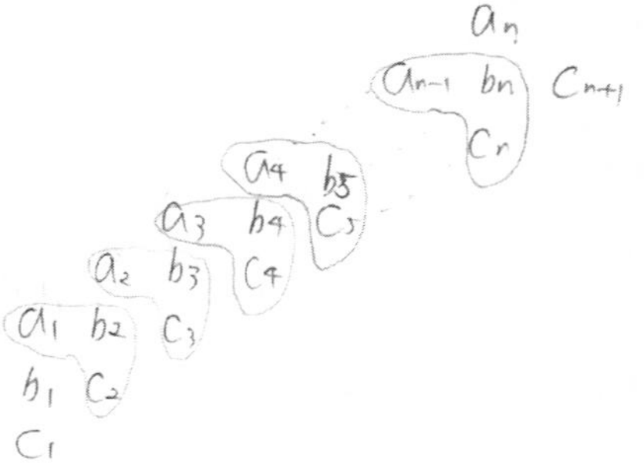

a_n
a_{n-1} b_n c_{n+1}
c_n
a_4 b_5
a_3 b_4 c_4
a_2 b_3 c_4
a_1 b_2 c_3
b_1 c_2
c_1

上図のように、それぞれの枠の中で (*)の
関係が成立している。

また、左前の b_1, c_1, a_n, c_{n+1} について
考えて、
$$b_1 = c_1 = a_n = c_{n+1} = 1 より$$
$$b_1 = c_1 \wedge a_n = c_{n+1} が成立$$
これより、$U_k + U_{k+1} = U_{k+2}$ が成立。

(ii) k が偶数のとき
$U_k + U_{k+1} = U_{k+2}$ となることを示す

a_n b_{n+1}
a_{n-1} b_n c_{n+1}
c_n
a_4 b_5
a_3 b_4 c_4
a_2 b_3 c_5
a_1 b_2 c_5
b_1 c_2
c_1

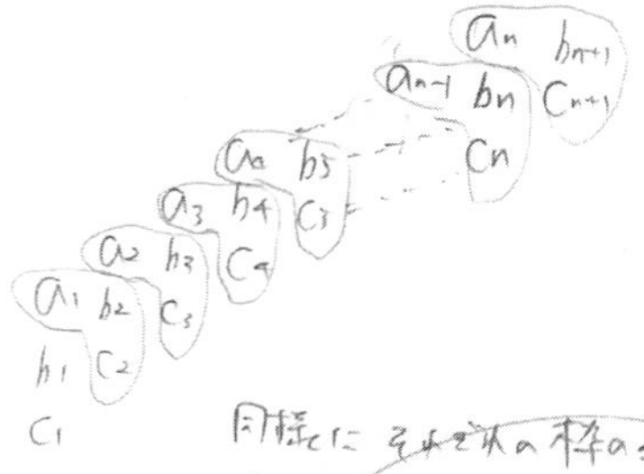

同様にそれぞれの枠の中で (*)の
関係が成立していて、また
$$b_1 = c_1$$
これより $U_k + U_{k+1} = U_{k+2}$ が成立

(i) (ii) より 数列 $\{U_n\}$ が フィボナッチ
数列となることが 示せた。

第9回【第2問】 (対数螺旋の等角性) ぐぞぐぞぐぞぐぞぐぞぐぞぐぞぐぞ

　座標平面上を運動する点 $P(x, y)$ の座標は，時刻 t の関数として次の
ように与えられている.

$$x = e^{kt} \cos t, \ y = e^{kt} \sin t$$

ただし，k は実数の定数である.

(1)　点 P の速さ (速度ベクトルの大きさ) を求めよ.

(2)　点 P の位置ベクトル $\overrightarrow{OP}$ と速度ベクトルのなす角を α とする.

　　時刻 t によらず α は一定であることを示し，$\cos\alpha$ を求めよ.

ぞぐぞぐぞ〔 答 案 例 〕ぞぐぞぐぞぐぞぐぞぐぞぐぞぐぞぐぞぐぞぐぞぐぞぐぞぐぞぐぞぐぞぐぞぐぞ

(1)　(10点)

　　$\overrightarrow{OP} = e^{kt} \begin{pmatrix} \cos t \\ \sin t \end{pmatrix}$ で表される点 P の速度ベクトルを $\vec{v}$ とすると，

$$\vec{v} = \frac{d}{dt}\overrightarrow{OP} = ke^{kt}\begin{pmatrix} \cos t \\ \sin t \end{pmatrix} + e^{kt}\begin{pmatrix} -\sin t \\ \cos t \end{pmatrix} = e^{kt}\left\{ k\begin{pmatrix} \cos t \\ \sin t \end{pmatrix} + \begin{pmatrix} -\sin t \\ \cos t \end{pmatrix} \right\}$$

$$\begin{aligned} |\vec{v}|^2 &= \vec{v}\cdot\vec{v} \\ &= e^{2kt}\left\{ k^2\left|\begin{pmatrix} \cos t \\ \sin t \end{pmatrix}\right|^2 + 2k\begin{pmatrix} \cos t \\ \sin t \end{pmatrix}\cdot\begin{pmatrix} -\sin t \\ \cos t \end{pmatrix} + \left|\begin{pmatrix} -\sin t \\ \cos t \end{pmatrix}\right|^2 \right\} \\ &= e^{2kt}(k^2 + 1) \end{aligned}$$

　　点 P の速さは $|\vec{v}| = \sqrt{k^2 + 1}\, e^{kt}$

(2)　(10点)

　　$\overrightarrow{OP}$ 方向の単位ベクトルを $\overrightarrow{e_1} = \dfrac{1}{|\overrightarrow{OP}|}\overrightarrow{OP} = \begin{pmatrix} \cos t \\ \sin t \end{pmatrix}$

　とし，$\overrightarrow{e_1}$ を $\dfrac{\pi}{2}$ 回転したベクトルを $\overrightarrow{e_2} = \begin{pmatrix} -\sin t \\ \cos t \end{pmatrix}$ とすると，

　　点 P の速度ベクトルは

$$\vec{v} = e^{kt}\left(k\overrightarrow{e_1} + \overrightarrow{e_2} \right)$$

したがって，$\overrightarrow{OP}$ と $\vec{v}$ のなす角 α は，

$\overrightarrow{e_1}$ と $k\overrightarrow{e_1}+\overrightarrow{e_2}$ のなす角と一致する．

図の直角三角形に注目すると

$$\cos\alpha = \frac{k}{\sqrt{k^2+1}}$$

であり，これは時刻 t によらない
一定値である．

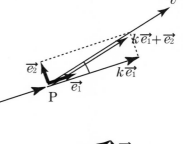

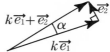

第9回【第3問】 (格子点と証明問題) ∽∽∽∽∽∽∽∽∽∽∽∽∽∽∽∽∽∽∽∽∽

　座標空間において，x 座標，y 座標，z 座標のいずれもが整数であるような点を格子点とよぶことにする．

(1) 原点 O と，O と異なる格子点 P (a, b, c) に対して，線分 OP 上に O と P 以外の格子点が存在しないことと，3 つの整数 a, b, c の最大公約数が 1 であることは同値であることを示せ．

(2) a を整数として，2 点 A $(3, 5, 4)$，B $(a+1, a, 12)$ をとる．線分 AB 上には A と B 以外の格子点は存在しないことを示せ．

∽∽∽ 答 案 例 ∽∽∽∽∽∽∽∽∽∽∽∽∽∽∽∽∽∽∽∽∽∽∽∽∽∽∽∽∽∽∽∽∽∽

(1) (14点)

　　a, b, c の最大公約数を g とすると，整数 a', b', c' を用いて，

　　　　$a = a'g$，$b = b'g$，$c = c'g$

と表される．

　　このとき，O と P は異なるから，

　　　　$(a, b, c) \neq (0, 0, 0)$，$(a', b', c') \neq (0, 0, 0)$

であることを注意しておく．

　　以下で，2 つの条件

　　(ⅰ) 線分 OP 上に O と P 以外の格子点が存在しない．

　　(ⅱ) $g = 1$

が同値であることを示す．

　　(ⅰ)→(ⅱ)の証明：対偶を証明する．

　　　(ⅱ)でないとき，すなわち $g \geq 2$ のとき，点 Q (a', b', c') を考える

　　　と，Q は O と異なる格子点で，$\overrightarrow{OQ} = \dfrac{1}{g}\overrightarrow{OP}$ $\left(0 < \dfrac{1}{g} < 1\right)$ となるので

　　　Q は線分 OP 上の O とも P とも異なる点である．

　　　よって，(ⅰ)は成り立たない．

　　(ⅱ)→(ⅰ)の証明：背理法で証明する．

　　　条件(ⅱ)の下で(ⅰ)でないとする．すなわち，線分 OP 上に O, P と

　　　異なる格子点が存在する．その中で O に最も近いものを Q (l, m, n)

とする．すると，$\overrightarrow{\mathrm{OP}} = s\overrightarrow{\mathrm{OQ}}\cdots①$　をみたす $s > 1$ が存在する．

$s = k + r$　（k は正の整数，$0 \leqq r < 1$）

すると，①より，

$a = sl = (k + r)l,$

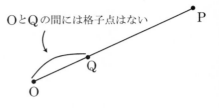

OとQの間には格子点はない

$b = sm = (k + r)m,$

$c = sn = (k + r)n$

もし $r = 0$ とすると，

$a = kl, b = km, c = kn$

となり，k は a, b, c の公約数になるが，条件（ ii ）より $k = 1$ となるので

$s = k + r = k + 0 = k = 1$

となるが，これは $s > 1$ に反する．よって，$0 < r < 1$ である．

$rl = a - kl, rm = b - km, rn = c - kn$ だから rl, rm, rn は整数である．

よって，R (rl, rm, rn) は格子点であり，

$\overrightarrow{\mathrm{OR}} = (rl, rm, rn) = r(l, m, n) = r\overrightarrow{\mathrm{OQ}}$

および $0 < r < 1$ より，R は
線分 OQ 上の格子点で O とも
Q とも異なるものになってい
るが，これは Q のとり方
（ O に最も近い格子点であること）
に矛盾する．

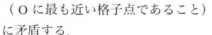

よって背理法により，（ ii ）→（ i ）が成り立つ．

(2)　(6点)

$$\overrightarrow{\mathrm{AB}} = (a - 2, a - 5, 8)$$

である．3 数 $a - 2, a - 5, 8$ の最大公約数を $d(> 0)$ とすると，

$a - 2, a - 5, 8$ は整数 k, l, m を用いて

$a - 2 = kd \cdots\cdots②$

$$a - 5 = ld \quad \cdots\cdots ③$$
$$8 = md \quad \cdots\cdots ④$$

と表される. ②−③より, $3 = (k - l)d$

よって, d は 3 の約数である.

ところが④より, d は 8 の約数でもあるから,

$$d = 1$$

したがって, 点 C を $\overrightarrow{OC} = \overrightarrow{AB}$ によって定めると, 線分 OC 上には O と C 以外の格子点は存在しない. 線分 AB は線分 OC を x 軸方向に 3, y 軸方向に 5, z 軸方向に 4 だけ平行移動したものだから, 線分 AB 上にも点A, B 以外の格子点は存在しない.

╰─╮ **参　考** ╭─────────────────────────────────────

(1)の(ⅱ)→(ⅰ)の証明は次のようにしてもよい.

[(1)の(ⅱ)→(ⅰ)の別解] 背理法で証明する.

線分 OP 上に O と P 以外の格子点 Q (l, m, n) が存在したと仮定する.

このとき, 実数 $t(0 < t < 1)$ を用いて, $\overrightarrow{OQ} = t\overrightarrow{OP} = (ta, tb, tc)$ と表されるから, $l = ta, m = tb, n = tc$

P は O と異なるから, a, b, c の中には 0 でないものがある.

$a \neq 0$ とすると, $t = \dfrac{l}{a}$ であるから t は有理数である.

$b \neq 0, c \neq 0$ のときも同様であるから, 一般に t は有理数になる.

そこで, $t = \dfrac{q}{p}$ (p と q は互いに素な正の整数)とおくと,

$$l = \frac{q}{p}a, \quad m = \frac{q}{p}b, \quad n = \frac{q}{p}c \quad \Longleftrightarrow \quad pl = qa, \quad pm = qb, \quad pn = qc$$

よって, p は qa, qb, qc の公約数であるが, p と q は互いに素だから, p は a, b, c の公約数である.

ところが, a, b, c の最大公約数は 1 だから, $p = 1$.

$$\therefore t = q \, (\geqq 1)$$

これは $0 < t < 1$ に矛盾する.

したがって, 線分 OP 上に O と P 以外の格子点は存在しない.

(1) 線分 OP 上に O と P 以外の
格子点が 存在しないこと　…①

3つの整数 a, b, c の最大
公約数が 1 であること　…②

とする。

(i) ① ⇒ ② の 証明

①が成り立つとき、3つの整数 a, b, c の
最大公約数が g (g は 2以上の整数)
で表ると仮定する。

このとき $\frac{a}{g}, \frac{b}{g}, \frac{c}{g}$ は整数より

線分 OP 上に ある 座標 $(\frac{a}{g}, \frac{b}{g}, \frac{c}{g})$ の
点も 格子点 となり、これは ① に
矛盾する。従って 仮定が 誤っていた
ことになり、① ⇒ ② が 成立する。

(ii) ② ⇒ ① の 証明

②が 成り立つとき、線分 OP 上に
O と P 以外の 格子点が 存在すると
仮定する。

この座標を (d, e, f) $(d, e, f \in \mathbb{Z})$
とすると、

$a = kd,\ a = ke,\ a = kf$ と表せる
$\overset{b}{}\quad\overset{c}{}\qquad\qquad (K>1)$

㋐ K が 2以上の 整数の場合

3つの整数 a, b, c の 最大公約数が
K となり、② に 矛盾する。

㋑ K が 整数で ない 場合

d, e, f が 1以外の 公約数 g' を
もっていれば、$k = \frac{a}{d}$ で、k は 整数
1以外の 形で表せる。
しかし、このとき $K>1$ より $k>g'>1$

よって、a, b, c は 1以外の 公約数 k を
もつことになり、② に 矛盾

㋐ と ㋑ より、仮定が 誤っていたことになる
ので、② ⇒ ① が 成立する。

(iii) (i)(ii) より、① ⇒ ②、② ⇒ ① がともに
成り立つから、① と ② は 同値　〃

(2) $A(3, 5, 4)$、$B(a+1, a, 12)$ について
線分 AB を 点 A が 原点 にくるまで
平行移動させると、移動後の線分を
$A'B'$ とすると、

$A'(0, 0, 0)$、$B'(a-2, a-5, 8)$

線分 $A'B'$ 上に A' と B' 以外の 格子点が
存在しないことを 示せばよい。

また、これより (1) から

┌─────────────────────────┐
│ 3つの整数　$a-2,\ a-5,\ 8$ の │
│ 最大公約数 が 1 で あること を │
│ 示せばよい。 │
└─────────────────────────┘

$a-2$ と $a-5$ は 差が 3 ゆえ、公約数
の候補は 1 か 3 。

しかし、3 は 8 の 公約数 では ないので、
3つの整数 $a-2, a-5, 8$ の 最大公約数
は 1 で ある。

これにより 線分 AB 上には A と B 以外
の 格子点が 存在しないことが
示せた。　〃
　　　　　　　　　　　　　　(2)120で

① が よくわからない。
　② の 仮定が ないとき、どうなるか・・・

②でない。
有理数。

第9回【第4問】 （数列の項が偶数となる条件）ᭋᭋᭋᭋᭋᭋᭋᭋᭋᭋᭋᭋᭋᭋᭋ

任意の正の整数に対して，整数が次の条件を満たすように定められている．

$$\begin{cases} f(1) = 1 \\ f(2n) = f(n) \\ f(2n+1) = f(n) + f(n+1) \end{cases}$$

$f(n)$ が偶数となるための（n に関する）必要十分条件を求めよ．

᭬᭬᭬᭬ 答 案 例 ᭬᭬᭬᭬᭬᭬᭬᭬᭬᭬᭬᭬᭬᭬᭬᭬᭬᭬᭬᭬᭬᭬᭬᭬᭬᭬᭬᭬᭬᭬᭬᭬᭬᭬᭬᭬᭬᭬

（20点）

漸化式 $\begin{cases} f(1) = 1 \\ f(2n) = f(n) \\ f(2n+1) = f(n) + f(n+1) \end{cases}$ を用いていくつかの $f(n)$ を求めてみる

と次のようになる．

n	1	2	3	4	5	6	7	8	9	10	11	12	13
$f(n)$	1	1	②	1	3	②	3	1	④	3	5	②	5

表から，

$\qquad$ $f(n)$ が偶数 $\quad \Leftrightarrow \quad$ n が 3 の倍数

$\qquad\qquad \Leftrightarrow \quad f(3m-2)$, $f(3m-1)$ は奇数，$f(3m)$ は偶数 $\quad$ ……（＊）

と予想される．（＊）を m に関する数学的帰納法で証明する．

（ⅰ）$m = 1$ のとき；$f(1) = f(2) = 1, f(3) = 2$ なので（＊）は成り立つ．

（ⅱ）$m \leq k$ のとき（＊）が成り立つと仮定する．

$\qquad f(6k-5) = f(3k-3) + f(3k-2)$

$\qquad\qquad\qquad = f(3(k-1)) + f(3k-2) \quad$ は奇数

$\qquad\qquad\qquad\quad$ （偶数）$\qquad$（奇数）

$\qquad f(6k-4) = f(3k-2) \quad$ は奇数．

$\qquad f(6k-3) = f(3k-2) + f(3k-1) \quad$ は偶数．

$\qquad\qquad\qquad\quad$ （奇数）$\qquad$（奇数）

$f(6k-2) = f(3k-1)$ は奇数.

$f(6k-1) = f(3k-1) + f(3k)$ は奇数

　　　　　(奇数)　(偶数)

$f(6k) = f(3k)$ は偶数.

以上 (i), (ii) より，任意の正の整数 m について(*)が成り立つ.
したがって，求める必要十分条件は

　　n が 3 の倍数であること

~~~~~~~(参　考)~~~~~~

本問で用いた数学的帰納法の構造に注意しよう．答案中では，

　　(i) $n = 1, 2, 3$ で成立

　　(ii) $n = 3k-2, 3k-1, 3k$ で成立

　　　　　$\Rightarrow n = 6k-5, 6k-4, 6k-3, 6k-2, 6k-1, 6k$ で成立

を示した．(ii)をくり返し用いてみると，次のようになる．

　　$m = 1, 2, 3, 4$ として，

　　　$n = 1, 2, 3$ で成立 $\Rightarrow n = 1, 2, 3, 4, 5, 6$ で成立

　　　$n = 4, 5, 6$ で成立 $\Rightarrow n = 7, 8, 9, 10, 11, 12$ で成立

　　　$n = 7, 8, 9$ で成立 $\Rightarrow n = 13, 14, 15, 16, 17, 18$ で成立

　　　$n = 10, 11, 12$ で成立 $\Rightarrow n = 19, 20, 21, 22, 23, 24$ で成立

このようにして(*)の成立が確かめられる.

f(1)	1
f(2)	1
f(3)	(2)
f(4)	1
f(5)	3
f(6)	(2)

f(7)	3
f(8)	1
f(9)	(4)
f(10)	3
f(11)	5
f(12)	(2)

具体的に値を求めると上のようになるので
$f(n)$ が偶数となるための(nに関する)
必要十分条件は、nが3の倍数である
ことであると予想できる。
これを数学的帰納法により示す。

まず、$n \in \mathbb{Z}^+$について、$f(3n)$ が偶数，
$f(3n-1)$, $f(3n-2)$ が奇数となることを
示す。　　　　　　（あ）

(i) 表より、$f(1) \sim f(12)$ までについて
成立

(ii)　　　　　この仮定はよい
$n \leq k$ をみたす全ての n について
$f(3n)$ が偶数，$f(3n-1)$,
$f(3n-2)$ が奇数となると仮定
する。（$3n-1 \equiv 2$, $3n-2 \equiv 1 \pmod 3$）

このとき，$n > k$ をみたす 全ての自然数
n について，$f(3n)$ が偶数，
$f(3n-1)$, $f(3n-2)$ が奇数であること
を示す。
条件より，
$f(6n) = f(3n)$ なので，$f(6n)$ も
偶数。・・・・・①

ここで条件より
$f(2n+1) = f(n) + f(n+1)$ で，
$2n+1 = n + (n+1)$ で，$2n+1$ は 連続した
　　　　　2つの自然数の和となっている
$f(3\ell)$ (ℓ は 奇数で $\ell > k$) について，
3ℓ を 連続した 2つの自然数の和で
表すとすると、それは mod 3 において、
1, 2 となる 2数である。
従って、仮定より、これらの2数はともに

奇数なので，その和により得られる $f(3\ell)$
は、偶数 ・・・②
一方、$f(3\ell-1)$, $f(3\ell-2)$ ($\ell > k$) に
ついて、$3\ell-1$, $3\ell-2$ を 同様に 連続する
2つの自然数の和で表すとすると、
その片方の自然数は 3の倍数で もう一方
は 3の倍数でない 故になる。
ゆえに 仮定より、$f(3\ell-1)$, $f(3\ell-2)$は
どちらも 偶数と奇数の和なので、奇数
となる。　・・・③　　ここも、k以下での仮定が
　　　　　　　　　　どのように使われているのか。？
①～③より $n > k$ をみたす全ての自然数
n について、$f(3n)$ が偶数，$f(3n-1)$,
$f(3n-2)$ が奇数で あることが 示せた　？

よって (i)(ii)より、全ての自然数 n について
これは成立するので、$f(n)$ が偶数と
なるための n の必要条件は、n が 3の倍数
であることで ある。

また 逆に、十分条件として n が 3の倍数
のとき、$f(n)$ が 偶数となることを 示せば
よいが、逆も成り立つ　？

（あ）が言えれば
必要だが...

①は不要

結論は
合っている

よって 求める 必要十分条件は
n が 3の倍数

いきなり、すべて ($\to \infty$ まで) の nで いえるのか？
帰納法は、ちょっと上のれにしか届かない。
これを、くりかえすから ∞ にいける。

k以下での仮定が
どう使われているのか

215

「$n \in \mathbb{Z}^+$について、$f(3n)$が偶数, $f(3n-1)$, $f(3n-2)$が奇数となって、数学的帰納法により示す。（*）とする

(i) $n=1$のとき,
具体的に数値を求めていくと
$f(3)=2., \quad f(2)=1, \quad f(1)=1$
これより（*）は成立。累積の仮定より

(ii) $n \leq k (k \in N)$をみたす自然数nについて(*)が成立していると仮定する。

> そのとき $n=k+1$のとき
> $f(3k+3)$が偶数,
> $f(3k+2)$, $f(3k+1)$が奇数
> となることを示す。

方針よい。

① kが奇数のとき

$3k+3$は偶数かつ3の倍数より
$\dfrac{3k+3}{2} (\leq 3k)$も3の倍数
よって与えられた条件と仮定より
$f(3k+3)=f\left(\dfrac{3k+3}{2}\right)=$（偶数）
（集合と要素の関係）

また、条件 $f(2n+1)=f(n)+f(n+1)$について、$2n+1=n+(n+1)$と、$2n+1$が2つの連続する自然数の和で表されることに注意する。

$3k+2$は奇数で $3k+2 \equiv 2 \pmod{3}$より、これを2つの連続する自然数 $a, a+1$で表すとすると、
$a \equiv 2 \pmod{3}$, $a+1 \equiv 0 \pmod{3}$を自然数aはみたす, $(a \leq 3k)$
よって、仮定より $f(a)$は奇数, $f(a+1)$は偶数なので、$f(3k+2)=f(a)+f(a+1)$より
$f(3k+2)$は奇数

一方、$3k+1$は偶数で3の倍数でない。
このとき、$\dfrac{3k+1}{2}$は自然数だが、3の倍数でないことより、仮定から、$f\left(\dfrac{3k+1}{2}\right)$は奇数
よって条件より $f(3k+1)=f\left(\dfrac{3k+1}{2}\right)=$（奇数）　表記がよくない
以上より、kが奇数のとき、内容はよい。$f(3k+3)$が偶数, $f(3k+2)$, $f(3k+1)$が奇数となる。

② kが偶数のとき。

$3k+3$は奇数かつ3の倍数。
$3k+3$を2つの自然数 $b, b+1$の和で表すとすると、
$b \equiv 1 \pmod{3}$, $b+1 \equiv 2 \pmod{3}$を自然数bはみたす $(b \leq 3k)$
よって仮定より $f(b), f(b+1)$はともに奇数なので、$f(3k+3)=f(b)+f(b+1)$より $f(3k+3)$は偶数 OK.

$3k+2$は偶数で、かつ3の倍数でないので、$\dfrac{3k+2}{2} (\leq 3k)$は自然数だが3の倍数でない。
よって、与えられた条件と仮定より
$f(3k+2)=f\left(\dfrac{3k+2}{2}\right)=$（奇数）　表記よくない　内容はOK.

$3k+1$は奇数で、かつ3の倍数でない。
$3k+1$を2つの自然数 $c, c+1$の和で表すとすると、
$c \equiv 0 \pmod{3}$, $c+1 \equiv 1 \pmod{3}$を自然数cはみたす $(c \leq 3k)$
よって、仮定より $f(c)$は偶数, $f(c+1)$は奇数なので、$f(3k+1)=f(c)+f(c+1)$より $f(3k+1)$は奇数 OK.

以上より、kが偶数のときも、$f(3k+3)$が偶数, $f(3k+2)$, $f(3k+1)$が奇数となる。
①・②より $n=k+1$のとき 成立。

(ⅱ)(ⅲ)より、全ての自然数 n について、
数学的帰納法により（＊）が
成立する。

従って、$f(n)$ が偶数となるための
〔n に関する〕必要十分条件は、

　　n が 3 の倍数で あること

（座りノート）

第9回【第5問】 （線分が描く包絡線）❤❤❤❤❤❤❤❤❤❤❤❤❤❤❤❤

平面上に原点 O, A$(1,0)$, B$(0,1)$ をとり，線分 OA, OB 上に点 P, Q を

$$\frac{\text{OP}}{\text{OA}} + \frac{\text{OQ}}{\text{OB}} = 1 \cdots\cdots(*)$$

となるようにとる．$(*)$ をみたす線分 PQ の全体が描く図形を W とする．

(1) W を求め，図示せよ．

(2) W の面積を求めよ．

〜〜〜〜 答 案 例 〜〜〜〜〜〜〜〜〜〜〜〜〜〜〜〜〜〜〜〜〜〜〜〜〜〜〜〜〜〜〜〜

(1) (15点)

P$(t,0)$, Q$(0,1-t)$ $(0 \leq t \leq 1)$ とおく．

$t = 0, 1$ のとき，線分 PQ はそれぞれ OB, OA となる．

$0 < t < 1$ のとき，直線 PQ の式は $\dfrac{x}{t} + \dfrac{y}{1-t} = 1$

$$(1-t)x + ty = t(1-t) \cdots\cdots①$$

となる．①式は $t = 0, 1$ のときも直線 PQ を表す．

①を t について整理して，

$$t^2 + (y - x - 1)t + x = 0 \cdots\cdots②$$

②の左辺を $f(t)$ とおく．

線分 PQ は $x \geq 0, y \geq 0$ に存在するから，

$$f(0) = x \geq 0,\ f(1) = y \geq 0 \cdots\cdots③$$

である．③の範囲で，t の2次方程式②が $0 \leq t \leq 1$ に少なくともひとつの

解をもつような点 (x, y) の全体が W を表す．

③より，条件は $f(t)$ の判別式 $D = (y - x - 1)^2 - 4x \geq 0$

$$(x - y)^2 - 2(x + y) + 1 \geq 0 \cdots\cdots④$$

となり，$(x, y) \in W \Leftrightarrow$ ③かつ④である．ここで，④の境界線について，

$$y^2 - 2(1 + x)y + (x - 1)^2 = 0$$

$$y = 1 + x \pm \sqrt{(1 + x)^2 - (x - 1)^2} = 1 \pm 2\sqrt{x} + x$$

$0 \le y \le 1$ と考えてよいから，$y = 1 - 2\sqrt{x} + x = \left(1 - \sqrt{x}\right)^2$

これを境界として W を描くと図の網目部分のようになる.

(2)　(5点)

　W の面積 S は

$$S = \int_0^1 \left(1 - 2\sqrt{x} + x\right)dx$$

$$= \left[x - \frac{4}{3}x^{\frac{3}{2}} + \frac{1}{2}x^2 \right]_0^1 = \frac{1}{6}$$

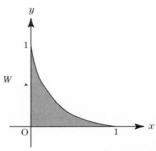

参　考

　$(x - y)^2 - 2(x + y) + 1 \ge 0$ ……④ の境界線について考える.

④の表す図形を原点のまわりに $45°$ 回転することを考える.

複素平面上で $X + Yi = (x + yi)(\cos 45° + i \sin 45°)$

によって点 (x, y) を点 (X, Y) に対応させる.

$$X + Yi = (x + yi) \times \frac{1 + i}{\sqrt{2}} = \frac{x - y}{\sqrt{2}} + \frac{x + y}{\sqrt{2}}i$$

$$x - y = \sqrt{2}X,\quad x + y = \sqrt{2}Y$$

これを④に代入して，$\left(\sqrt{2}X\right)^2 - 2 \cdot \sqrt{2}Y + 1 \ge 0$

$$2 \cdot \sqrt{2}Y \le 2X^2 + 1$$

$$Y \le \frac{1}{\sqrt{2}}X^2 + \frac{1}{2\sqrt{2}} \quad \cdots ④'$$

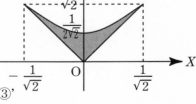

また③から $x = \dfrac{X + Y}{\sqrt{2}} \ge 0,\ y = \dfrac{Y - X}{\sqrt{2}} \ge 0 \quad \cdots ③'$

$Y \ge -X,\ Y \ge X$　にも注意して XY 平面上に③'かつ④'を描くと図のようになる．この状態で面積を求めると，

$$S = 2\int_0^{\frac{1}{\sqrt{2}}} \left(\frac{1}{\sqrt{2}}X^2 - \frac{1}{2\sqrt{2}} - X \right)dX = \frac{1}{6}$$

第9回【第6問】 （サイコロの目の和と期待値）｡ಐﾟ｡ಐﾟ｡ಐﾟ｡ಐﾟ｡ಐﾟ｡ಐﾟ

　1つのサイコロを何回か振り，最初に振ったときからの出た目の和が7
の倍数になった時点でサイコロを振ることをやめる．このとき，ちょうど
n 回振った時点でやめることになる確率を P_n とし，n 回以内にやめること
になる確率を S_n とする．ただし，n は自然数とする．

(1) P_{n+1} を S_n で表せ．

(2) P_n と S_n を求めよ．

(3) サイコロを振ることをやめるまでの回数の期待値を求めよ．

ಿಐﾟ｡ಐﾟ｡ಐﾟ　答案例　ಐﾟ｡ಐﾟ｡ಐﾟ｡ಐﾟ｡ಐﾟ｡ಐﾟ｡ಐﾟ｡ಐﾟ｡ಐﾟ｡ಐﾟ｡ಐﾟ｡ಐﾟ｡ಐﾟ｡ಐﾟ｡ಐﾟ

(1) （6点）

　　ちょうど $n+1$ 回ふった時点でやめるためには，サイコロを n 回ふる
　ことができて，n 回目までに出た目の和が 7 の倍数になっていないこと
　が必要であり，その確率は $1-S_n$ である．n 回ふった時点での目の和を
　7 で割った余りを i とするとき（ただし，$1 \leq i \leq 6$），$n+1$ 回目に $7-i$
　の目を出せばちょうど $n+1$ 回でやめることになるので，

$$P_{n+1} = \frac{1}{6}\left(1-S_n\right) \cdots\cdots ①$$

(2) （8点）

　　　$n \geq 2$ のとき，①から，$P_n = \dfrac{1}{6}\left(1-S_{n-1}\right) \cdots\cdots ②$

　①－②より $P_{n+1} - P_n = -\dfrac{1}{6}\left(S_n - S_{n-1}\right)$

　ここで，$S_n = \displaystyle\sum_{k=1}^{n} P_k$ ∴ $S_n - S_{n-1} = P_n$ であることを用いると，

$$P_{n+1} - P_n = -\frac{1}{6}P_n$$

$$\therefore P_{n+1} = \frac{5}{6}P_n \ \ (n \geq 2) \cdots\cdots ③$$

　ところで，1 回で 7 の倍数の目を出すことはできないから，$P_1 = 0$

　2 回で 7 の倍数になるのは，(1)でみたように，

1回目の目 $i(=1,2,\cdots,6)$ に対し 2 回目で $7-i$ が出るときで，$P_2 = \dfrac{1}{6}$

これらと③から，

$$
\begin{cases}
n=1 \text{ のとき } P_1 = 0 \\[2mm]
n \geq 2 \text{ のとき } P_n = \dfrac{1}{6}\left(\dfrac{5}{6}\right)^{n-2}
\end{cases}
$$

したがって，$n \geq 2$ のとき

$$
S_n = P_1 + \sum_{k=2}^{n} P_k = 0 + \sum_{k=2}^{n} \frac{1}{6}\left(\frac{5}{6}\right)^{k-2} = \frac{1}{6}\cdot\frac{1-\left(\dfrac{5}{6}\right)^{n-1}}{1-\dfrac{5}{6}} = 1-\left(\frac{5}{6}\right)^{n-1}
$$

よって，$n=1$ のときの $S_1 = 0$ も含め $S_n = 1-\left(\dfrac{5}{6}\right)^{n-1}$

(3)（6 点）

サイコロを振ることをやめるまでの回数 X の期待値を $E(X)$ とすると，

$$
E(X) = \sum_{n=2}^{\infty} n P_n = \sum_{n=2}^{\infty} \frac{n}{6}\left(\frac{5}{6}\right)^{n-2}
$$

$$
E(X) = \frac{1}{6}\left\{2 + 3r + 4r^2 + \cdots\cdots + nr^{n-2} + \cdots\cdots\right\} \qquad (\text{ただし } r = \frac{5}{6})
$$

$$
rE(X) = \frac{1}{6}\left\{2r + 3r^2 + 4r^3 + \cdots\cdots + (n-1)r^{n-2} + nr^{n-1} + \cdots\cdots\right\}
$$

$$
(1-r)E(X) = \frac{1}{6}\left\{2 + r + r^2 + r^3 + \cdots\cdots + r^{n-2} + r^{n-1} + \cdots\cdots\right\} = \frac{1}{6}\left\{2 + \frac{r}{1-r}\right\}
$$

$$
\frac{1}{6}E(X) = \frac{1}{6}\left\{2 + \frac{\dfrac{5}{6}}{1-\dfrac{5}{6}}\right\} = \frac{7}{6}
$$

$$
E(X) = 7
$$

1° P_n を，次のように考えることもできる．

1回目で終わることはあり得ない．2回目から $n-1$ 回目までは，各回とも「それまでの和が7の倍数にならない」ように目を出す．各回とも，前回までの目の和を7で割った余りを i とするとき，$7-i$ 以外の5種類の目を出せばよい．最後の n 回目に，それまでの和が7の倍数となるように目を出せばよいから，$P_1 = 0$，$n \geq 2$ のとき $P_n = \left(\dfrac{5}{6}\right)^{n-2} \times \dfrac{1}{6}$ となる．

2° S_n を次のように求めることもできる．

$P_{n+1} = S_{n+1} - S_n$ と①から，$S_{n+1} = \dfrac{5}{6}S_n + \dfrac{1}{6}$

変形して $S_{n+1} - 1 = \dfrac{5}{6}(S_n - 1)$

$n \geq 2$ のとき $S_n - 1 = \left(\dfrac{5}{6}\right)^{n-1}(S_1 - 1)$

ここで，$S_1 = P_1 = 0$ だから，$S_n = 1 - \left(\dfrac{5}{6}\right)^{n-1}$ $(n \geq 1)$ となる．

第10回

解説・答案例・指導例

　第10回のセットは1990年代に作成した
が，後の改訂の際に1問だけを大学院入試問
題で差し替えた．
【1】は原点を通る2つのサインカーブの周
期が異なる場合に会合周期が存在する条件を
問いかけた．
【2】は大学院入試から採ったもので，解答
自体は難しくないが，考えている内容はモン
モールの問題につながるものである．
【3】は区分求積について教えているとき
に，区間の分割を均等割りにする必要がない
ことについて議論をしたことから発想した．
【4】は1の虚数立方根についての性質と，
級数の和の関連を問いかけた．
【5】は幾何的なアイデアが先にあり，問い
かける中でその色を消すようにした．
【6】は2次曲線の光学的性質を取り上げ
ているが，方針の選び方によって計算量が大
きく変わるようになっている．

第10回【問題1】 （会合周期）〜〜〜〜〜〜〜〜〜〜〜〜〜〜〜〜〜〜〜〜〜

　平面上に 2 曲線 $C_1 : y = \sin x$，$C_2 : y = \sin ax$ がある．ただし a は正の定数である．

(1)　$a = \dfrac{2}{3}$ のとき，C_1，C_2 の共有点の x 座標をすべて求めよ．

(2)　C_1 と C_2 が原点以外に x 軸上に共有点をもつための，a に関する
　　必要十分条件を求めよ．

〜〜〜〜 答案例 〜〜〜〜〜〜〜〜〜〜〜〜〜〜〜〜〜〜〜〜〜〜〜〜〜〜〜〜〜〜〜〜〜〜〜

(1)　（10点）

　　$\sin x = \sin \dfrac{2}{3} x$ の解を求める．みやすくするため，$\dfrac{x}{3} = \theta$ とおくと
　　$\sin 3\theta = \sin 2\theta$
　　　　$3\theta = 2\theta + 2n\pi \ \ or \ \ 3\theta = (\pi - 2\theta) + 2n\pi \quad (n \in Z)$
　　　　　　$\theta = 2n\pi \ \ or \ \ \theta = \dfrac{1 + 2n}{5}\pi \quad (n \in Z)$
　　$x = 3\theta$ だから $x = 6n\pi \ \ or \ \ x = \dfrac{3 + 6n}{5}\pi \quad (n \in Z)$

(2)　（10点）

　　C_1 と x 軸の交点は $(m\pi,\, 0) \ \ (m \in Z)$

　　このうちのひとつを C_2 が通るとき，$\sin am\pi = 0$ なので，整数 l が存在して
　　　　$am\pi = l\pi$
　　原点以外の共有点を考えるから $m \neq 0$ としてよく，
　　　　$a = \dfrac{l}{m}$
　　よって，a が有理数であることが必要．
　　逆にこのとき $a = \dfrac{l}{m} \ \ (l,\, m \in Z)$ とおけば，
　　　　$C_1 : y = \sin x, \ C_2 : y = \sin \dfrac{l}{m} x$
　　は原点以外の点 $(m\pi,\, 0)$ で交わるから十分である．
　　求める条件は，a が有理数であること．

1° $\sin 3\theta = \sin 2\theta$ に対し，3倍角の公式を用いると

$$3\sin\theta - 4\sin^3\theta = 2\sin\theta\cos\theta$$

$$\sin\theta(3 - 4\sin^2\theta - 2\cos\theta) = 0$$

$$\sin\theta = 0 \quad or \quad \cos\theta = \frac{1 \pm \sqrt{5}}{4}$$

2° $a = \dfrac{2}{3}$ のとき，C_1，C_2 のグラフは次のようになる．

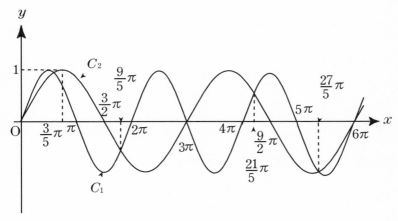

第10回【第2問】　（くじびき）～～～～～～～～～～～～～～～～～～

　当たる確率が $\dfrac{1}{n}$ であるくじを n 回引いたときに，n 回のうち少なく

とも1回は当たりになる確率を $P(n)$ とする．

　このとき $P(1)$，$P(2)$，$P(3)$，$\displaystyle\lim_{n\to\infty} P(n)$ の値を求めよ．

(2011 東京大学理学部大学院入試地球惑星科学科)

答案例 ～～～～～～～～～～～～～～～～～～～～～～～～～～～～～～～～

(20点)

　くじが1回も当たらない確率 $1-P(n)$ を考えると，

$$1-P(n)=\left(\frac{n-1}{n}\right)^{n} \rightleftarrows P(n)=1-\left(\frac{n-1}{n}\right)^{n}$$

よって，$P(1)=1$，$P(2)=1-\left(\dfrac{1}{2}\right)^{2}=\dfrac{3}{4}$，$P(3)=1-\left(\dfrac{2}{3}\right)^{3}=\dfrac{19}{27}$

また，

$$\left(\frac{n-1}{n}\right)^{n}=\left(\frac{n}{n-1}\right)^{-n}=\left\{\left(\frac{n}{n-1}\right)^{n-1}\right\}^{-\frac{n}{n-1}}=\left\{\left(1+\frac{1}{n-1}\right)^{n-1}\right\}^{-\frac{n}{n-1}}$$

であり，$n\to\infty$ のとき $n-1\to\infty$ であるから．

$$\lim_{n\to\infty} P(n)=1-\left(\frac{n-1}{n}\right)^{n}=1-\left\{\left(1+\frac{1}{n-1}\right)^{n-1}\right\}^{-\frac{n}{n-1}}=1-e^{-1}=1-\frac{1}{e}$$

第10回【第3問】 （面積を最大にする点列の決定）〜〜〜〜〜〜〜〜〜〜

xy 平面上の 3 点 $O(0,0)$，$A(1,0)$，$B(1,1)$ を頂点とする直角三角形 OAB の辺 OB 上に n 個の点 $P_i(x_i, x_i)\,(i=1,2,3,\cdots,n)$ をとる．また，点列 $Q_i(x_i, 0)\,(i=1,2,3,\cdots,n,n+1)$ と点列 $R_{i+1}(x_{i+1}, x_i)\,(i=1,2,3,\cdots,n)$ をとり，長方形 $P_k Q_k Q_{k+1} R_{k+1}$ の面積を S_k とする．

ただし $0 < x_1 < x_2 < \cdots < x_n < x_{n+1} = 1$ とする．このとき，和 $\displaystyle\sum_{k=1}^{n} S_k$ を最大にするような数列 $\{x_i\}\,(i=1,2,\cdots,n)$ を決定せよ．

〜〜〜 答案例1 〜〜〜〜〜〜〜〜〜〜〜〜〜〜〜〜〜〜〜〜〜〜〜〜〜〜

(20点)

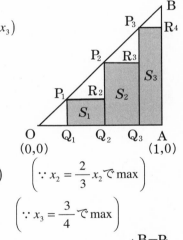

$$S_1 + S_2 + S_3 = x_1(x_2 - x_1) + x_2(x_3 - x_2) + x_3(1 - x_3)$$

$$\leq \frac{1}{4}x_2^2 + x_2(x_3 - x_2) + x_3(1 - x_3)$$

$$\left(\because x_1 = \frac{1}{2}x_2 \text{で max} \right)$$

$$= -\frac{3}{4}x_2\left(x_2 - \frac{4}{3}x_3\right) + x_3(1 - x_3)$$

$$\leq -\frac{3}{4}\cdot\frac{2}{3}x_3\left(-\frac{2}{3}x_3\right) + x_3(1 - x_3) \qquad \left(\because x_2 = \frac{2}{3}x_2 \text{で max} \right)$$

$$= x_3 - \frac{2}{3}x_3^2 = -\frac{2}{3}x_3\left(x_3 - \frac{3}{2}\right) \qquad \left(\because x_3 = \frac{3}{4} \text{で max} \right)$$

区間 $0 \leq x \leq 1$ を $n+1$ 等分する等差数列

$$\left\{ \frac{1}{n+1}, \frac{2}{n+1}, \frac{3}{n+1}, \cdots, \frac{n}{n+1} \right\}$$

が，求める数列であると予想される．

この仮説を n に関する帰納法で証明する．

（ i ）$n=1$ のとき；$0 < x_1 < x_2 = 1$

$\quad S_1 = (1 - x_1)x_1$ を最大にするのは $x_1 = \dfrac{1}{2}$ なので命題は成り立つ．

227

(ii) ある n での成立を仮定する.

$n+1$ のときを考える. $x_{n+2}=1$ であり,

$\mathrm{P}_{n+1}(x_{n+1}, x_{n+1})$, $\mathrm{Q}_{n+1}(x_{n+1}, 0)$ を固定するとき,

直角二等辺三角形 $\mathrm{OP}_{n+1}\mathrm{Q}_{n+1}$ の中で

$$\sum_{k=1}^{n} S_k = S_1 + S_2 + \cdots + S_n$$

を最大とする列 $\{x_n\}$ は,

n での仮定により,

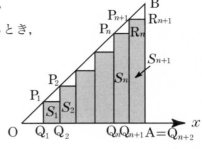

$$x_1 = \frac{x_{n+1}}{n+1}, x_2 = \frac{2x_{n+1}}{n+1}, x_3 = \frac{3x_{n+1}}{n+1}, \cdots, x_n = \frac{nx_{n+1}}{n+1} \quad \cdots\cdots ①$$

である.（ $0 \le x \le x_{n+1}$ を $n+1$ 等分する数列)

このとき,

$$\sum_{k=1}^{n} S_k = \frac{x_{n+1}}{n+1}\left(\frac{x_{n+1}}{n+1} + \frac{2x_{n+1}}{n+1} + \cdots + \frac{nx_{n+1}}{n+1} \right)$$

$$= \frac{(x_{n+1})^2}{(n+1)^2} \cdot \frac{1}{2} n(n+1) = \frac{n}{2(n+1)}(x_{n+1})^2$$

$$S_{n+1} = (1 - x_{n+1})x_{n+1}$$

$$\therefore \sum_{k=1}^{n+1} S_k = \sum_{k=1}^{n} S_k + S_{n+1} = \frac{n}{2(n+1)}(x_{n+1})^2 + (1 - x_{n+1})x_{n+1}$$

$$= -\frac{n+2}{2(n+1)}(x_{n+1})^2 + x_{n+1} \quad (0 < x_{n+1} < 1)$$

x_{n+1} の 2 次関数として, この式の値を最大とする x_{n+1} は,

$$x_{n+!} = \frac{n+1}{n+2} \quad （対称軸)$$

このとき, ①は

$$x_1 = \frac{1}{n+2}, x_2 = \frac{2}{n+2}, x_3 = \frac{3}{n+2}, \cdots, x_n = \frac{n}{n+2}$$

となり, 数列 $\{x_n\}$ は $0 \le x \le 1$ を $n+2$ 等分している.

つまり, $n+1$ のときも命題は成り立つ.

(i),(ii)より, 求める数列は $x_i = \dfrac{i}{n+1}$ $(i=1, 2, , n)$ であることが示された.

$$x_1 = a_1, x_2 - x_1 = a_2, x_3 - x_2 = a_3, \cdots, x_n - x_{n-1} = a_n, 1 - x_n = a_{n+1}$$

とおくと，各 $a_i \, (i = 1, 2, \cdots, n+1)$ は正数で，

$$a_1 + a_2 + \cdots + a_n + a_{n+1} = 1 \text{ である.}$$

図の網目部の面積は

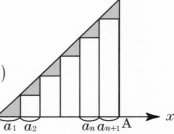

$$\frac{1}{2} - \sum_{k=1}^{n} S_k = \frac{1}{2}\left(a_1^2 + a_2^2 + \cdots + a_n^2 + a_{n+1}^2\right)$$

なので，$\displaystyle\sum_{k=1}^{n} S_k$ を最大にするためには，

$\displaystyle\sum_{k=1}^{n+1} a_k^2$ を最小にすればよい．ここで，コーシー・シュワルツの不等式から

$$\left(1^2 + 1^2 + \cdots + 1^2\right)\left(a_1^2 + a_2^2 + \cdots + a_n^2 + a_{n+1}^2\right) \geq \left(1 \cdot a_1 + 1 \cdot a_2 + \cdots + 1 \cdot a_{n+1}\right)^2$$

$$(n+1)\sum_{k=1}^{n+1} a_k^2 \geq 1^2$$

$$\sum_{k=1}^{n+1} a_k^2 \geq \frac{1}{n+1}$$

等号が成り立つのは $a_1 = a_2 = \cdots = a_{n+1} = \dfrac{1}{n+1}$ のときで，

このとき，$\displaystyle\sum_{k=1}^{n+1} a_k^2$ は最小となる．求める数列 $\{x_i\} \, (i = 1, 2, \cdots, n)$ は，

$$x_1 = a_1 = \frac{1}{n+1}, \quad x_2 = x_1 + a_2 = \frac{2}{n+1}, \quad x_3 = x_2 + a_3 = \frac{3}{n+1}, \cdots$$

$$x_n = x_{n-1} + a_n = \frac{n}{n+1}$$

すなわち，$x_i = \dfrac{i}{n+1} \, (i = 1, 2, \cdots, n)$ である．

もし合ってるとしても、
論証足りてない。そもそも合ってるかわからない。

第10回　第3問　所要時間＿分　自己分析＿%程度　評価

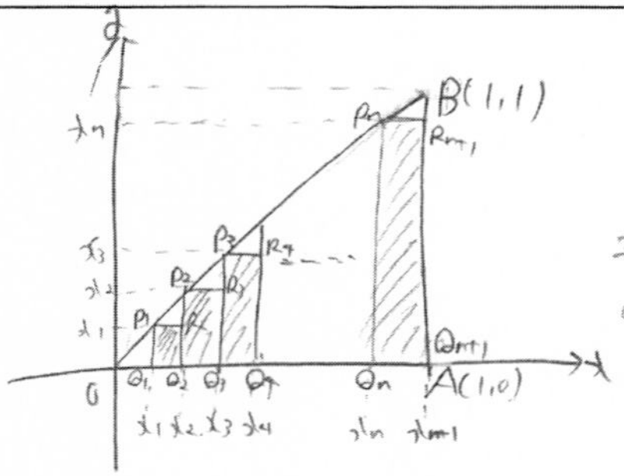

和 $\sum_{k=1}^{n} S_k$ は、上図の斜線部の長方形の面積の和である。

この部分の面積をMaxにすればよいが、△OABから斜線部を除いた領域の面積がMinになればよい。 OK、

この部分の各三角形は辺の長さが、それぞれ

x_1，x_2-x_1，x_3-x_2，－－－，$x_{n+1}-x_n$

の直角二等辺三角形である。

(図1)

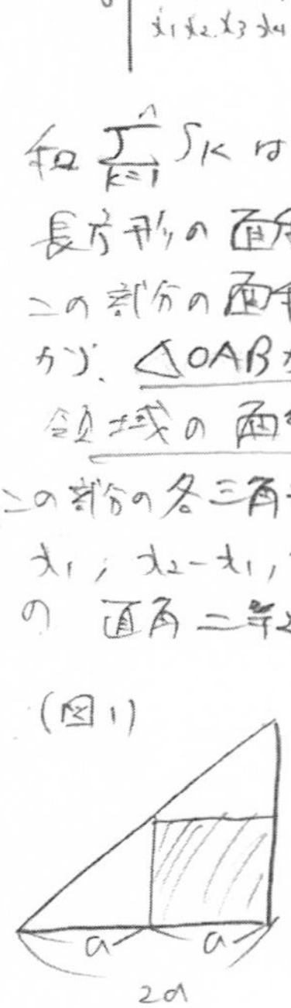

(図2)

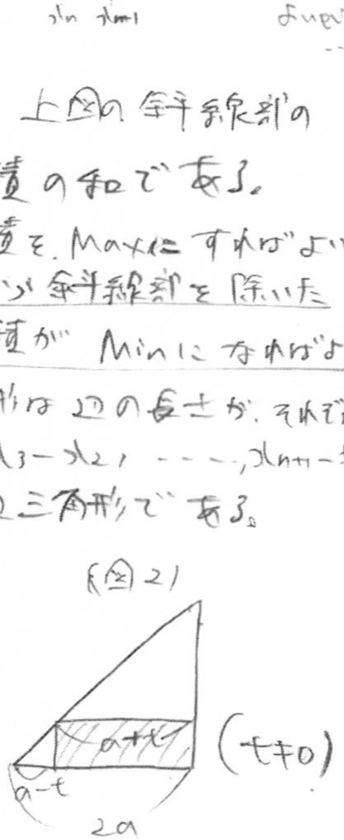

ここで、2つの三角形の面積の和を(図1)(図2)で比較する。

(図1)は、2つの三角形が合同で、その面積の和は　a^2

一方(図2)は、2つの三角形が合同でなく、その面積の和は

$\frac{1}{2}\{(a-t)^2+(a+t)^2\}=a^2+t^2$

$t\neq 0$ より　$a^2<a^2+t^2$

よって、2つの三角形の面積和をMinにするには、その2つの三角形が合同になるようにすればよい。 OK、

ここまではよい。

予想・仮説としてはよいが…

ここで、△OABから斜線部を除いた領域内にある(n+1)個の三角形の面積和を考えるとき、同様に、それぞれの隣り合う三角形の面積和がMinになるように辺の長さを設定すれば、総面積和もMinになるので、

$x_1=x_2-x_1=x_3-x_2=－－－=x_{n+1}-x_n$
$=\frac{1}{n+1}$

となればよいことがわかる。

よって、$x_i=x_1+\frac{1}{n+1}(i-1)$

$=\frac{1}{n+1}i$

∴ $x_i=\frac{1}{n+1}i$

結論は合っている

自己分析の通り、論理にgapあり。

直角二等辺三角形がn+1個あって、これらの等辺の長さの総和が1であることを利用する

or

nについての帰納法

あたりを用いて、示してみよう

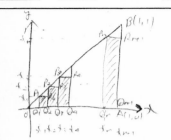

和 $\sum_{k=1}^{n} S_k$ は, 上図の斜線部の
長方形の面積和であり,
この部分の面積を Max にすれば
よいので, $\triangle OAB$ から斜線部を
除いた部分の面積が Min に
すればよい JOK

ここで, 各三角形は 直角三角形に
なるが, 各辺の長さを 二辺

$x_1 = a_1$, $x_2 - x_1 = a_2$,
$x_3 - x_2 = a_3$, ……
　　　　　, $x_{n+1} - x_n = a_{n+1}$
で, $a_1, a_2, a_3 \cdots a_{n+1}$ で
　　　　　　　　　　　表す.
このとき,
　　$a_1 + a_2 + a_3 + \cdots + a_{n+1} = 1 \cdots$①
また三角形の面積和は
　　$\frac{1}{2}(a_1^2 + a_2^2 + \cdots + a_{n+1}^2)\cdots$(ｱ)
　　　　　　　　で 表せる.
コーシー・シュワルツ の 不等式より
$(1^2 + 1^2 + \cdots + 1^2)(a_1^2 + a_2^2 + \cdots + a_{n+1}^2)$
　　$\geqq (1 \cdot a_1 + 1 \cdot a_2 + \cdots + 1 \cdot a_{n+1})^2$

$\therefore (n+1)(a_1^2 + a_2^2 + \cdots + a_{n+1}^2)$
　　　　$\geqq (a_1 + a_2 + \cdots + a_{n+1})^2$
　　　　$= 1 \quad (\because ①)$
$\therefore a_1^2 + a_2^2 + \cdots + a_{n+1}^2 \geqq \frac{1}{n+1}$

$a_1^2 + a_2^2 + \cdots + a_{n+1}^2$ が Min に
なればよいから, (ｱ)が最小になるとき
　　$a_1^2 + a_2^2 + \cdots + a_{n+1}^2 = \frac{1}{n+1}$
等号式成立は.
$1 : 1 : 1 : \cdots : 1 = a_1 : a_2 : a_3 \cdots : a_{n+1}$
$\therefore a_1 = a_2 = a_3 = \cdots = a_{n+1}$
　　　　　　　　　　　　　　　　　②

①②より
$a_1 = a_2 = a_3 = \cdots = a_{n+1} = \frac{1}{n+1}$
これを 漸化式で 表すと, のときである.
$\begin{cases} x_{i+1} = x_i + \frac{1}{n+1} \\ x_1 = \frac{1}{n+1} \end{cases}$
(但し, $x_i = x_1 + \sum_{k=1}^{i-1} \frac{1}{n+1}$
　　　　　$= \frac{i}{n+1}$
$\therefore x_i = \frac{i}{n+1}$

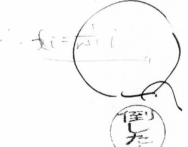

第10回【問題4】 （1 の虚立方根と二項定理）⌒⌒⌒⌒⌒⌒⌒⌒⌒

i を虚数単位とし，$\omega = \dfrac{-1 + \sqrt{3}\,i}{2}$ とする．

(1)　n を自然数として，$1 + \omega^n + \omega^{2n}$ を計算せよ．

(2)　n 以下の最大の 3 の倍数を $3p$ とするとき，次の恒等式を証明せよ．

$$(1+x)^n + (1+\omega x)^n + (1+\omega^2 x)^n$$
$$= 3\left(1 + {}_nC_3 x^3 + {}_nC_6 x^6 + \cdots + {}_nC_{3p} x^{3p}\right)$$

(3)　$S = 1 + {}_{100}C_3 + {}_{100}C_6 + {}_{100}C_9 + \cdots + {}_{100}C_{99}$

を計算せよ．

⌒⌒⌒ 答案例 ⌒⌒⌒⌒⌒⌒⌒⌒⌒⌒⌒⌒⌒⌒⌒⌒⌒⌒⌒⌒⌒⌒⌒

(1)　（6点）

ω は 1 の 3 乗根の一つで，$\omega^3 = 1$, $1 + \omega + \omega^2 = 0$ をみたす．

　n が 3 の倍数のとき　　　　$\omega^n = \omega^{2n} = 1$

　n が 3 で割って 1 余るとき　$\omega^n = \omega$, $\omega^{2n} = \omega^2$

　n が 3 で割って 2 余るとき　$\omega^n = \omega^2$, $\omega^{2n} = \omega$

だから，

　$1 + \omega^n + \omega^{2n} = 3$　（n が 3 の倍数のとき）

　$1 + \omega^n + \omega^{2n} = 0$　（n が 3 の倍数でないとき）

まとめると，$1 + \omega^n + \omega^{2n} = 1 + 2\cos\dfrac{2n\pi}{3}$

(2)　（8点）

　二項定理および (1) の結果を用いて

$$(1+x)^n + (1+\omega x)^n + (1+\omega^2 x)^n$$

$$= \sum_{k=0}^{n} {}_nC_k x^k + \sum_{k=0}^{n} {}_nC_k (\omega x)^k + \sum_{k=0}^{n} {}_nC_k (\omega^2 x)^k$$

$$= \sum_{k=0}^{n} (1 + \omega^k + \omega^{2k})\,_nC_k x^k$$

$$= 3(1 + {_nC_3}x^3 + {_nC_6}x^6 + \cdots + {_nC_{3p}}x^{3p})$$

(3)　(6点)

(2) で $n = 100,\ x = 1$ とおくと,

$$3S = 2^{100} + (1 + \omega)^{100} + (1 + \omega^2)^{100}$$

$$= 2^{100} + (-\omega^2)^{100} + (-\omega)^{100}$$

$$= 2^{100} + \omega^{200} + \omega^{100}$$

$$= 2^{100} + \omega^2 + \omega \quad (\ \omega^3 = 1\ を用いた)$$

$$= 2^{100} - 1$$

$$\therefore\ S = \frac{2^{100} - 1}{3}$$

第10回【問題5】 （関数の極限）〜〜〜〜〜〜〜〜〜〜〜〜

　連続関数 $f(x)$ は，任意の実数 x において　$f(x)>0$, $f'(x)<0$ をみた

している．さらに，$\displaystyle\lim_{a\to\infty}\int_0^a f(x)\,dx=1$ が成り立つとき，x についての方

程式　$xf(x)-1=0$ は実数解をもたないことを示せ.

〜〜〜 答案例 〜〜〜〜〜〜〜〜〜〜〜〜〜〜〜〜〜〜〜〜〜〜

（20点）

（ⅰ）$x\leqq 0$ のとき；$f(x)>0$ なので $xf(x)\leqq 0$

　　　　$xf(x)-1\leqq -1$ となるから，$x\leqq 0$ の解は存在しない.

（ⅱ）$x>0$ のとき；$\alpha f(\alpha)-1=0$ をみたす正数 α が存在すると仮定

すると，$f(\alpha)=\dfrac{1}{\alpha}$ なので，曲線 $y=f(x)$ は点 $\mathrm{A}\left(\alpha,\dfrac{1}{\alpha}\right)$ を通る.

ここで原点 O と A を対角線の両端とする長方形 S を考えると，

　　　　（S の面積）$=\alpha\cdot\dfrac{1}{\alpha}=1$

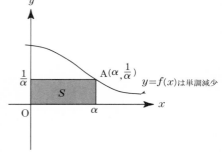

一方，領域

$T=\{(x,\ y)\,|\,0\leqq y\leqq f(x),\ x\geqq 0\}$

を考えると，

　　　　$f(x)>0,\ f'(x)<0$

より，$S\subset T$ であるから，

　　　　$1=(S\ \text{の面積})<(T\ \text{の面積})=\displaystyle\lim_{a\to\infty}\int_0^a f(x)\,dx=1$

となって矛盾が生じる.

　したがって，このような正数 α は存在しない.

（ⅰ）（ⅱ）より，題意は示された.

$f(x)>0$ より $f(x)$ は y 軸より上側にあり、$f'(x)<0$ より $f(x)$ は x に関して単調減少関数である。

従って、$x \geq 0$ の部分について、$y=f(x)$ のグラフは以下のようになる。

(i) $x \leq 0$ のとき。

$f(x)>0$ より $x f(x) \leq 0$.

∴ $x f(x) - 1 \leq -1 < 0$.

従って、$x f(x) - 1 = 0$ は $x \leq 0$ の範囲に実数解をもたない。

(ii) $x > 0$ のとき。

(図1)

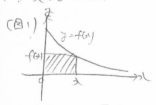

$x f(x)$ の値は、上の長方形の面積を表す。

ここで、

$$\lim_{a \to \infty} \int_0^a f(x)\,dx = 1 \text{ より、下図斜線部の面積は } 1$$

(図2)

（図1）、（図2）で、面積の大小比較をすると、

$$\left(\begin{array}{c}図1の \\ 斜線部\end{array}\right) < \left(\begin{array}{c}図2の \\ 斜線部\end{array}\right) \text{ なので}$$

$x f(x) < 1$

∴ $x f(x) - 1 < 0$.

これより、$x f(x) - 1 = 0$ は $x > 0$ の範囲にも実数解をもたない。

(i)(ii)より 任意の実数 x について、$x f(x) - 1 = 0$ は実数解をもたない。〃

表現、すこしへん。

・任意の実数 x について $x f(x) - 1 \neq 0$

・方程式 $x f(x) - 1 = 0$ は実数解をもたない。

この2つの表現が混ざりあっている。

論理はOK.

235

第10回【問題6】 （放物線における光の反射） ໑໐໑໐໑໐໑໐໑໐໑

　放物線 $y^2 = 2x$ の形をした鏡が下図１のように設置してあり，点

$P(5, 0)$ から，放物線上の点 A に向けて光線を発射したところ，光は図

の点 A と，A と異なる放物線上の点 B で反射した後，再び点 P に戻っ

てきた．

　一般に放物線上の点 C に入射した光線は，C における放物線の法線に

対する入射角と反射角が等しくなるほうに反射する．（下図２）

(1)　$A(2t^2, 2t)$ における放物線 $y^2 = 2x$ の接線に関する，点 P の対称

　　点 P′ の座標を求めよ．

(2)　点 A の座標を求めよ．

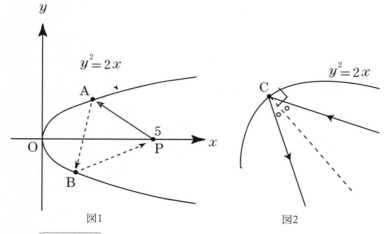

図1　　　　　　　　　　　　　　　図2

໑໐໑໐ 答 案 例 ໑໐໑໐໑໐໑໐໑໐໑໐໑໐໑໐໑໐໑໐໑໐໑໐໑໐໑໐໑໐໑໐໑໐໑

(1)　（8点）

　　　$A(2t^2, 2t)$, $B(2s^2, 2s)$ とおくと，A と B は異なる 2 点なので，
　　　$s \neq t,\ s \neq 0,\ t \neq 0$

　　である．A における放物線 $y^2 = 2x$ の接線は

$$2ty = x + 2t^2 \iff y = \frac{1}{2t}x + t$$

236

この直線に関して $P(5, 0)$ と対称な位置にある点 $P'(x', y')$ を求める.

$$\frac{y'+0}{2}=\frac{x'+5}{4t}+t, \ 2t(x'-5)+(y'-0)=0$$

より y' を消去して, $2t(x'-5)+\dfrac{x'+5}{2t}+2t=0$

$$\Leftrightarrow x'\left(\frac{1}{2t}+2t\right)=8t-\frac{5}{2t}$$

$$\therefore \ x'=\frac{16t^2-5}{4t^2+1}, \ y'=\frac{8t^3+20t}{4t^2+1}$$

$$\therefore \ P'\left(\frac{16t^2-5}{4t^2+1}, \ \frac{8t^3+20t}{4t^2+1}\right)$$

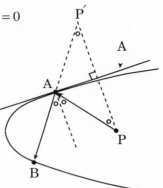

(2) （12点）

次に直線 P'A の方程式を求める.

$$\overrightarrow{P'A}=\left(\frac{8t^4-14t^2+5}{4t^2+1}, \ -\frac{18t}{4t^2+1}\right) /\!/ \ (8t^4-14t^2+5, \ -18t)$$

よって, 直線 P'A の方程式は

$$18t(x-2t^2)+(8t^4-14t^2+5)(y-2t)=0$$

これが B を通るから,

$$18t(2s^2-2t^2)+(8t^4-14t^2+5)(2s-2t)=0$$

$s\neq t$ より, $18t(s+t)+(8t^4-14t^2+5)=0$

$t\neq 0$ より, $s+t=-\dfrac{8t^4-14t^2+5}{18t}$

$$\therefore \ s=-\frac{8t^4-14t^2+5}{18t}-t=-\frac{8t^4+4t^2+5}{18t}$$

$$-18st=8s^4+4t^2+5 \quad \cdots\cdots①$$

同様にして, B における接線に関して P と対称な位置にある点を P″ とし, 直線 P″B 上に A がある条件を求めると,

$$-18st=8t^4+4s^2+5 \quad \cdots\cdots②$$

①－②より, $0=8\left(t^4-s^4\right)+4\left(t^2-s^2\right)$

$\qquad \Leftrightarrow 4(t+s)(t-s)\left\{2\left(t^2+s^2\right)+1\right\}=0$ ……③

$t\neq s$ より, ③ $\Leftrightarrow t+s=0 \Leftrightarrow s=-t$ ……④

④を①へ代入して, $18t^2=8t^4+4t^2+5$

$\qquad \Leftrightarrow 8t^4-14t^2+5=0 \quad \Leftrightarrow \left(2t^2-1\right)\left(4t^2-5\right)=0$

$\qquad \therefore\ t^2=\dfrac{1}{2},\ \dfrac{5}{4}$

したがって, $\mathrm{A}\left(2t^2,\ 2t\right)$ の座標は $\left(1,\ \pm\sqrt{2}\right), \left(\dfrac{5}{2},\ \pm\sqrt{5}\right)$

参 考

1° $s\neq 0\ (t\neq 0)$ となるのは, $s=0$ ならば, A は原点に一致するので,

A と異なる点 B で反射しないで P に戻ってしまうので, 不適になる.

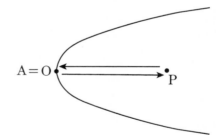

2° $t^2=\dfrac{1}{2},\ \dfrac{5}{4}$ のときは, ④より,

A と B は下図のように x 軸に関して対称な位置にある.

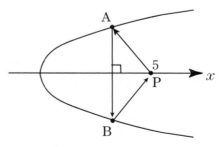

(1)

放物線 $y^2=2x$ の, $y\geq 0$ の部分
の方程式は, $y=\sqrt{2x}$。
$f(x)=\sqrt{2x}$ とすると, $f'(x)=\dfrac{1}{\sqrt{2x}}$
よって, $f'(2t^2)=\dfrac{1}{2t}$
これより, A における接線の方程式は
$y=\dfrac{1}{2t}(x-2t^2)+2t$
∴ $y=\dfrac{1}{2t}x+t$ ……①

$P'(x,y)$ とすると, PP' の傾きは, $-2t$
ゆえ, $\dfrac{y}{x-5}=-2t$ ……②

また, PP' の中点 $\left(\dfrac{x+5}{2},\dfrac{y}{2}\right)$ が①
上にあるので,
$\dfrac{y}{2}=\dfrac{1}{2t}\cdot\dfrac{x+5}{2}+t$ ……③
②,③より　$x=\dfrac{16t^2-5}{4t^2+1}$
$y=\dfrac{8t^3+20t}{4t^2+1}$

∴ $P'\left(\dfrac{16t^2-5}{4t^2+1},\dfrac{8t^3+20t}{4t^2+1}\right)$

(2)　$B(2s^2,-2s)$　$(s>0)$ とする.
放物線 $y^2=2x$ の, $y\leq 0$ の部分の
方程式は, $y=-\sqrt{2x}$.
$g(x)=-\sqrt{2x}$ とおく. $g'(x)=-\dfrac{1}{\sqrt{2x}}$
よって, $g'(2s^2)=-\dfrac{1}{2s}$
これより, B における接線の方程式は

$y=-\dfrac{1}{2s}(x-2s^2)-2s$
∴ $y=-\dfrac{1}{2s}x-s$ ……④
この接線に関し, P の対称点を
$P''(a,b)$ とすると.
PP'' の傾きは. $2s$ ゆえ.
$\dfrac{b}{a-5}=2s$ ……⑤

また, PP'' の中点 $\left(\dfrac{a+5}{2},\dfrac{b}{2}\right)$ が④上に
あるので: $\dfrac{b}{2}=-\dfrac{1}{2s}\cdot\dfrac{a+5}{2}-s$ ……⑥
⑤,⑥より　$a=\dfrac{16s^2-5}{4s^2+1}$
$b=\dfrac{-8s^3-20s}{4s^2+1}$

$P'\left(\dfrac{16t^2-5}{4t^2+1},\dfrac{8t^3+20t}{4t^2+1}\right)$

$A(2t^2,2t)$

ここで.

$B(2s^2,-2s)$

$P''\left(\dfrac{16s^2-5}{4s^2+1},\dfrac{-8s^3-20s}{4s^2+1}\right)$

4点 P', A, B, P''
が同一直線上に
あることより.
傾きが等しいことを
利用して

$\dfrac{2t-(-2s)}{2t^2-2s^2}=\dfrac{}{t-s}$　さらに

$\dfrac{\dfrac{8t^3+20t}{4t^2+1}-2t}{\dfrac{16t^2-5}{4t^2+1}-2t^2}=\dfrac{18t}{-8t^4+14t^2-5}$

$\dfrac{\dfrac{-8s^3-20s}{4s^2+1}-(-2s)}{\dfrac{16s^2-5}{4s^2+1}-2s^2}=\dfrac{18s}{8s^4-14s^2+5}$

∴ $\dfrac{1}{t-s}=\dfrac{18t}{-8t^4+14t^2-5}$
$=\dfrac{18s}{8s^4-14s^2+5}$

A, B, P' の共線条件
A B, P'' の共線条件
をつくると, これらは, s, t を交換した式になる.

239

(2)

(前略)

$P'(\dfrac{16t^2-5}{4t^2+1}, \dfrac{8t^3+20t}{4t^2+1})$

$A(2t^2, 2t)$

$B(2s^2, -2s)$

$P''(\dfrac{16s^2-5}{4s^2+1}, \dfrac{-8s^3-20s}{4s^2+1})$

$\dfrac{-8s^3-20s}{4s^2+1} = 2\ell t - 2(1-\ell)s$ … ⑦

①,⑧ より $k = \dfrac{-8s^2t^2+16t^2-2s^2-5}{2(4t^2+1)(t^2+s^2)}$

$\ell = \dfrac{-8s^2+14s^2-5}{2(4s^2+1)(t^2+s^2)}$

4点 P', A, B, P''が同一直線上にあるので

OK

A, B, P'について 共線条件より

$\overrightarrow{OP'} = k\overrightarrow{OA} + (1-k)\overrightarrow{OB}$

$\begin{pmatrix} \dfrac{16t^2-5}{4t^2+1} \\ \dfrac{8t^3+20t}{4t^2+1} \end{pmatrix} = k\begin{pmatrix} 2t^2 \\ 2t \end{pmatrix} + (1-k)\begin{pmatrix} 2s^2 \\ -2s \end{pmatrix}$

$\therefore \dfrac{16t^2-5}{4t^2+1} = 2kt^2 + 2(1-k)s^2$ … ①

$\dfrac{8t^3+20t}{4t^2+1} = 2kt - 2(1-k)s$ … ②

A, B, P''について 共線条件より

$\overrightarrow{OP''} = \ell\overrightarrow{OA} + (1-\ell)\overrightarrow{OB}$

$\begin{pmatrix} \dfrac{16s^2-5}{4s^2+1} \\ \dfrac{-8s^3-20s}{4s^2+1} \end{pmatrix} = \ell\begin{pmatrix} 2t^2 \\ 2t \end{pmatrix} + (1-\ell)\begin{pmatrix} 2s^2 \\ -2s \end{pmatrix}$

$\dfrac{16s^2-5}{4s^2+1} = 2\ell t^2 + 2(1-\ell)s^2$

③

2式より k を ②,⑦に代入して、整理すると

$\begin{cases} 8t^4 + 4t^2 - 18st + 5 = 0 \\ 8s^4 + 4s^2 - 18st + 5 = 0 \end{cases}$ ⑤

これより $8t^4 + 4t^2 = 8s^4 + 4s^2$

$\therefore 2(t^4 - s^4) + (t^2 - s^2) = 0$

$\therefore (t^2 - s^2)\{2(t^2 + s^2) + 1\} = 0$

ここで $2(t^2 + s^2) + 1 > 0$ より

$t^2 - s^2 = 0$　∴ $s = t$

これより ⑤に代入すると

$8t^4 - 14t^2 + 5 = 0$

$(2t^2 - 1)(4t^2 - 5) = 0$

$\therefore t^2 = \dfrac{1}{2}, \dfrac{5}{4}$

(i) $t^2 = \dfrac{1}{2}$ のとき　±

$(2t^2, 2t) = (1, \dfrac{1}{\sqrt{2}})$　± 12いる

(ii) $t^2 = \dfrac{5}{4}$ のとき

$(2t^2, 2t) = (\dfrac{5}{2}, \sqrt{5})$

$\therefore A(1, \dfrac{1}{\sqrt{2}})(\dfrac{5}{2}, \sqrt{5})$

第11回

解説・答案例・指導例

　第11回のセットも1990年代に作問したものである.

【1】は先にグラフを構想してつくった.

【2】は有名問題である.

【3】は正三角形を敷き詰めた平面の中で点を移動させることを考えている中でできた.

【4】はスターリング数に関する問題で, 1990年代の九州大学の問題に類題がある.

【5】は極方程式が高校生の学習範囲になった（94年入学97年入試の世代以降）ことから, 極方程式における「図形の通過範囲」について問いかける問題として出題した. 以後20年あまりが経過しているが, 大学入試でこの論点が出題された気配がまだない.

【6】は極方程式とその回転体の体積についての出題. 極方程式が2問続いてしまうのは, セットとしては偏りが気にかかるところ.

第11回【第1問】 （ガウス記号と２次方程式）

実数 x を越えない最大の整数を $[x]$ で表す. n を正の整数とするとき,
x についての方程式

$$[x^2] = nx - 1 \quad \cdots\cdots(*)$$

を考える.
(1) $n = 1$ のとき, $(*)$ は解をもたないことを示せ.
(2) $n = 2$ のとき, $(*)$ の解をすべて求めよ.
(3) $n \geq 3$ のとき, $(*)$ の解をすべて求めよ.

答 案 例

(1) （5点）

$n = 1$ のとき, $(*)$ は $[x^2] = x - 1$ $\cdots\cdots$①

一方, $x^2 - 1 < [x^2] = x - 1$ より, $0 < x < 1$ が必要.

このとき, ①は左辺が整数, 右辺が非整数となり矛盾.
よって, $(*)$ は解をもたない.

(2) （5点）

$n = 2$ のとき, $(*)$ は $[x^2] = 2x - 1$

一方, $x^2 - 1 < [x^2] = 2x - 1$ より, $0 < x < 2$ が必要.

また, $2x = [x^2] + 1$ は整数であるから, $x = \dfrac{1}{2}, 1, \dfrac{3}{2}$ が解の候補となる
が, これらはすべて$(*)$を実際にみたしている.
よって解は, $x = \dfrac{1}{2}, 1, \dfrac{3}{2}$

(3) （10点）

$n \geq 3$ のとき, $(*)$ は $[x^2] = nx - 1$ $\cdots\cdots(*)$

ここで, $x^2 - 1 < [x^2] = nx - 1$ より, $0 < x < n$ が必要.

また，$nx = 1 + \left[x^2\right]$ は整数であることから，

$$x = \frac{1}{n}, \frac{2}{n}, \cdots\cdots, \frac{n^2-1}{n} \quad \cdots\cdots ②$$

が解の候補となる．また，$x^2 > \left[x^2\right] = nx - 1$ も必要であることから，

$$f(x) = x^2 - nx + 1$$

とおいて，$f(x) > 0$ をみたす解を絞り込むことを考える．

$$f\left(\frac{1}{n}\right) = \frac{1}{n^2} > 0 \ , \ f\left(\frac{2}{n}\right) = \frac{4-n^2}{n^2} < 0$$

$$f\left(\frac{n^2-2}{n^2}\right) = \frac{4-n^2}{n^2} < 0 \ , \ f\left(\frac{n^2-1}{n^2}\right) = \frac{1}{n^2} > 0$$

したがって，②のうち，$x = \dfrac{1}{n}, \dfrac{n^2-1}{n}$ のみが解の候補として残る．

$x = \dfrac{1}{n}$ のとき；(左辺) $= \left[x^2\right] = \left[\dfrac{1}{n^2}\right] = 0$ ，(右辺) $= nx - 1 = n \cdot \dfrac{1}{n} - 1 = 0$

よって，(＊)は成立．

$x = \dfrac{n^2-1}{n}$ のとき；(左辺) $= \left[x^2\right] = \left[\left(n - \dfrac{1}{n}\right)^2\right] = \left[n^2 - 2 + \dfrac{1}{n^2}\right] = n^2 - 2$

(右辺) $= nx - 1 = n \cdot \dfrac{n^2-1}{n} - 1 = n^2 - 2$

よって，(＊)は成立．

以上より，$x = \dfrac{1}{n}, \dfrac{n^2-1}{n}$ が (＊)の解となる．

1° 任意の実数 x について，次の不等式が成り立つ.

$$x-1<[x]\leqq x$$

これはガウス記号 $[x]$ にまつわる問題の解決において，

大変重要な役割をもつことが多い不等式である．また，これを変形して，

$$[x]\leqq x<[x]+1$$

となることもある.

2° $y=x^2$，$y=\left[x^2\right]$ のグラフは，次のようになっている.

(1)で，$\left[x^2\right]=x-1$ が解をもたないことも，グラフから読みとれる.

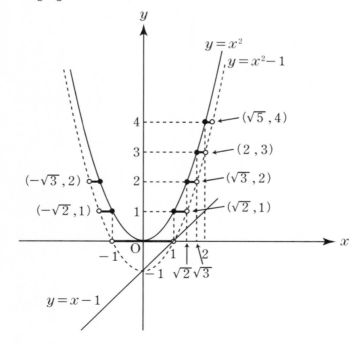

3°　(2)の別解

$n = 2$ のとき；$2x = \left[x^2\right] + 1$ が整数だから，

$$x = n , n + \frac{1}{2} \ (n \in \mathbb{Z}) \ \text{と表せる.}$$

$x = n$ のとき；$\left[x^2\right] = n^2 = 2n - 1 \rightleftarrows (n-1)^2 = 0$

よって，$n = 1$ となり，$x = 1$

$x = n + \dfrac{1}{2}$ のとき；

$$\left[x^2\right] = \left[n^2 + n + \frac{1}{4}\right] = n^2 + n = 2\left(n + \frac{1}{2}\right) - 1$$

$$\Leftrightarrow n(n-1) = 0$$

よって，$n = 0 , 1$ となり，$x = \dfrac{1}{2} , \dfrac{3}{2}$

よって求める解は，$x = \dfrac{1}{2} , 1 , \dfrac{3}{2}$

4°　$x^2 - 1 < \left[x^2\right] \leq x^2$

に $\left[x^2\right] = nx - 1$ を代入すると，

$$x^2 - 1 < nx - 1 \leq x^2$$

(∗)の解を $x = \alpha$ とするとき，

点 $(\alpha , n\alpha - 1)$ は図の網目部の中にある.

(2)の解答中で，まず
「$0 < x < n$ に解があることが必要」
としたあとに，解の候補②を絞り
込んでいく過程は，
この図を見ると納得がいくだろう.

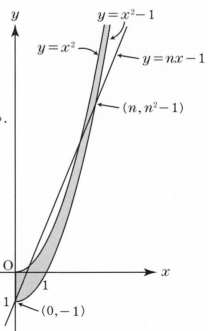

(1) $[x^2] = x - 1$

$y = [x^2]$ のグラフは一次下のようになる。
$(x \geqq 0)$ 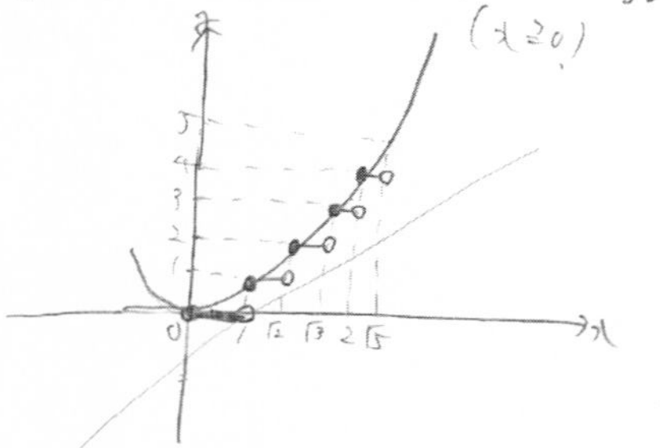

図より、$x \leqq 1$ においては、$y = [x^2]$ と
$y = x - 1$ は共有点をもたない。

$y = [x^2]$ において、右端の ○ の点
に着目して、x 成分が 1 増加するの
に対して、y 成分の増加分は

$$\sqrt{n+1} - \sqrt{n} = \frac{1}{\sqrt{n+1} + \sqrt{n}} < 1$$
$$(n \in N)$$

従って、隣り合う ○ どうしを結ぶ
線分の傾きは 1 より大きい。ok

従って、$y = [x^2]$ は $(1, 0)$ を通らないことより、
$x \geqq 1$ において $y = [x^2]$ と $y = x - 1$ は
共有点をもたない。

$\therefore$ $n = 1$ のとき、(※) は解をもたない。

(2) $[x^2] = 2x - 1$

図を書くと以下のようになる。

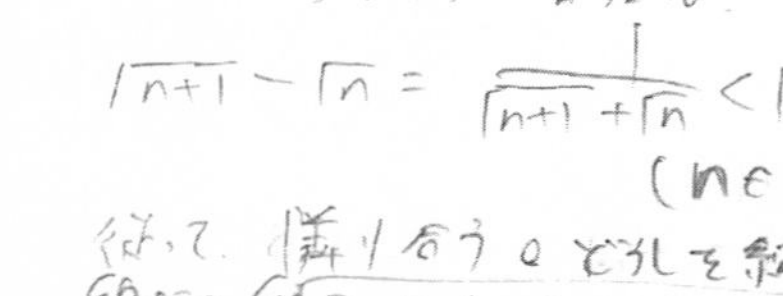

頂点は、$\left(\frac{1}{2}, 0\right)$ $(1, 1)$ $\left(\frac{3}{2}, 2\right)$

$(2, 3)$ は、$y = [x^2]$ には含まれない。

$n \geqq 4$ について、隣り合う ○ を結ぶ傾きは

$$\frac{1}{\sqrt{n+1} - \sqrt{n}} = \sqrt{n+1} + \sqrt{n} > 4$$

より、2 より大きい。

従って、$y = [x^2]$ は $(2, 3)$ を通らないこと
より、$x \geqq 2$ において $y = [x^2]$ と $y = 2x - 1$
は共有点をもたない。

$\therefore$ $n = 2$ のとき、(※) の解は $x = \frac{1}{2}, 1, \frac{3}{2}$

(3)

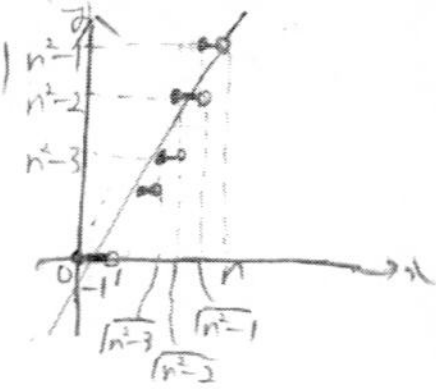

$n \geqq 3$ のとき左図のように
$y = [x^2]$ と $y = nx - 1$
は、$y = 0$, $n^2 - 2$ 上で
しか共有点をもたない
ことを示す。

まず、$y = 0$ における共有点の x 座標は、
$nx - 1 = 0$ $\therefore x = \frac{1}{n}$ …①
また、$y = nx - 1$ は $(n, n^2 - 1)$ を通るが、
これは、$y = [x^2]$ に含まれない。
$y = n^2 - 3, n^2 - 2, n^2 - 1$ の部分の図を拡大し、
下に各点を結ぶ線分の傾きを記す。

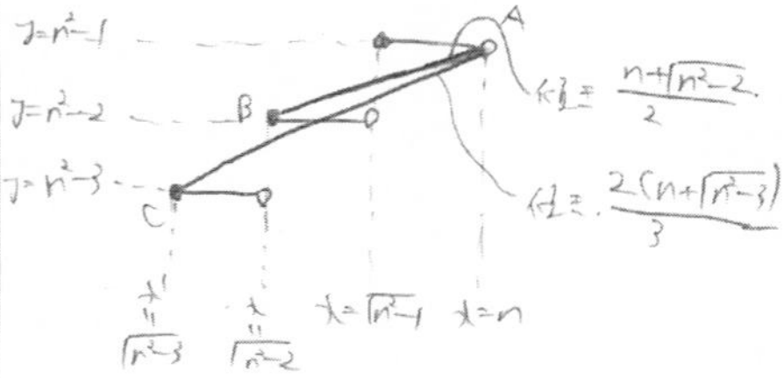

傾き $= \frac{n + \sqrt{n^2 - 2}}{2}$

傾き $= \frac{2(n + \sqrt{n^2 - 3})}{3}$

$\frac{n + \sqrt{n^2 - 2}}{2}$, n , $\frac{2(n + \sqrt{n^2 - 3})}{3}$ について、$n \geqq 3$ の
とき大小比較する。

$\frac{n + \sqrt{n^2 - 2}}{2} < \frac{n + \sqrt{n^2}}{2} = n$ より $\frac{n + \sqrt{n^2 - 2}}{2} < n$

$f(n) = \dfrac{2(n+\sqrt{n^2-3})}{3} - n$ とすると.

$f(n) = \dfrac{2\sqrt{n^2-3} - n}{3}$

$f'(n) = \dfrac{n+1}{\sqrt{n^2-3}\,(2n+\sqrt{n^2-3})} > 0.$

よって. $n \geqq 3$ において $f(n)$ は単調増加より

$\qquad f(n) \geqq f(3) = \dfrac{2\sqrt{6}-3}{3} > \dfrac{2 \cdot 2 - 3}{3} = \dfrac{1}{3}$
$\qquad\qquad\qquad\qquad\qquad\qquad > 0.$

$f(n) > 0$ より $n < \dfrac{2(n+\sqrt{n^2-3})}{3}$

従って. 下図のように. $y = nx-1$ の直線は
線分 AB と 線分 AC の間にあるので.
$y = nx-1$ と $y = [\sqrt{x}]$ は. $y = n^2-2$ に
おいて 共有点を もつ.

$y = n^2 - 1$
$y = n^2 - 2$ B

$y = nx - 1$

なかなか
すごい.

$\left\{ \begin{array}{l} y = n^2 - 2 \\ y = nx - 1 \end{array} \right.$ を連立すると

$\qquad x = n - \dfrac{1}{n} \cdots ②$

$n \geqq 3$ より $y = 1$ までの 共有点を もたず.
以降 $y = 2, 3, 4, \cdots n^2-3$ において
も共有点を もたない ので.
求める (*)の解は. ①. ②より

$\qquad x = \dfrac{1}{n}, \; n - \dfrac{1}{n}$

がんばった!

第11回【第2問】 （三角比の無理数性） ⌐⌐⌐⌐⌐⌐⌐⌐⌐⌐⌐⌐⌐⌐⌐⌐⌐⌐

(1) $x = \cos 20°$ は，整数係数の 3 次方程式の解であることを示せ．

(2) $\cos 20°$ が無理数であることを示せ．

⌐⌐⌐⌐ 答 案 例 ⌐⌐⌐⌐⌐⌐⌐⌐⌐⌐⌐⌐⌐⌐⌐⌐⌐⌐⌐⌐⌐⌐⌐⌐⌐⌐⌐⌐⌐⌐⌐⌐⌐⌐⌐⌐⌐⌐

(1) （10 点）

$\cos 3\theta = 4\cos^3\theta - 3\cos\theta$ で $x = 20°$ とおくと，

$$\cos 60° = 4\cos^3 20° - 3\cos 20°$$

$$\Leftrightarrow 4\cos^3 20° - 3\cos 20° - \frac{1}{2} = 0 \quad \cdots\cdots ①$$

$x = \cos 20°$ とすれば

$$① \Leftrightarrow 8x^3 - 6x - 1 = 0 \quad \cdots\cdots ②$$

となり，これは $\cos 20°$ が②の解であることを表す．

(2) （10点）

有理数 $\dfrac{q}{p}$ （ p, q は互いに素な整数）が②の解であるとすると，

$$8 \cdot \left(\frac{q}{p}\right)^3 - 6\left(\frac{q}{p}\right) - 1 = 0$$

$$\Leftrightarrow 8q^3 - 6p^2q - p^3 = 0 \quad \cdots\cdots ③$$

である．

$$③ \Leftrightarrow q(8q^2 - 6p^2) = p^3$$

より q は p^3 の約数であるが，p, q は互いに素なので $q = \pm 1$ が必要．

一方，③ $\Leftrightarrow 8p^3 = p^2(p + 6q)$

であるから，p^2 は 8 の約数であり

$$p^2 = 1, 4 \quad \therefore p = \pm 1, \pm 2 \quad となることが必要．$$

よって，3 次方程式②が有理数解をもつとすると，その解は

$$x = \pm 1, \pm\frac{1}{2}$$

以外にはないが，これら 4 つの有理数はどれも②の解とならない．

よって，②の解である $\cos 20°$ は無理数である．

(2)の証明と同じ論法で，次の事実が証明できる．

整数係数の n 次方程式

$$a_n x^n + a_{n-1} x^{n-1} + \cdots + a_1 x + a_0 = 0 \quad (a_n \neq 0)$$

が有理数の解 $\dfrac{q}{p}$ （ $p,\ q$ は互いに素な整数で， $p > 0$ ）をもつならば，

1　分母の p は最高次の係数 a_n の約数

2　分子の q は定数項 a_0 の約数

である．

動点 P は最初，図1の点 A の位置にある．サイコロを振り，出た目に応じて移動可能な6つの方向のうちのひとつを図2のように等確率で選択し，長さ1だけ移動することを繰り返す．図1の周囲の太線部に到達したとき，移動を終了する．

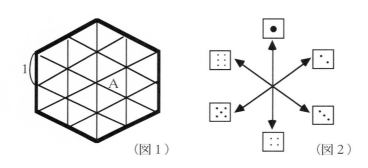

（図1） （図2）

移動を終了するまでにサイコロを振る回数が n となる確率を p_n とする．

(1)　p_n のみたす漸化式を求めよ．

(2)　次の極限値

$$E = \sum_{n=1}^{\infty} n p_n$$

を求めよ．ただし，極限値 E の存在を仮定してもよい．また，必要ならば次の事実を用いてよい．

$$|r| < 1 \ \text{ならば} \lim_{n \to \infty} n r^n = 0$$

答案例

(1)　（10点）

　図の中心を A，1辺が1の正六角形を B，周囲の正六角形を C とする．n 回の移動後に点 P が A にある確率を a_n，B にある確率を b_n とすると，

$$\begin{cases} a_1 = 0 \\ b_1 = 1 \end{cases} \quad \begin{cases} a_n = \dfrac{1}{6} b_n \\ b_{n+1} = a_n + \dfrac{1}{3} b_n \end{cases}$$

が成立する．ちょうど n 回の移動で C に到達して終了する確率 p_n は，

$$p_n = \frac{1}{2} b_{n-1} \quad \cdots\cdots\text{①}$$

である．a_n を消去して，

$$b_{n+1} = \frac{1}{3} b_n + \frac{1}{6} b_{n-1}$$

①から，

$$p_{n+1} = \frac{1}{3} p_n + \frac{1}{6} p_{n-1} \quad \cdots\cdots\text{②}$$

$$\left(\text{ただし，} \quad p_1 = 0 \text{ , } p_2 = \frac{1}{2} b_1 = \frac{1}{2}\right)$$

である．

(2)　（10点）

$$\begin{aligned}
E &= \sum_{n=1}^{\infty} n p_n = p_1 + 2 p_2 + \sum_{n=1}^{\infty} (n+2) p_{n+2} \\
&= 0 + 1 + \sum_{n=1}^{\infty} (n+2) \left(\frac{1}{3} p_{n+1} + \frac{1}{6} p_n \right) \\
&= 1 + \frac{1}{3} \sum_{n=1}^{\infty} (n+2) p_{n+1} + \frac{1}{6} \sum_{n=1}^{\infty} (n+2) p_n \\
&= 1 + \frac{1}{3} \left\{ \sum_{n=1}^{\infty} (n+1) p_{n+1} + \sum_{n=1}^{\infty} p_{n+1} \right\} + \frac{1}{6} \left\{ \sum_{n=1}^{\infty} n p_n + \sum_{n=1}^{\infty} 2 p_n \right\} \\
&= 1 + \frac{1}{3} \left(E - 1 \cdot p_1 + 1 - p_1 \right) + \frac{1}{6} \left(E + 2 \right) \\
&= \frac{5}{3} + \frac{1}{2} E \\
\therefore \quad E &= \frac{10}{3}
\end{aligned}$$

1° 一般項 p_n を求めてみる。$\alpha = \dfrac{1-\sqrt{7}}{6}, \beta = \dfrac{1+\sqrt{7}}{6}$ とおくと,

$$\alpha + \beta = \frac{1}{3}, \alpha\beta = -\frac{1}{6}$$

だから, $p_{n+2} = (\alpha+\beta)p_{n+1} - \alpha\beta p_n$

$$\therefore p_{n+2} - \alpha p_{n+1} = \beta(p_{n+1} - \alpha p_n)$$

繰り返して, $p_{n+1} - \alpha p_n = \beta^{n-1}(p_2 - \alpha p_1) = \dfrac{1}{2}\beta^{n-1}$

α と β を交換しても同様で, $p_{n+1} - \beta p_n = \alpha^{n-1}(p_2 - \beta p_1) = \dfrac{1}{2}\alpha^{n-1}$

辺ごとに引いて, $(\beta - \alpha)p_n = \dfrac{1}{2}(\beta^{n-1} - \alpha^{n-1})$

$$p_n = \frac{3}{2\sqrt{7}}\left(\left\{\frac{1+\sqrt{7}}{6}\right\}^{n-1} - \left\{\frac{1-\sqrt{7}}{6}\right\}^{n-1}\right)$$

2° 求める極限値は,

$$E = \sum_{n=1}^{\infty} np_n = \frac{3}{2\sqrt{7}}\left(\sum_{n=1}^{\infty} n\left\{\frac{1+\sqrt{7}}{6}\right\}^{n-1} - \sum_{n=1}^{\infty} n\left\{\frac{1-\sqrt{7}}{6}\right\}^{n-1}\right)$$

ここで, $S_n = \displaystyle\sum_{k=1}^{n} k\beta^{k-1}$ とおくと,

$$(1-\beta)S_n = (1 + \beta + \beta^2 + \cdots\cdots + \beta^{n-1}) - n\beta = \frac{1-\beta^{n-1}}{1-\beta} - n\beta^n$$

$$\therefore S_n = \frac{1-\beta^n}{(1-\beta)^2} - \frac{n\beta^n}{1-\beta}$$

ここで $|\beta| < 1$ より, $\displaystyle\lim_{n\to\infty}\beta^n = 0, \lim_{n\to\infty}n\beta^n = 0$ を用いて,

$$\sum_{n=1}^{\infty} n\beta^{n-1} = \lim_{n\to\infty} S_n = \frac{1}{(1-\beta)^2}$$

同様に, $\displaystyle\sum_{n=1}^{\infty} n\alpha^{n-1} = \frac{1}{(1-\alpha)^2}$

第11回【第4問】 （スターリング数） ⌁⌁⌁⌁⌁⌁⌁⌁⌁⌁⌁⌁⌁⌁⌁⌁

　異なる n 個のものを r 個の空でない組に分割する場合の数を $f(n, r)$ とする．ただし，$n > r \geq 1$ とする．例えば，$\{a, b, c\}$ の 3 個を 2 つの組に分割するとき，$a|bc$，$b|ca$，$c|ab$ の 3 つの方法があるから，$f(3, 2) = 3$ である．

(1) $f(n, n-1)$ を n の式で表せ．

(2) $f(n, 2)$ を n の式で表せ．

(3) $n > r \geq 2$ のとき，関係式
$$f(n, r) = f(n-1, r-1) + r \cdot f(n-1, r)$$
を示し，$f(7, 4)$ を求めよ．

⌁⌁⌁⌁ 答案例 ⌁⌁⌁⌁⌁⌁⌁⌁⌁⌁⌁⌁⌁⌁⌁⌁⌁⌁⌁⌁⌁⌁⌁⌁⌁⌁⌁⌁⌁⌁⌁⌁⌁⌁⌁

(1) （5点）

　n 個を $n-1$ 個の組に分けると「2 個と 1 個ずつ」に分かれる．
　2 個組のとり方を考えて，
$$f(n, n-1) = {}_n\mathrm{C}_2 = \frac{1}{2}(n-1)n$$

(2) （5点）

　n 個をA組とB組に分けるのは，$2^n - 2$ 通り．
　（一方の組が空になるケースを除く）
　A組とB組の区別は不要だから，
$$f(n, 2) = \frac{2^n - 2}{2} = 2^{n-1} - 1$$

(3) （10点）

　n 個を r 個の組に分けるとき，n 個のうちの特定の 1 個に注目して，次の（ i),(ii) のように分類して場合の数を数える．

（ⅰ）特定の1個で単独の孤立した組を作るとき；

残りの $n-1$ 個を $r-1$ 個の組に分ける場合の数を考えて

$f(n-1, r-1)$ 通り.

（ⅱ）特定の1個が他のものを一緒の組を作るとき；

残りの $n-1$ 個で r 個の組に分けてから，特定の1個を r 個の組の
どれかと合わせる場合の数を考えて，

$r \cdot f(n-1, r)$ 通り.

以上（ⅰ），（ⅱ）を合わせて

$$f(n, r) = f(n-1, r-1) + rf(n-1, r)$$

次に，

$$f(7, 4) = f(6, 3) + 4f(6, 4)$$

$$f(6, 4) = f(5, 3) + 4f(5, 4)$$

$$f(6, 3) = f(5, 2) + 3f(5, 3)$$

$$f(5, 4) = {}_5\mathrm{C}_2 = 10$$

$$f(5, 3) = f(4, 2) + 3f(4, 3)$$

$$f(5, 2) = 2^4 - 1 = 15$$

$$f(4, 2) = {}_4\mathrm{C}_2 = 6$$

$$f(4, 2) = 2^3 - 1 = 7$$

ここで，順に数値を求めていくと，

$$f(5, 3) = 7 + 3 \cdot 6 = 25$$

$$f(6, 3) = 15 + 3 \cdot 25 = 90$$

$$f(6, 4) = 25 + 4 \cdot 10 = 60$$

$$f(7, 4) = 90 + 4 \cdot 65 = 350$$

(1) 異なる n 個のものを $(n-1)$ 個の空でない組に分割する場合の数を求める。

$(n-1)$ 個の組のうち、1つは2個、残りは1個となるように分割するが、その2個の選び方は
$$nC_2 = \frac{n(n-1)}{2}$$
$$\therefore f(n, n-1) = \frac{n(n-1)}{2}$$

(2) 二項定理より
$$(1+x)^n = \sum_{k=0}^{n} nC_k\, x^k$$
$x=1$ を代入すると、$2^n = \sum_{k=0}^{n} nC_k$.

(i) n が偶数のとき ←なぜ分ける
$$f(n,2) = nC_1 + nC_2 + nC_3 + \cdots + nC_{\frac{n}{2}}$$

$$\left(nC_0\ nC_1\ nC_2 \cdots\ nC_{\frac{n}{2}}\right) = f(n,2)$$
$$\left(nC_{\frac{n}{2}}\ nC_{\frac{n}{2}+1}\ nC_{\frac{n}{2}+2} \cdots\ nC_{\frac{n}{2}+\frac{n}{2}}\right)$$

【別紙にコメントしました。】

上記について、上段の和と下段の和が等しいので、
$$nC_0 + f(n,2) = \frac{2^n + nC_{\frac{n}{2}}}{2}$$
$$\therefore f(n,2) = 2^{n-1} + \frac{n!}{2\cdot\{(\frac{n}{2})!\}^2} - 1$$

(ii) n が奇数のとき
$$f(n,2) = nC_1 + nC_2 + nC_3 + \cdots + nC_{\frac{n-1}{2}}$$
$$\left(nC_0\ nC_1\ nC_2 \cdots\ nC_{\frac{n-1}{2}}\right) = f(n,2)$$
$$\left(nC_{\frac{n+1}{2}}\ nC_{\frac{n+3}{2}}\ nC_{\frac{n+5}{2}} \cdots\ nC_{\frac{n+n}{2}}\right)$$
上記について、上段の和と下段の和

が等しいので、
$$nC_0 + f(n,2) = \frac{2^n}{2} = 2^{n-1}$$
$$\therefore f(n,2) = 2^{n-1} - 1 \quad (?)$$

$$\begin{cases} n\text{が偶数のとき} \\ \quad f(n,2) = 2^{n-1} + \dfrac{n!}{2\{(\frac{n}{2})!\}^2} - 1 \\ n\text{が奇数のとき} \\ \quad f(n,2) = 2^{n-1} - 1 \end{cases} \text{OK.}$$

(3) 異なる $(n-1)$ 個のものを $(r-1)$, r 個のいずれかに分割した状態から、さらにもう1個のものを追加して、異なる n 個のものが r 個の空でない組に分割されるような場合を求める。

(i) その1個のもので別の組を作る場合の数。

もとの状態における場合の数が $f(n-1, r-1)$ より、求める場合の数は
$$f(n-1, r-1)$$

(ii) その1個を、既存の組に追加する場合の数

もともと1個の組が存在していたことより、その1個の追加の仕方は r(通り) あるので、
$$r\cdot f(n-1, r)$$

(iii)(i)(ii)より
$$f(n,r) = f(n-1, r-1) + r\cdot f(n-1, r)$$
が成立

漸化式は、よい

②

評価 /

第11回 第1問 所要時間 分 自己分析 %程度

ニオより
$f(7,4) = f(6,3) + 4 \cdot f(6,4)$ ok
$= \{ f(5,2) + 7 f(5,3) \}$
$+ 4 \cdot \{ f(5,3) + 4 f(5,4) \}$ ok.
$= f(5,2) + 7 f(5,3) + 16 f(5,4)$

(2)3問いるで.
$f(5,2) = 2^{5-1} - 1$
$= 15$ ok.

(・)3問いるて
$f(5,4) = \dfrac{5 \cdot 4}{2}$
$= 10$ ok.

また
$f(5,3) = f(4,2) + 3 \cdot f(4,3)$

(・)3問いるて
$f(4,2) = 2^{4-1} + \boxed{\dfrac{4!}{2 \cdot (2!)^2}} - 1$ ← これが、るか？
$= 10$

(・)3問いるて
$f(4,3) = \dfrac{4 \cdot 3}{2} = 6$

ニオより
$f(7,4) = 15 + 7(10 + 3 \cdot 6) + 16 \cdot 10$
$= 15 + 196 + 160$
$= 371$

$\therefore f(7,4) = 371$ 結果NG

256

(2) の 偶数・奇数分けについて；

　　$f(n,2)$ とは、異なる n 個を 2 個の空でない組に分割する方法の数（区別あり）

　　例として、$f(2,2)=1$, $f(3,2)=3$ は、すぐわかる。

　　$n=4$ のとき　$ab|cd$, $ac|bd$, $ad|bc$,

　　　　　　　　　$a|bcd$, $b|acd$, $c|abd$, $d|abc$　であって $f(4,2)=7$.

　　　　　　　　　　　　　　　　　　　　　　　答案中で求めた結果と合っている……

　　$\boxed{{}_nC_{\frac{n}{2}}}$ の重複の問題について.

　　　　${}_nC_1$ と ${}_nC_{n-1}$ は、同じ分割とみなせるので、一方のみと数える.

　　　　${}_nC_2$ と ${}_nC_{n-2}$ も同様

　　　　　　⋮　　　　　⋮

　　　${}_nC_{\frac{n}{2}-1}$ と ${}_nC_{\frac{n}{2}+1}$ も同様

　　　　$\boxed{{}_nC_{\frac{n}{2}}}$ と $\boxed{{}_nC_{\frac{n}{2}}}$

　　　　　　　　$n=4$ の例では.

　　　　　　　　$ab|cd$

　　　　　　　　$ac|bd$

　　　　　　　　$ad|bc$

　　　　　　　　$bc|ad$

　　　　　　　　$bd|ac$

　　　　　　　　$cd|ab$　　　　　　コを検討してほしい.

　　　　　　　　${}_4C_2=6$.

　　　　　　　この中にすでに重複があるので

　　　　　　　　${}_4C_2 \times \frac{1}{2} = 3$ 　よりとかできるべき.

257

(2) n 個のもをそれぞれ a, b の2つの組のどちらかに入れる方法は
$$2^n \ (通り)$$

どちらかの組に全て入れる場合の数は $2 (通り)$ なので、どちらの組も空でないような分割の仕方は
$$2^n - 2 \ (通り)$$

よって、a, b の区別がない場合は
$$\frac{2^n - 2}{2} = 2^{n-1} - 1 \ (通り)$$

従って $f(n, 2) = 2^{n-1} - 1$

(3)

　　　(省略)

$$f(7, 4) = f(6, 3) + 4f(6, 4)$$
$$= f(5, 2) + 3f(5, 3)$$
$$\qquad + 4\{f(5, 3) + 4f(5, 4)\}$$
$$= \underbrace{f(5, 2)}_{①} + \underbrace{7f(5, 3)}_{②} + \underbrace{16f(5, 4)}_{③}$$

(2)より ① $= f(5, 2) = 2^{5-1} - 1 = 15$

また. ② $= f(5, 3)$
$$= f(4, 2) + 3f(4, 3)$$

$$= (2^{4-1} - 1) + 3 \cdot \frac{4(4-1)}{2}$$
$$(\because (1), (2))$$
$$= 25$$

(1)より ③ $= f(5, 4)$
$$= \frac{5(5-1)}{2}$$
$$= 10$$

よって.
$$f(7, 4) = 15 + 7 \times 25 + 16 \times 10$$
$$= 350$$

350

場合の数では.
区別の有無、
重複の除名
が最大のテーマです。

(2)で重複の場合に関しての考えが甘くて間違った考え方をしてしまった。場合の数は注意深く考えなければ ならない。

第11回【第5問】 （円の束とカージオイド） ◌⳾◌⳾◌⳾◌⳾◌⳾◌⳾◌⳾◌⳾◌⳾

円 $\left(x-\dfrac{1}{2}\right)^2+y^2=\dfrac{1}{4}$ ……① 上にある点 C を中心とし，CO を

半径とする円 D がある．

(1) 点 C が円①上を 1 周するとき，円 D の通過する領域を求めよ．
   ただし，O は原点を表すものとし，C＝O のときの円 D は，点 O
   自身であるとみなす．

(2) (1)で求めた領域の面積を求めよ．

◌⳾◌⳾◌⳾ 答 案 例 ◌⳾

(1) （14点）

O を極，x 軸正の向きを始線とする極座標を導入する．

円 $\left(x-\dfrac{1}{2}\right)^2+y^2=\dfrac{1}{4}$ ……①

上の中心 C の極座標を $C\langle s,\ \varphi\rangle$ とすれば，

$$s=\cos\varphi$$

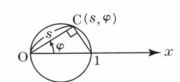

C を中心とし，O を通る円 D 上の
点を $P\langle r,\ \theta\rangle$ とすると，円 D の
極方程式は，

$$r=2\cos\varphi\cdot\cos(\theta-\varphi)\quad\text{……②}$$

ここで，θ を固定して φ を動かす
ときの r の変域を調べる．

②を変形すると，

$$r=\cos(2\varphi-\theta)+\cos\theta$$

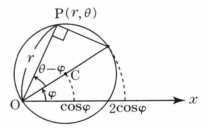

ここで，

$\varphi=\dfrac{\theta}{2}$ のとき，$\cos(2\varphi-\theta)=1$

$\varphi=\dfrac{\theta}{2}+\dfrac{\pi}{2}$ のとき，$\cos(2\varphi-\theta)=-1$

であるから，
$$-1+\cos\theta \le r \le 1+\cos\theta \quad \cdots\cdots \text{③}$$
次に θ を変化させるとき，各 θ に対する r の変域は③で与えられる．

ここで，$|r_{\min}| = -(-1+\cos\theta)$
$$= 1-\cos\theta$$
$$= 1+\cos(\theta+\pi)$$

に注意すれば，③は領域として，
$$(0\le)\,r\le 1+\cos\theta \quad \cdots\cdots \text{④}$$
と同じものを表す．

(2)　（6点）

④の囲む面積を S として，

$$S = \int_0^{2\pi} \frac{1}{2}(1+\cos\theta)^2\,d\theta$$

$$= \int_0^{\pi}(1+2\cos\theta+\cos^2\theta)\,d\theta$$

$$= \int_0^{\pi}\left(\frac{3}{2}+2\cos\theta+\frac{1}{2}\cos 2\theta\right)d\theta$$

$$= \left[\frac{3}{2}\theta+2\sin\theta+\frac{1}{4}\sin 2\theta\right]_0^{\pi} = \frac{3}{2}\pi$$

（図中）

(r_{max},θ)

$r = 1+\cos\theta$

(r_{min},θ)

O

θ

$-(-1+\cos\theta)$

2

　数理哲人の解説

1°　円 D たちの包絡線がカージオイドになるということである．

2°　極方程式②は，r が 2 変数 θ, φ で与えられるということ．これ を，φ を止めて 1 変数化することによって，2 段階に分けて考えたわ けである．

第11回【第6問】 （カージオイドの回転体） ⌒⌒⌒⌒⌒⌒⌒⌒⌒⌒⌒⌒⌒

(1) 座標平面上に △OPQ があり，その面積を S とする．O は原点

で，P, Q は $y \geq 0$ の部分にある．△OPQ を x 軸のまわりに回転

させてできる回転体の体積を v とすると，v は，△OPQ の重心の

y 座標 g_y を用いて次のように表されることを証明せよ．

$$v = 2\pi S g_y$$

(2) $$r = 1 + \cos\theta$$

なる極方程式で表される曲線をその始線のまわりに回転してできる

立体に囲まれる部分の体積を V とする．

$$V = \int_0^\pi \frac{2}{3}\pi (1 + \cos\theta)^3 \sin\theta \, d\theta$$

となることを証明し，その値を求めよ．

⌒⌒⌒ 答 案 例 ⌒⌒⌒⌒⌒⌒⌒⌒⌒⌒⌒⌒⌒⌒⌒⌒⌒⌒⌒⌒⌒⌒⌒⌒

(1) （8点）

x 軸からの距離が y であるような直線で △OPQ を切ったときの切り

口の長さを $l(y)$ とする．

$l(y) \geq 0$ となる y の範囲を $0 \leq y \leq \alpha$ とすると，

$$S = \int_0^\alpha l(y) \, dy \quad \cdots\cdots①$$

次に，y から $y + \Delta y$ までの間での $l(y)$ の変域を

$$l \leq l(y) \leq L$$

とし，y から $y + \Delta y$ の部分にある幅 Δy の棒を x 軸のまわりに回転さ

せてできる立体の体積を ΔV とすると，

$$\pi\left\{(y + \Delta y)^2 - y^2\right\} \cdot l \leq \Delta V \leq \pi\left\{(y + \Delta y)^2 - y^2\right\} \cdot L$$

$$\pi\{2y + \Delta y\} \cdot l \leq \frac{\Delta V}{\Delta y} \leq \pi\{2y + \Delta y\} \cdot L$$

$\Delta y \to 0$ のとき $l \to l(y)$, $L \to l(y)$ なので, $\dfrac{dV}{dy} = 2\pi y l(y)$

したがって回転体の体積は

$$v = \int_0^\alpha dV = \int_0^\alpha 2\pi y l(y)\,dy \quad \cdots\cdots ②$$

次に $\triangle$OPQ の重心 G の y 座標を g_y とし,

$\triangle$OPQ の x 軸のまわりの回転モーメントを考えると,

$$\int_0^\alpha y l(y)\,dy = S \cdot g_y$$

両辺に 2π をかけて, ①, ②を用いると,

$$v = 2\pi S \cdot g_y$$

を得る.

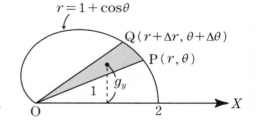

(2)　（12点）

曲線 $r = 1 + \cos\theta$ $(0 \le \theta \le \pi)$

上に, 偏角が θ, $\theta + \Delta\theta$ である

ような 2 点をとる.

十分小さな $\Delta\theta$ に対し, $\triangle$OPQ の重心 G の y 座標 g_y は,

$$g_y = \frac{1}{3}\left(r\sin\theta + (r + \Delta r)\sin(\theta + \Delta\theta)\right) = \frac{2}{3} r\sin\theta$$

と 1 次近似できる. $\triangle$OPQ の面積 S は, $S = \dfrac{1}{2} r^2 \Delta\theta$

と 1 次近似できる.

$\triangle$OPQ の始線のまわりに回転してできる立体の体積を ΔV と

すると, (1)から,

$$\Delta V = 2\pi S \cdot g_y = \frac{2}{3}\pi r^3 \sin\theta \Delta\theta$$

したがって,

$$V = \int_0^\pi dV = \int_0^\pi \frac{2}{3}\pi r^3 \sin\theta\, d\theta$$

$$= \int_0^\pi \frac{2}{3}\pi (1+\cos\theta)^3 \sin\theta\, d\theta$$

$$= \frac{2}{3}\pi \int_0^\pi (1+\cos\theta)^3 (-\cos\theta)'\, d\theta$$

$$= \frac{2}{3}\pi \left[-\frac{(1+\cos\theta)^4}{4} \right]_0^\pi$$

$$= \frac{8}{3}\pi$$

～～～～～～～～～～～ 数理哲人の解説 ～～～～～～～～～～～

1° （＊）は「パップス・ギュルダンの公式」として知られている．
本問では証明を求めているので，定理の名前を持ち出すだけでは答案
にならない．

2° (2)で考えた ΔV は，
図のように「解釈」できる．

ただし，「証明」とするには
誤差評価を必要とする．

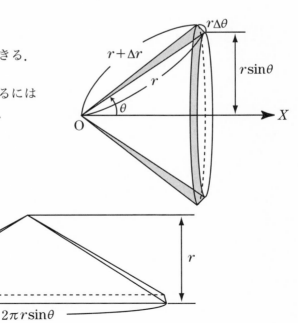

(1)

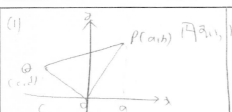

$P(a,b)$　円すい、円すい台の和・差でも計算できる.

$$ () - () - < $$

上図のように、$P(a,b)$, $Q(c,d)$
$(a \neq c,\ b>0,\ d>0)$ とする。

直線 OP, OQ, PQ の方程式は
それぞれ、

$$
\begin{cases}
OP: \ y = \dfrac{b}{a}x \quad (=y_1 \ とする) \\[4pt]
OQ: \ y = \dfrac{d}{c}x \quad (=y_2 \ とする) \\[4pt]
PQ: \ y = \dfrac{b-d}{a-c}x - \dfrac{ad-bc}{a-c} \\[4pt]
\qquad (= y_3 \ とする)
\end{cases}
$$

これより　$c<0<a$ を前提として

$$
V = \int_{c}^{a} \pi \cdot y_3^2 \, dx - \int_{0}^{a} \pi \cdot y_1^2 \, dx
- \int_{c}^{0} \pi \cdot y_2^2 \, dx
$$

$$
= \pi \cdot \frac{a^2b^2 + 4ab^2c + b^2c^2 - 3a^2bd - 4aabcd - 5bc^2d + 9a^2d^2 + 4a^2d^2 + 6b^2c^2 + 2d^2}{3(a-c)}
$$

$$
- \pi \cdot \frac{ab^2}{3} + \pi \cdot \frac{cd^2}{3}
$$

$$
= \pi \cdot \frac{3ab^2c + bc^3 - 3a^2bcd - 4aabcd - 3bc^2d + 3a^2d^2 + 3acd^2 + 6b^2c^2}{3(a-c)}
$$

一方、

$$
2\pi S g_x = 2\pi \cdot \frac{1}{2}(ad-bc)\cdot \frac{b+d}{3}
= \pi \cdot \frac{(ad-bc)(b+d)}{3}
$$

(2)

Q P　←こうのように分割して (1) を使えないか。　というアイデア

O　$\overbrace{}$　x

$$
V = \int_{0}^{\pi} \frac{1}{3}\pi (1 - \cos\theta)^2 \cdot 0 \cdot d\theta
$$

$$
= \frac{\pi}{3}\Big\{ \textcircled{1}\int_{0}^{\pi} 0 \cdot d\theta + \textcircled{2}\int_{0}^{\pi} 3\cos\theta \, d\theta
$$
$$
+ \textcircled{3}\int_{0}^{\pi} 3\cos\theta - 0 \cdot d\theta
$$
$$
+ \textcircled{4}\int_{0}^{\pi} 0 \cdot d\theta \Big\}
$$

$(0 \leq \theta < \pi)$

$\textcircled{1} = -\big[\cos\theta\big]_{0}^{\pi} = 2$

$\textcircled{2} = \int_{0}^{\pi} 3\cos 2\theta \, d\theta$
$= \dfrac{3}{2}\big[\sin 2\theta\big]_{0}^{\pi}$
$= 0$

$\textcircled{3}$　$\cos\theta = t$ とおくと　$\dfrac{\theta}{t}\begin{array}{|c|c}0 & \pi \\ 1 & -1\end{array}$

また $\dfrac{dt}{d\theta} = -\sin\theta$ 接分計算

$\int_{1}^{-1} 3t \cdot (-dt)$　は.よい

$= 2$

$\textcircled{4}$　同様に $\cos\theta = t$ で置換すると

$\int_{1}^{-1} t \cdot (-dt) = 0$

よって $\textcircled{1} \sim \textcircled{4}$ より

$$
V = \frac{1}{3}\pi\,(2 + 0 + 2 + 0) = \frac{4}{3}\pi
$$

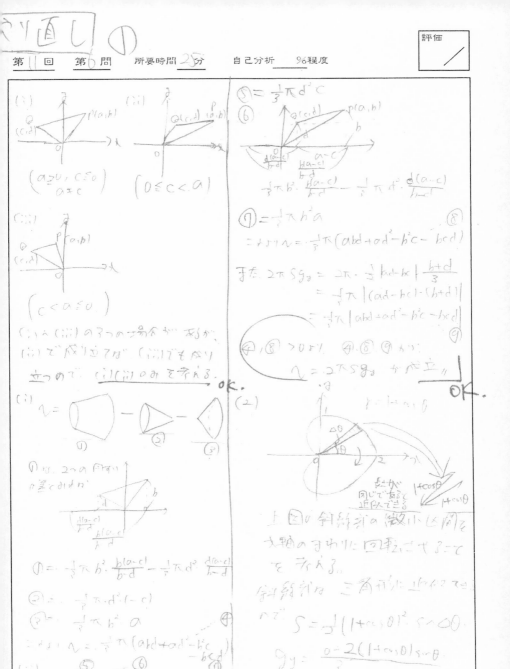

(i)　(ii)

$$(a \geq 0, \ c \leq 0)$$
$$a \neq c$$

$$(0 \leq c < a)$$

(iii)

$$(c < a \leq 0)$$

(i)～(iii) の3つの場合があるが、(iii) で成り立てば (ii) でも成り立つので、(i)(ii) のみを考える。　→ OK.

(i)
$$V = ① - ② - ③$$

①は、2つの円すいの差でみれば

$$① = \frac{1}{3}\pi b^2 \cdot \frac{b(a-c)}{b-d} - \frac{1}{3}\pi d^2 \cdot \frac{d(a-c)}{b-d}$$

$$② = -\frac{1}{3}\pi d^2 (-c)$$

$$③ = \frac{1}{3}\pi b^2 \cdot a$$ ④

よって、$$V = \frac{1}{3}\pi (abd + ad^2 - b^2 c - bcd)$$

(ii)　⑤　⑥　⑦

$$V = \frac{1}{3}\pi d^2 c$$

⑥

$$= \frac{1}{3}\pi b^2 \cdot \frac{b(a-c)}{b-d} - \frac{1}{3}\pi d^2 \cdot \frac{d(a-c)}{b-d}$$

⑦ $$= \frac{1}{3}\pi b^2 a$$ ⑧

これより、$$V = \frac{1}{3}\pi (abd + ad^2 - b^2 c - bcd)$$

また、$$2\pi S g_x = 2\pi \cdot \frac{1}{2}|ad - bc| \cdot \frac{b+d}{3}$$
$$= \frac{1}{3}\pi |(ad - bc)(b+d)|$$
$$= \frac{1}{3}\pi |abd + ad^2 - b^2 c - bcd|$$ ⑨

④,⑧ > 0 より、④・⑧・⑨ より
$$V = 2\pi S g_x \ \ \text{が成立}$$
→ OK.

(2)

上図の斜線部の微小区間を、x軸のまわりに回転させることを考える。

斜線部は三角形に近似できるので、

$$S = \frac{1}{2}|(1+\cos\theta)|^2 \cdot \sin\triangle\theta$$

$$g_y = \frac{0 - 2(1+\cos\theta)\sin\theta}{3}$$

$1 + \cos\theta$
$1 + \cos\theta$

$$V = \frac{1}{3}\pi d^2 c$$

これより、

$\Delta V = 2\pi \bar{s} \bar{g} y$

$= 2\pi \cdot \frac{1}{3}(1+\cos\theta)^2 \sim \Delta\theta \cdot \frac{2(1+\cos\theta) \cdot \sin\theta}{3}$

$= \frac{2}{3}\pi (1+\cos\theta)^3 \sin\theta \cdot \sin\Delta\theta$

5.7.

$V = \int_0^\pi \Delta V(d\theta)$　←　不要。

$= \int_0^\pi \frac{2}{3}\pi(1+\cos\theta)^3 \sin\theta \cdot d\theta$

これはOK.

計算済み

ΔV とは,

θ の微小増分 $\Delta\theta$ に対応する

V の微小増分のこと.

$\Delta\theta$ が無限小なら ΔV も無限小.

無限小とは 0に収束する量.

無限小の1つの式は, 積分すると有限の値になる.

無限小の2つ以上の項は, 積分して無限個あつめても無限小のまま.

—— $\Delta\theta$ が微小のとき

$\sin\Delta\theta \doteqdot \Delta\theta$.

(物理でよく使うアレ).

すると

$\Delta \bar{V} = \frac{2}{3}\pi (1+\cos\theta)^3 \sin\theta \cdot \Delta\theta$

これを $0 \leqq \theta \leqq \pi$ でたすので,

$V = \int_0^\pi \Delta V$

ΔV じたいが無限小の体積要素

↓

区分求積の考えで
無限個たしあわせると
体積が得られるような
無限小のこと.

第12回

解説・答案例・指導例

　第12回のセットも1990年代の作成と記憶
している.
【1】はフィボナッチ数の平方を並べてでき
る数列についての出題. 当時の東大にはフィ
ボナッチ数列の出題が多かった.
【2】は放物線の弦の通過範囲という典型論
点.
【3】は［A］にて一般論を，［B］にて
具体的な $n=4$ のケースで，出題を分けて
みた. 結果的には具体的な方が難しくなっ
た.
【4】は多角形の辺が有理数かどうかの
議論.
【5】はカードのやりとりを繰り返す
ところを漸化式に仕立てる議論で，
よくある問題だとは思う.
【6】は近年増加しているように思われる
「反転」についての出題. 極方程式の議論
と結びつけるように問いかけた.

第12回【第1問】 （平方数の数列）⋞⋟⋞⋟⋞⋟⋞⋟⋞⋟⋞⋟⋞⋟⋞⋟⋞⋟⋞⋟⋞⋟⋞

　数列 $\{a_n\}$ が，$a_1 = 1, a_2 = 1, a_3 = 4$，$a_{n+3} - 2a_{n+2} - 2a_{n+1} + a_n = 0$

をみたすとき，a_n は平方数であることを示せ.

⌇⌇⌇⌇　答 案 例 ⌇⌇⌇⌇⌇⌇⌇⌇⌇⌇⌇⌇⌇⌇⌇⌇⌇⌇⌇⌇⌇⌇⌇⌇⌇⌇⌇⌇⌇⌇⌇⌇⌇⌇⌇⌇

（20点）

　$a_{n+3} = 2a_{n+2} + 2a_{n+1} - a_n$ を用いると，

$$a_4 = 2 \cdot 4 + 2 \cdot 1 - 1 = 9 = 3^2$$

$$a_5 = 2 \cdot 9 + 2 \cdot 4 - 1 = 25 = 5^2$$

$$a_6 = 2 \cdot 25 + 2 \cdot 9 - 4 = 64 = 8^2$$

であるから，

$$p_1 = 1, p_2 = 1,\quad p_{n+2} = p_{n+1} + p_n$$

で定められる数列 $\{p_n\}$ を用いて，$a_n = \left(p_n\right)^2$ …… (※)

と表されると予想される．　(※) を n に関する帰納法で証明する.

$n = 1, 2, 3$ のとき；(※) は成り立っている.

$n = k, k+1, k+2$ のとき (※) の成立を仮定すると，

$$a_{k+3} = 2a_{k+2} + 2a_{k+1} - a_k$$

$$= 2\left(p_{k+2}\right)^2 + 2\left(p_{k+1}\right)^2 - \left(p_k\right)^2$$

$$= 2\left(p_{k+1} + p_k\right)^2 + 2\left(p_{k+1}\right)^2 - \left(p_k\right)^2$$

$$= 4\left(p_{k+1}\right)^2 + 4p_{k+1}p_k + \left(p_k\right)^2$$

$$= \left(2p_{k+1} + p_k\right)^2 = \left(p_{k+1} + p_{k+1} + p_k\right)^2$$

$$= \left(p_{k+2} + p_{k+1}\right)^2 = \left(p_{k+3}\right)^2$$

となり，$n = k+3$ のときも (※) が成り立つ.

よって，すべての a_n は平方数である.

具体的に取値を求めていくと

$a_1 = 1 = 1^2$　　$a_5 = 25 = 5^2$
$a_2 = 1 = 1^2$　　$a_6 = 64 = 8^2$
$a_3 = 4 = 2^2$　　$a_7 = 169 = 13^2$
$a_4 = 9 = 3^2$　　$a_8 = 441 = 21^2$

ここで、2乗で表せる数の値に
着目すると、$1, 1, 2, 3, 5, 8, 13, 21$

より、これはフィボナッチ数列
になっていると予想できる。仮説

$\sqrt{a_{n+2}} = \sqrt{a_{n+1}} + \sqrt{a_n}$ の
フィボナッチ数列の形で表せること
を数学的帰納法により示す。

(i) $n=1$ のとき
　$\sqrt{a_3} = 2$
　$\sqrt{a_2} + \sqrt{a_1} = 2$　より
　　　　　成立

(ii) $n=k$ のとき
　$\sqrt{a_{k+2}} = \sqrt{a_{k+1}} + \sqrt{a_k}$ が … ①
　成り立つと仮定する。
　このとき $n=k+1$ で、
　$\sqrt{a_{k+3}} = \sqrt{a_{k+2}} + \sqrt{a_{k+1}}$ が
　成り立つことを示す。

$(左辺)^2 = a_{k+3}$
$= 2a_{k+2} + 2a_{k+1} - a_k$
の定義。（∵ 与えられた条件より）

①より $\sqrt{a_{k+2}} - \sqrt{a_{k+1}} = \sqrt{a_k}$
両辺2乗して、
　$a_{k+2} + a_{k+1} - 2\sqrt{a_{k+1}a_{k+2}} = a_k$
　∴ $2\sqrt{a_{k+1}a_{k+2}} = a_{k+2} + a_{k+1} - a_k$

従って、

$(右辺)^2 = (\sqrt{a_{k+2}} + \sqrt{a_{k+1}})^2$
$= a_{k+2} + a_{k+1} + 2\sqrt{a_{k+1}a_{k+2}}$
$= a_{k+2} + a_{k+1} + (a_{k+2} + a_{k+1}) - a_k$
$= 2a_{k+2} + 2a_{k+1} - a_k$

これより
$(\sqrt{a_{k+3}})^2 = (\sqrt{a_{k+2}} + \sqrt{a_{k+1}})^2$
　　　　　が成立

ここで $\sqrt{a_{k+3}} > 0$, $\sqrt{a_{k+2}} + \sqrt{a_{k+1}} > 0$
より、$\sqrt{a_{k+3}} = \sqrt{a_{k+2}} + \sqrt{a_{k+1}}$

よって $n=k+1$ においても成立

(i)(ii) より、全ての自然数をとり得る
n について 数列 $\{\sqrt{a_n}\}$ が
フィボナッチ数列を なしている
ことが 示せた

よって 全ての n について $\sqrt{a_n}$ は
自然数

ゆえに 全ての n について、
$a_n = (自然数)^2$ と表せる
から、a_n は 平方数

OK.

第12回【第2問】 （条件をみたす点の存在範囲） ❧❧❧❧❧❧❧❧❧❧❧❧

放物線 $y = x^2$ 上に異なる 2 点 P, Q をとり, 線分 PQ と放物線とが囲む部分の面積が $\dfrac{4}{3}$ となるようにする. このような線分 PQ が存在しうる範囲を求めよ.

❧❧❧❧ 答 案 例 ❧❧❧❧❧❧❧❧❧❧❧❧❧❧❧❧❧❧❧❧❧❧❧❧❧❧❧

（20点）

直線 PQ を $y = mx + n$ とおく.

$$x^2 - mx - n = 0 \quad \cdots \cdots ①$$

が 2 つの実数解をもつ条件は $m^2 + 4n > 0$ で, このとき①の 2 解を $\alpha, \beta \, (\alpha < \beta)$ とする. 線分 PQ と放物線が囲む部分の面積について,

$$\frac{4}{3} = \int_\alpha^\beta \left(mx + n - x^2 \right) dx = -\int_\alpha^\beta (x - \alpha)(x - \beta) dx = \frac{1}{6} (\beta - \alpha)^3$$

$$= \frac{1}{6} \left(\frac{m + \sqrt{m^2 + 4n}}{2} - \frac{m - \sqrt{m^2 + 4n}}{2} \right)^3 = \frac{1}{6} \left(m^2 + 4n \right)^{\frac{3}{2}}$$

$$\therefore \left(m^2 + 4n \right)^{\frac{3}{2}} = 8 \qquad m^2 + 4n = 4 \qquad n = 1 - \frac{m^2}{4}$$

このとき, 直線 PQ の方程式は,

$$y = mx + 1 - \frac{m^2}{4} \ (m \in \mathbb{R}) \cdots \cdots ②$$

m が任意の実数値をとるとき, 直線②の通りうる領域を求める.
x を固定して $m \in \mathbb{R}$ に対応する y の値域を考える.

$$y = -\frac{m^2}{4} + xm + 1 = -\frac{1}{4} (m - 2x)^2 + x^2 + 1 \leq x^2 + 1$$

また線分 PQ は放物線 $y = x^2$ の上側にあることも考慮して, 求める領域は

$$x^2 \leq y \leq x^2 + 1$$

評価

$P(p, p^2)$, $Q(q, q^2)$ $(p > q)$
です。

$P(p, p^2)$

$Q(q, q^2)$

直線 PQ の方程式は、
$$y = (p+q)x - pq.$$
よって、条件より
$$\int_q^p \{(p+q)x - pq - x^2\} dx = \frac{4}{3}$$
∴ $p^3 - 3p^2q + 3pq^2 - q^3 = 8$
$$(p-q)^3 = 8$$
$p - q \in \mathbb{R}$ を考慮してこれを
解くと、$p - q = 2$
∴ $p = q + 2$

直線 PQ より下側の領域を
不等式で表すと、
$$y \le 2(q+1)x - q^2 - 2q \qquad \text{OK}$$
これを q の2次不等式とみると、
$$q^2 + 2(1-x)q + (y - 2x) \le 0$$
$$f(q) = q^2 + 2(1-x)q + (y-2x)$$
とする。

ので q が実数解をもてばよい。　OK

従って、
$$f(q) = \{q + (1-x)\}^2 - (1-x)^2 + y - 2x$$
より
$$-(1-x)^2 + y - 2x \le 0 \text{ で}$$
あればよい

∴ $y \le x^2 + 1$

また、線分 PQ は、放物線
PQ 上または、その上側の
領域に存在することを
考慮して、

（線分 PQ が存在する範囲は
2つの放物線 $y = x^2$ と
$y = x^2 + 1$ に囲まれる部分
（境界線を含む）

倒え

271

第12回【第3問［A］】　（解の絶対値）◦◦◦◦◦◦◦◦◦◦◦◦◦◦◦◦◦◦

n は 2 以上の整数である．このとき，方程式

$$nz^n = z^{n-1} + z^{n-2} + \cdots\cdots + z + 1$$

は $z=1$ を解にもつが，他の複素数解はすべて

$$|z| < 1$$

をみたすことを示せ．

◦◦◦◦　答案例　◦◦◦◦◦◦◦◦◦◦◦◦◦◦◦◦◦◦◦◦◦◦◦◦◦◦◦◦◦◦◦◦◦

（20点）

（ⅰ）$|z| > 1$ のとき；与式 $\Leftrightarrow n = \dfrac{1}{z} + \dfrac{1}{z^2} + \cdots\cdots + \dfrac{1}{z^n}$　であるが，

$$|n| = \left| \frac{1}{z} + \frac{1}{z^2} + \cdots\cdots + \frac{1}{z^n} \right| \le \frac{1}{|z|} + \frac{1}{|z^2|} + \cdots\cdots + \frac{1}{|z^n|} < 1 + 1 + \cdots\cdots + 1 = n$$

となり矛盾する．

（ⅱ）$|z| = 1$ のとき；

$z \ne 1$ より $z = -1$ または z は虚数となる．

$$\left| nz^n \right| = \left| z^{n-1} + z^{n-2} + \cdots\cdots + 1 \right| \le |z|^{n-1} + |z|^{n-2} + \cdots\cdots + |z| + 1 \quad \cdots\cdots ①$$

ここで，z は -1 か虚数であることから，

$$|z+1| < |z| + 1 \quad\quad \cdots\cdots ②$$

①，②から，

$$\left| nz^n \right| < |z|^{n-1} + |z|^{n-2} + \cdots\cdots + |z| + 1$$

$$n < 1 + 1 + \cdots\cdots + 1 + 1 = n$$

となって矛盾する．

（ⅰ），（ⅱ）より与式の $z=1$ 以外の解は，

すべて $|z| < 1$ をみたすことが示された．

第12回【第3問［B］】（解の絶対値）～～～～～～～～～～～～～

　4次方程式 $4x^4 = x^3 + x^2 + x + 1$ は $x = 1$ を解にもつが，他の 3 つの解について，次のことを示せ．

(1) 実数解はひとつで，$-1 < x < -\dfrac{1}{2}$ をみたす無理数であること．

(2) 虚数解は 2 つで，これを $x = p \pm qi$ $(p, q \in \mathbb{R})$ と表すとき，

$p^2 + q^2 < 1$ であること．

～～～(答案例1)～～～～～～～～～～～～～～～～～～～～～～～～～

(1)（12点）

$$4x^4 = x^3 + x^2 + x + 1 \quad \Leftrightarrow \quad (x-1)\left(4x^3 + 3x^2 + 2x + 1\right) = 0$$

ここで $f(x) = 4x^3 + 3x^2 + 2x + 1$ とおき，3 次方程式 $f(x) = 0$ の 3 つの解について調べる．

$$f'(x) = 12x^2 + 6x + 2 = 12\left(x + \dfrac{1}{4}\right)^2 + \dfrac{5}{4} > 0$$

であるから $f(x)$ は単調増加関数である．

したがって，$f(x)$ の実数解はひとつだけである．……①

さらに $f\left(-\dfrac{1}{2}\right) = \dfrac{1}{4} > 0$，$f(-1) = -2 < 0$ であるから，

実数解は $-1 < x < -\dfrac{1}{2}$ をみたす．……②

次に実数解を有理数と仮定し $x = \dfrac{n}{m}$（m, n は互いに素な整数）とおく．

$$f\left(\dfrac{n}{m}\right) = 4 \cdot \dfrac{n^3}{m^3} + 3 \cdot \dfrac{n^2}{m^2} + 2 \cdot \dfrac{n}{m} + 1 = 0$$

$$\Leftrightarrow 4n^3 + 3n^2 m + 2nm^2 + m^3 = 0$$

$$\Leftrightarrow 4n^3 = -m\left(3n^2 + 2nm + m^2\right)$$

m, n は互いに素だから，m は 4 の約数となる．

273

さらに，$\Leftrightarrow m^3 = -n\left(4n^2 + 3nm + 2m^2\right)$

から，n は ± 1 のいずれかに限られる．

以上のような有理数の解は $x = \pm 1, \pm \dfrac{1}{2}, \dfrac{1}{4}$ に限られるが，

いずれも②をみたさないので矛盾が生じる．

すなわち，実数解は無理数である．……③

以上①，②，③より題意は示された．

(2)（8点）

(1)によれば $f(x) = 0$ の実数解は 1 つなので，他の 2 つは虚数解となる．

実数解を α ，虚数解を $p \pm qi$ とする．解と係数の関係により，

$$(p + qi)(p - qi)\alpha = -\frac{1}{4}$$

$$p^2 + q^2 = -\frac{1}{4\alpha} \quad \cdots\cdots ④$$

(1)により $-1 < \alpha < -\dfrac{1}{2}$ なので，$-1 > \dfrac{1}{\alpha} > -2$ ，$\dfrac{1}{4} < -\dfrac{1}{4\alpha} < \dfrac{1}{2}$ ……⑤

以上 ④，⑤ より命題は示された．

〰〰〰〰 答案例２ 〰〰〰〰〰〰〰〰〰〰〰〰〰〰〰〰〰〰〰〰〰〰〰〰〰〰〰〰〰〰〰

(2)（8点）

(1)によれば $f(x) = 0$ の実数解は 1 つなので，他の 2 つは虚数解となる．

$x = p \pm qi$ のとき $x^2 = p^2 - q^2 \pm 2pqi$

$x^3 = p^3 - 3pq^2 \pm \left(3p^2q - q^3\right)i$ （複号同順）

$f(p + qi) = 4\left(p^3 - 3pq^2\right) + 3\left(p^2 - q^2\right) + 2p + 1 + \left\{4\left(3p^2q - q^3\right) + 6pq + 2q\right\}i$

$\qquad\qquad = 0$

$\Leftrightarrow \begin{cases} 4\left(p^3 - 3pq^2\right) + 3\left(p^2 - q^2\right) + 2p + 1 & \cdots\cdots ④ \\ q\left\{4\left(3p^2 - q^2\right) + 6p + 2\right\} = 0 & \cdots\cdots ⑤ \end{cases}$

虚数解について検討しているので $q \neq 0$ としてよい．

⑤から，$q^2 = 3p^2 + \dfrac{3}{2}p + \dfrac{1}{2}$ ……⑥

④に代入して q を消去すると，

$$4p^3 + 3p^2 + 2p + 1 - 3(4p+1)\left(3p^2 + \dfrac{3}{2}p + \dfrac{1}{2}\right) = 0$$

$$-32p^3 - 24p^2 - \dfrac{17}{2}p - \dfrac{1}{2} = 0$$

ここで $g(p) = 32p^3 + 24p^2 + \dfrac{17}{2}p + \dfrac{1}{2}$ とおくと，

$$g'(p) = 96p^2 + 48p + \dfrac{17}{2} = 96\left(p + \dfrac{1}{4 > 0}\right)^2 + \dfrac{5}{2} > 0$$

なので $g(p) = 0$ の実数解はただ１つである．

$g(0) = \dfrac{1}{2} > 0$，$g\left(-\dfrac{1}{2}\right) = -\dfrac{7}{4} < 0$ により，$g(p) = 0$ の解は

$-\dfrac{1}{2} < p < 0$ ……⑦ をみたす．このとき，⑥から

$$p^2 + q^2 = 4p^2 + \dfrac{3}{2}p + \dfrac{1}{2} = h(p)$$

について，$h(0) = \dfrac{1}{2} < 1$，$h\left(-\dfrac{1}{2}\right) = \dfrac{3}{4} < 1$

$h(P)$ は下に凸な放物線であることと合せ，⑦の区間でつねに

$$p^2 + q^2 = h(p) < 1 \text{ となる}$$

よって，虚数解 $x = p \pm qi \ (p, q \in \mathbb{R})$ について，$p^2 + q^2 < 1$ である．

※ nが合成数である場合も考えると、この時点では「どちらか一方はnの素因数を約数に」とはいえない。しかし、るいは素とつけ加えることで、結果として〜がいえる。

評価 /

第12回　第3問　所要時間　分　自己分析　96程度

[B]

(1) $4x^4 - (x^3+x^2+x+1) = 0$ より

$(x-1)(4x^3+3x^2+2x+1) = 0$

$x \neq 1$ で割ると、

$4x^3+3x^2+2x+1 = 0$

$f(x) = 4x^3+3x^2+2x+1$ とする。

$f'(x) = 12x^2+6x+2 = 12(x+\frac{1}{4})^2 + \frac{5}{4} > 0$

よって、$f(x)$ は**単調増加関数**

より、$y=f(x)$ のグラフは x 軸 と 共有点 を 1つだけ もつ。

ゆえに、$f(x)=0$ の実数解は1つ。　OK

また $f(-1) = -2 < 0$

$f(-\frac{1}{2}) = \frac{1}{4} > 0$　より　OK

$f(x)=0$ の実数解は

$-1 < x < -\frac{1}{2}$ の範囲にある。

次に、この実数解が有理数であると仮定する。このとき

$x = \frac{n}{m}$ （m, n は互いに素である整数）　と表せる。

$f(\frac{n}{m}) = 0$ より、

$4(\frac{n}{m})^3 + 3\cdot(\frac{n}{m})^2 + 2\cdot\frac{n}{m} + 1 = 0$

$\therefore 4n^3 + 3mn^2 + 2m^2n + m^3 = 0 \quad (*)$

変形して、

$4n^3 = -m(3n^2+2mn+m^2)$

これより、m, $3n^2+2mn+m^2$ の少なく

※ ~ても どちらか一方は n を約数 ~~もつことになるが、m と n は互いに素か~~

(NG.) ✗

---

m は n を約数にもたない。また、$3n^2+2mn+m^2 = n(3n+2m)+m^2$ だが、m^2 も n を約数にもたないので、矛盾。

また $m^3 = -n(4n^2+3mn+2m^2)$

同様に、n, $4n^2+3mn+2m^2 (= m(3m+2n)+4n^2)$ の少なくとも どちらか一方は m を約数にもつことになるが、n と m は互いに素かつ、m^3 を約数にもたない。よって矛盾。

これより、仮定が誤っていたことになり、**実数解は無理数**。

(2) (1)より、$f(x)=0$ の実数解はただ1つなので、残りの2解は虚数解とする。

これらを $x = p \pm qi$ （$p, q \in \mathbb{R}$ とし）
(1)での無理数解を α（$-1 < \alpha < -\frac{1}{2}$）とすると、解と係数の関係より、

$\begin{cases} \alpha + (p+qi) + (p-qi) = -\frac{3}{4} \\ \alpha(p+qi) + \alpha(p-qi) + (p+qi)(p-qi) = \frac{1}{2} \\ \alpha(p+qi)(p-qi) = -\frac{1}{4} \end{cases}$

$\begin{cases} \alpha + 2p = -\frac{3}{4} \\ 2\alpha p + p^2 + q^2 = \frac{1}{2} \\ \alpha(p^2+q^2) = -\frac{1}{4} \end{cases}$

(1)より、$-1 < \alpha < -\frac{1}{2}$（$\alpha \neq 0$）だから

$p^2 + q^2 = -\frac{1}{4\alpha}$

$-2 < \frac{1}{\alpha} < -1$ から、$\frac{1}{4} < -\frac{1}{4\alpha} < \frac{1}{2}$

$\therefore \frac{1}{4} < p^2+q^2 < \frac{1}{2}$

よって、$p^2+q^2 < 1$ が成立 ∎

276

(1) 実数解が1つで、$-1 < x < -\dfrac{1}{2}$
をみたすところまで証明済

無理数であることの証明

$f(x) = 4x^3 + 3x^2 + 2x + 1$ について、
$f(x) = 0$ の実数解が **有理数**
であると仮定する。

このとき、この解 x は、

$x = \dfrac{m}{n}$（$m, n \in \mathbb{Z}$ かつ、
　　　　m と n は互いに素）
で表せる。 ← OK

これより

$4\left(\dfrac{m}{n}\right)^3 + 3\cdot\left(\dfrac{m}{n}\right)^2 + 2\cdot\dfrac{m}{n} + 1 = 0$

$\therefore\ 4m^3 + 3mn^2 + 2m^2n + n^3 = 0$

変形して $-m^3 = n\{4n^2 + m(3n + 2m)\}$
　　　　　　　　　　　　　　　　　 … (*)

(i) $m = 1$ のとき。

$-1 < \dfrac{m}{n} < -\dfrac{1}{2} \wedge m = 1$ より
$-1 < n < -\dfrac{1}{2}$
これは、$n \in \mathbb{Z}$ であることに
矛盾

(ii) $m = -1$ のとき。

$-1 < \dfrac{m}{n} < -\dfrac{1}{2} \wedge m = -1$ より
$\dfrac{1}{2} < n < 1$
これは、$n \in \mathbb{Z}$ であることに矛盾。

(iii) m が、1以外の素因数 k をもつ
とき。

素数 prime から
P
とおくことが多い。（個別）

(*) で右辺に着目すると、
$m(3n + 2m)$ は 素因数に k をもつ
が、n と $4n^2$ は素因数に k を
もたない。よって、
$n\{4n^2 + m(3n + 2m)\}$ は
素因数に k をもたないので
矛盾。

(i)〜(iii) より、仮定が誤って
いたこと が分かるので、
$f(x) = 0$ の 実数解は 無理数
である。

従って 題意が 示せた。

[2] 正答

やり直した

無理数の定義は
$\mathbb{R}$ の中で $\mathbb{Q}$ に
属さないこと
否定による
消極的定義
だから。

そうだ。

無理数で あることの証明で 背理法を 使うのは 定番中の定番

第10回【第4問】 （四角形の辺の長さ）⌒⌒⌒⌒⌒⌒⌒⌒⌒⌒⌒⌒⌒⌒⌒

凸四角形 OABC の 4 辺および対角線 OB，AC の長さがすべて有理数であるものとする．OB，AC の交点を D とするとき，OD の長さも有理数であることを示せ．

⌒⌒⌒ 答 案 例 ⌒⌒⌒⌒⌒⌒⌒⌒⌒⌒⌒⌒⌒⌒⌒⌒⌒⌒⌒⌒⌒⌒⌒

（20点）

図のように辺の長さをとる．
a, b, c, d, e, f は有理数である．
OD $= x$，DB $= y$ とすると，

$$x + y = e \quad \cdots\cdots①$$

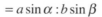

$\angle$OAC $= \alpha$，$\angle$BAC $= \beta$ とすると，

$$\Delta \text{OAD} : \Delta \text{ADB} = x : y$$
$$= a \sin\alpha : b \sin\beta$$

$$\therefore \quad \frac{x}{y} = \frac{a\sin\alpha}{b\sin\beta} = \frac{a\sin^2\alpha}{b\sin\alpha\sin\beta}$$
$$= \frac{a(1 - \cos^2\alpha)}{b\{\cos\alpha\cos\beta - \cos(\alpha + \beta)\}} \quad \cdots\cdots②$$

ここで，ΔOAC，ΔABC，ΔOAB に余弦定理を用いることにより，

$$\cos\alpha, \cos\beta, \cos(\alpha + \beta) \text{ はすべて有理数}$$

となる．したがって②式の値は有理数となり，①と合わせて
$$x, y \text{ ともに有理数}$$

となる．したがって，
$$\text{OD} = x \text{ は有理数}$$
である．

第12回【第5問】（カードの交換）❖❧❖❧❖❧❖❧❖❧❖❧❖❧❖❧

　Aが赤いカードを 1 枚持ち，B，C，Dは白いカードを 1 枚ずつ持っている．次の規則によってカードの交換をする．2 枚の硬貨を投げて

(i) 2 枚とも表なら A と B，C と D がそれぞれカードを交換する．

(ii) 2 枚とも裏なら A と D，B と C がそれぞれカードを交換する．

(iii) 表と裏が出たら A と C，B と D がそれぞれカードを交換する．

　この試行を n 回繰り返した後に，A,B,C,D が赤いカードを持っている確率をそれぞれ，a_n,b_n,c_n,d_n とする．

(1)　a_1,b_1,c_1,d_1 を求めよ．

(2)　$a_{n+1},b_{n+1},c_{n+1},d_{n+1}$ をそれぞれ a_n,b_n,c_n,d_n を用いて表せ．

(3)　a_n,b_n を求めよ．

❦❧❦❧ 答 案 例 ❦❧❦❧❦❧❦❧❦❧❦❧❦❧❦❧❦❧❦❧❦❧❦❧❦❧❦❧❦❧❦❧❦❧❦❧❦❧

(1)　（4点）

2 枚の硬貨を投げるとき，

(i)，(ii)，(iii)のケースが起こる確率は

それぞれ $\dfrac{1}{4},\dfrac{1}{4},\dfrac{1}{2}$ である．よって，

$$a_1 = 0, b_1 = \frac{1}{4}, c_1 = \frac{1}{2}, d_1 = \frac{1}{4}$$

(2)　（8点）

$n-1$ 回繰り返した後に A が赤いカードを持つケースとして，B から受けとる，C から受けとる，D から受けとる，の 3 つが考えられる．

$$a_{n+1} = \frac{1}{4}b_n + \frac{1}{2}c_n + \frac{1}{4}d_n$$

他も同様に考えて

$$b_{n+1} = \frac{1}{4}a_n + \frac{1}{4}c_n + \frac{1}{2}d_n \ , \ c_{n+1} = \frac{1}{2}a_n + \frac{1}{4}b_n + \frac{1}{4}d_n$$

$$d_{n+1} = \frac{1}{4}a_n + \frac{1}{2}b_n + \frac{1}{4}c_n$$

(i)
```
A   D
↕   ↕      1/4
B   C
```

(ii)
```
A ←→ D    1/2
B ←→ C
```

(iii)
```
A     D
 ╲   ╱    1/2
  ╳
 ╱   ╲
B     C
```

(3)（8点）

条件の対称性から $b_n = d_n$ としてよい．したがって

$$\begin{cases} a_{n+1} = \phantom{\frac{1}{4}a_n +} \frac{1}{2}b_n + \frac{1}{2}c_n \cdots\cdots ① \\ b_{n+1} = \frac{1}{4}a_n + \frac{1}{2}b_n + \frac{1}{4}c_n \cdots\cdots ② \\ c_{n+1} = \frac{1}{2}a_n + \frac{1}{2}b_n \phantom{+ \frac{1}{4}c_n} \cdots\cdots ③ \end{cases}$$

また，

$$a_n + b_n + c_n + d_n = 1 \quad （全事象の確率）$$

$$\Leftrightarrow \quad a_n + 2b_n + c_n = 1 \qquad \Leftrightarrow \quad c_n = 1 - a_n - 2b_n$$

を①，②に代入して

$$\begin{cases} a_{n+1} = -\frac{1}{2}a_n - \frac{1}{2}b_n + \frac{1}{2} \quad \cdots\cdots ④ \\ b_{n+1} = \frac{1}{4} \quad (n \geq 1) \quad \cdots\cdots ⑤ \end{cases}$$

⑤と $b_1 = \frac{1}{4}$ より $b_n = \frac{1}{4}$

これを④に代入して

$$a_{n+1} = -\frac{1}{2}a_n + \frac{3}{8} \cdots\cdots ⑥$$

$$\Leftrightarrow a_{n+1} - \frac{1}{4} = -\frac{1}{2}\left(a_n - \frac{1}{4}\right)$$

これを繰り返し用いて

$$a_n - \frac{1}{4} = \left(-\frac{1}{2}\right)^{n-1}\left(a_1 - \frac{1}{4}\right) = -\frac{1}{4}\left(-\frac{1}{2}\right)^{n-1}$$

$$\therefore a_n = \frac{1}{4} - \left(-\frac{1}{2}\right)^{n+1}$$

1° ①+②×2+③を作ってみると

$$a_{n+1} + 2b_{n+1} + c_{n+1} = a_n + 2b_n + c_n$$

となるが，この式の値は(1)より 1 である．

2° c_n, d_n を求めると

$$c_n = \frac{1}{4} + \left(-\frac{1}{2}\right)^{n+1}, d_n = \frac{1}{4}$$

3° 漸化式⑥を解くときには，方程式

$$x = -\frac{1}{2}x + \frac{3}{8} \text{ の解 } x = \frac{1}{4} \text{ を利用して,}$$

$$a_{n+1} = -\frac{1}{2}a_n + \frac{3}{8}$$

$$x = -\frac{1}{2}x + \frac{3}{8}$$

$$a_{n+1} - x = -\frac{1}{2}(a_n - x) \text{ のようにして定数項 } \frac{3}{8} \text{ を消去する.}$$

(1) $\boxed{a_1}$　$a_1 = 0$

　$\boxed{b_1}$　(ii)の場合より, $b_1 = \left(\frac{1}{2}\right)^2 = \frac{1}{4}$

　　　　　　　　∴ $b_1 = \frac{1}{4}$

　$\boxed{c_1}$　(iii)の場合より, $c_1 = \frac{1}{2}$

　$\boxed{d_1}$　(iii)の場合より, $d_1 = \frac{1}{4}$

(2) $\boxed{a_{n+1}}$　(i)(ii)(iii) それぞれの 場合が あるので

　　$a_{n+1} = \frac{1}{4} b_n + \frac{1}{2} c_n + \frac{1}{4} d_n$

　$\boxed{b_{n+1}}$　同様に,

　　$b_{n+1} = \frac{1}{4} a_n + \frac{1}{4} c_n + \frac{1}{2} d_n$

　$\boxed{c_{n+1}}$　同様に,

　　$c_{n+1} = \frac{1}{2} a_n + \frac{1}{4} b_n + \frac{1}{4} d_n$

　$\boxed{d_{n+1}}$　同様に,

　　$d_{n+1} = \frac{1}{4} a_n + \frac{1}{2} b_n + \frac{1}{4} c_n$

(3) まず, $a_n + b_n + c_n + d_n = 1$

　　∴ $d_n = 1 - a_n - b_n - c_n$

これを, (2)に代入して整理すると,

① $a_{n+1} = -\frac{1}{4} a_n + \frac{1}{4} c_n + \frac{1}{4}$

② $b_{n+1} = -\frac{1}{4} a_n - \frac{1}{2} b_n - \frac{1}{4} c_n + \frac{1}{2}$

③ $c_{n+1} = \frac{1}{4} a_n - \frac{1}{4} c_n + \frac{1}{4}$

①より, $c_n = 4a_{n+1} + a_n - 1$

②より, $c_n = -a_n - 4b_{n+1} - 2b_{n+2}$

これを それぞれ ⑦に代入すると,

$\begin{cases} a_{n+2} = -\frac{1}{2} a_{n+1} + \frac{3}{8} & \cdots ④ \\ 4b_{n+2} + 3b_{n+1} + \frac{1}{2} b_n + a_{n+1} + \frac{1}{2} a_n - \frac{9}{4} = 0 & \cdots ⑤ \end{cases}$

④より, $a_{n+1} = -\frac{1}{2} a_n + \frac{3}{8}$

　　$a_{n+1} - \frac{1}{4} = -\frac{1}{2}\left(a_n - \frac{1}{4}\right)$

よって, $a_n - \frac{1}{4} = \left(a_1 - \frac{1}{4}\right)\cdot\left(-\frac{1}{2}\right)^{n-1}$

　　　　　　$= -\frac{1}{4}\cdot\left(-\frac{1}{2}\right)^{n-1}$

∴ $a_n = \frac{1}{4}\left\{1 - \left(-\frac{1}{2}\right)^{n-1}\right\}$

これを ③に代入すると,

$b_{n+2} = -\frac{3}{4} b_{n+1} - \frac{1}{8} b_n + \frac{15}{\ldots}$

$\begin{cases} b_{n+2} + \frac{1}{2} b_{n+1} = -\frac{1}{4}\left(b_{n+1} + \frac{1}{2} b_n\right) + \frac{15}{\ldots} \\ b_{n+2} + \frac{1}{4} b_{n+1} = -\frac{1}{2}\left(b_{n+1} + \frac{1}{4} b_n\right) + \frac{1}{\ldots} \end{cases}$

$\begin{cases} b_{n+2} + \frac{1}{2} b_{n+1} - \frac{3}{8} = -\frac{1}{4}\left(b_{n+1} + \frac{1}{2} b_n - \frac{3}{8}\right) \\ b_{n+2} + \frac{1}{4} b_{n+1} - \frac{5}{16} = -\frac{1}{2}\left(b_{n+1} + \frac{1}{4} b_n - \frac{5}{16}\right) \end{cases}$

よって, $b_1 = \frac{1}{4}$, $b_2 = \frac{1}{4}\left(= \frac{1}{4}\cdot\frac{1}{2} + \frac{3}{4}\cdot\frac{1}{4}\right)$

より,

$b_{n+1} + \frac{1}{2} b_n - \frac{3}{8} = \left(b_2 + \frac{1}{2} b_1 - \frac{3}{8}\right)\cdot\left(-\frac{1}{4}\right)^{n-1}$

　　　　　　　　　　$= 0$　$\cdots$ ⑥

$b_{n+1} + \frac{1}{4} b_n - \frac{5}{16} = \left(b_2 + \frac{1}{4} b_1 - \frac{5}{16}\right)\cdot\left(-\frac{1}{2}\right)^n$

　　　　　　　　　　$= 0$

⑥より $b_{n+1} - \frac{1}{4} = -\frac{1}{2}\left(b_n - \frac{1}{4}\right)$

続いて, $b_n - \frac{1}{4} = \left(b_1 - \frac{1}{4}\right)\cdot\left(-\frac{1}{2}\right)$

　　　　　　　$= 0$

　　　　∴ $b_n = \frac{1}{4}$

第12回【第6問】（双曲線の反転写像） ⌒⌒⌒⌒⌒⌒⌒⌒⌒⌒⌒⌒⌒⌒⌒

曲線 $x^2 - y^2 = 1$ 上の点 P に対し，線分 OP 上に $\overline{\text{OP}} \times \overline{\text{OQ}} = 1$ となる点 Q をとる．

(1) 点 Q の軌跡に原点 O をつけ加えた図形を C とする．

C の囲む面積を求めよ．

(2) 2定点 A(a,0),B($-a$,0) をとる．C 上の任意の点 Q に対し，

$\overline{\text{AQ}} \times \overline{\text{BQ}}$ の値が一定になるという．正の定数 a の値および，

この一定値を求めよ．

⌒⌒⌒⌒⌒ 答 案 例 ⌒⌒⌒⌒⌒⌒⌒⌒⌒⌒⌒⌒⌒⌒⌒⌒⌒⌒⌒⌒⌒⌒⌒⌒⌒⌒⌒⌒⌒⌒

(1)（10点）

O を極，x 軸を始線とする極方程式を用いると，

曲線 $x^2 - y^2 = 1$ 上の点 P(r,θ) は，$(r\cos\theta)^2 - (r\sin\theta)^2 = 1$

$$r^2\cos 2\theta = 1 \qquad r = \frac{1}{\sqrt{\cos 2\theta}} \quad をみたす．ただし，$$

$$-\frac{\pi}{4} < \theta < \frac{\pi}{4}, \frac{3}{4}\pi < \theta < \frac{5}{4}\pi$$

点 P(r,θ) に対して点 Q$\left(\dfrac{1}{r},\theta\right)$ と表されるから，

$$\overline{\text{OQ}} = \frac{1}{r} = \sqrt{\cos 2\theta} \quad \cdots\cdots ①$$

点 Q の軌跡は図のようになり，x 軸，y 軸について対称である．

これに原点 O を加えた図形 C の面積は，

$$4\int_0^{\frac{\pi}{4}} \frac{1}{2}\overline{\text{OQ}}^2 d\theta = 2\int_0^{\frac{\pi}{4}} \cos 2\theta\, d\theta = \left[\sin 2\theta\right]_0^{\frac{\pi}{4}} = 1$$

(2)（10点）

$\overline{\text{AQ}} \times \overline{\text{BQ}}$ が C 上の任意の点 Q に対して一定であるとすれば，

とくに Q = O のときを考えて，$\overline{\text{AO}} \times \overline{\text{BO}} = a^2$ となる．

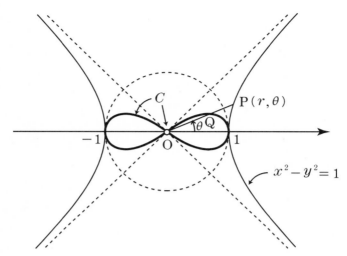

ここで，$Q\left(\dfrac{1}{r},\theta\right)$ すなわち，$x=\dfrac{1}{r}\cos\theta,y=\dfrac{1}{r}\sin\theta$

で与えられる点 Q が $\overline{AQ}\times\overline{BQ}=a^2$ をみたすとき，

$$\sqrt{(x-a)^2+y^2}\times\sqrt{(x+a)^2+y^2}=a^2$$

$$\left(x^2-a^2\right)^2+2\left(x^2+a^2\right)y^2+y^4=a^4$$

$$\left(x^2+y^2\right)^2-2a^2\left(x^2-y^2\right)=0$$

$$\left(\dfrac{1}{r^2}\right)-2a^2\left(\dfrac{1}{r^2}\right)\cos2\theta=0$$

$$\dfrac{1}{r^2}=2a^2\cos2\theta \qquad\qquad \dfrac{1}{r}=\sqrt{2}\,a\sqrt{\cos2\theta}\ \cdots\cdots②$$

①，②が一致するから，$a=\dfrac{1}{\sqrt{2}}$

また，一定値は，$\overline{AQ}\times\overline{BQ}=a^2=\dfrac{1}{2}$

参　考

1° P と Q との関係を，単位円に関する反転という．

2° Q の軌跡に O をつけ加えた図形 C を，レムニスケートという．

3° 直角双曲線を反転すると，レムニスケートに対応する．

(1)

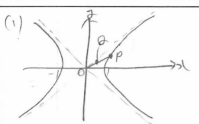

大軸, y軸に関する対称性から, Pが第1象限 (y=0も含む) にある場合を考える.

この部分における曲線は
$$y = \sqrt{x^2 - 1} \text{ で表せる.}$$

$P(p, \sqrt{p^2-1})$ $(p \geq 1)$ とする.

$\overline{OP} = \sqrt{2p^2-1}$ より.

$\overline{OQ} = \dfrac{1}{\sqrt{2p^2-1}}$ $(\because \overline{OP} \times \overline{OQ} = 1)$

従って.

$$\left(\dfrac{p}{\sqrt{p^2-1}}\right) \cdot \dfrac{\overline{OQ}}{\overline{OP}} = \left(\dfrac{\dfrac{p}{\sqrt{2p^2-1}}}{\dfrac{\sqrt{p^2-1}}{\sqrt{2p^2-1}}}\right) \text{ より.}$$

$Q\left(\underbrace{\dfrac{p}{2p^2-1}}_{=x}, \underbrace{\dfrac{\sqrt{p^2-1}}{2p^2-1}}_{=y \text{ とおく}}\right)$

p を消去すると

$y^4 + (2x^2+1)y^2 + (x^4-x^2) = 0 \cdots ①$

極方程式にいってはどうか!

(2) $\overline{AQ} = \sqrt{(x-a)^2 + y^2}$

$\overline{BQ} = \sqrt{(x+a)^2 + y^2}$

$\overline{AQ} \times \overline{BQ}$ が一定より

$\overline{AQ}^2 \times \overline{BQ}^2$ も一定

よって

$\{(x-a)^2 + y^2\} \cdot \{(x+a)^2 + y^2\}$

$= y^4 + 2(x^2+a^2)y^2 + (x^2-a^2)^2$

　　　　も一定

①と比較して. $a^2 = \dfrac{1}{2}$ のとき.

$\left(a>0 \text{ より } a = \dfrac{1}{\sqrt{2}}\right)$

$y^4 + 2(x^2+a^2)y^2 + (x^2-a^2)^2$

$= y^4 + (2x^2+1)y^2 + x^4 - x^2 + \dfrac{1}{4}$

$= \dfrac{1}{4}$ $(\because ①)$

$\therefore \overline{AQ} \times \overline{BQ} = \dfrac{1}{2}$

$(\because \overline{AQ} \times \overline{BQ} > 0)$

$\therefore \boxed{a = \dfrac{1}{\sqrt{2}}, \text{ 一定値} \cdots \dfrac{1}{2}}$

(2)120, K.

285

x軸, y軸に関する対称性
から, Pが第1象限(y=0を含む)
にある場合を考える。

$P(P, \sqrt{P^2-1})$ ($P\geq 0$) とする

; (有名)

$Q\left(\dfrac{P}{2P^2-1}, \dfrac{\sqrt{P^2-1}}{2P^2-1}\right)$
とおく。

Pを消去すると

$Y^4+(2X^2+1)Y^2+(X^4-X^2)=0$ ……①

これを 極方程式で表わす。

$\begin{cases} X=r\cos\theta & (r>0 \text{ かつ}) \\ Y=r\sin\theta & (0\leq\theta<\frac{\pi}{4}) \end{cases}$

漸近線が y=x で
$0\leq\theta<\frac{\pi}{4}$ が必要。

①に代入すると。

$r^4\sin^4\theta+(2r^2\cos^2\theta+1)r^2\sin^2\theta$
$\quad +(r^4\cos^4\theta-r^2\cos^2\theta)=0$

整理して, $r^2=\cos 2\theta$
$0\leq 2\theta<\frac{\pi}{2}$ より, $\cos 2\theta>0$

∴ $r=\sqrt{\cos 2\theta}$

従って, 第1象限における図形Cの
概形は, 以下のようになる

$\begin{cases} x=\sqrt{\cos 2\theta}\cdot\cos\theta \\ y=\sqrt{\cos 2\theta}\cdot\sin\theta \end{cases}$ とする。

これより, 第1象限における面積Sは

$S=\int_{x=0}^{x=1} y\cdot dx$

$=\int_{\theta=0}^{\theta=\frac{\pi}{4}} \sqrt{\cos 2\theta}\cdot\sin\theta \cdot \left(-\frac{\sin 2\theta\cdot\cos\theta}{\sqrt{\cos 2\theta}}-\sqrt{\cos 2\theta}\cdot\sin\theta\right) d\theta$

$=\int_0^{\frac{\pi}{4}}\left(\frac{1}{2}\sin^2 2\theta+\cos 2\theta\cdot\sin^2\theta\right)d\theta$

$=\frac{1}{2}\int_0^{\frac{\pi}{4}}(\cos 2\theta-\cos 4\theta)d\theta$

$=\frac{1}{2}\left[\frac{1}{2}\sin 2\theta-\frac{1}{4}\sin 4\theta\right]_0^{\frac{\pi}{4}}$

$=\frac{1}{4}$

Cに囲まれる部分は, 左図の
斜線部のようになるから,
求める面積は

$\frac{1}{4}\times 4=$

$\quad =1$

惜しい!

∴ 問12 X, Yとした式どまった.
∴ 座標だけでは もう難しいという
時に, 極方程式に持ち込むと先が見える。

(これは 正答済)

全答案例を作成した
受験生コメント

　東大数学入試 120 年分相当の莫大な量の問題を解いた．また，量だけではなく，質の高い勉強もできたと思う．一問一問すぐ答えを見たりするのではなく，じっくりと考え抜いて極力最後まで自分の力で解を導き出すということを心がけた．そのため，去年の段階では，分からない問題に直面した時にすぐ飛ばして次の問題へと進んでしまっていたが，今年は一見すると分からない問題でも，一度立ち止まって必死に考えなんとか問題に食らいつくことができた．物事を自分で考え抜くということは当たり前のことのように見えて，実はそれが勉強の本質であるということを 1 年間の経験を経て感じることができた．

令和 2 年 3 月　ちび仮面（仮称）

《註》大学受験生・ちび仮面（仮称）は，2019 年 4 月から 2020 年 2 月までのうち，大学入試センター試験直前期を除く 10 ヶ月間に，本書に収録の 120 セット（合計 720 問）をすべて解き倒し，2020 年 2 月の東京大学前期入試で合格（理科 I 類）しました．あいにくの新型コロナウイルス感染症パンデミックと同時の入学であったため，大学 1 年生の前期はすべてオンライン授業となり，後期には語学・実験・体育実技のみ対面授業という異例の大学生活を送っています．

　紙数の都合から，本書には彼の答案の一部しか収録できませんでしたが，全 720 問の答案を研究してみたいという方のために，『数学を奏でる指導・講義映像と答案編』（全 10 巻，プリパス知恵の館文庫）をリリースしていく予定です．

著者紹介：

覆面の貴講師：数理哲人 (すうりてつじん)

学習結社・知恵の館所属の覆面の貴講師．「闘う数学，炎の講義」をモットーに，教歴35年余りの間，大手予備校・数理専門塾・高等学校・司法試験予備校・大学・震災被災地などの現場に立ち続ける．数学・物理・英語・小論文といった科目での著作・映像講義作品を多数もっている．

現在の執筆・言論活動は現代数学社『現代数学』およびプリパス『知恵の館文庫』にて発信している．

現在連載中の記事として『世界の競技数学・遊歴の旅』，『俺の数学』．

著書として，『算数MANIA』，『含意命題の探究』，『競技数学アスリートをめざそう①代数編，②組合せ編，③幾何編，④数論編』（現代数学社）など多数．

数学を奏でる指導 (すうがく) (かな) volume 1　理系数学添削指導120セットの記録 (しどう)

2020年11月23日　初版第1刷発行

著　者　　数理哲人

発行者　　富田　淳

発行所　　株式会社　現代数学社
〒606-8425 京都市左京区鹿ヶ谷西寺ノ前町1
TEL 075 (751) 0727　FAX 075 (744) 0906
https://www.gensu.co.jp/

装　幀　　中西真一（株式会社CANVAS）

印刷・製本　　有限会社ニシダ印刷製本

ISBN 978-4-7687-0545-2　　　　　　　2020 Printed in Japan